哲学逻辑导论

第三版

〔英〕安东尼·C.格雷林 著
廉博实 译

新华出版社

图书在版编目（CIP）数据

哲学逻辑导论 ：第三版 / （英） 安东尼·C. 格雷林著 ；廉博实译. -- 北京 ：新华出版社，2020. 5

书名原文：An Introduction to Philosophical Logic (3rd Edition)

ISBN 978-7-5166-5097-4

Ⅰ. ①哲… Ⅱ. ①安… ②廉… Ⅲ. ①哲理逻辑—研究 Ⅳ. ①B815

中国版本图书馆 CIP 数据核字（2020）第 054335 号

哲学逻辑导论（第三版）

作　　者：安东尼·C. 格雷林

责任编辑：江文军　马大乔　蒋旻歌　　责任校对：刘保利

特约编辑：张吉泰　　装帧设计：今亮后声

出版发行：新华出版社

地　　址：北京石景山区京原路 8 号　　邮　　编：100040

网　　址：http://www.xinhuapub.com

经　　销：新华书店

新华出版社天猫旗舰店、京东旗舰店及各大网店

购书热线：010-63077122　　中国新闻书店购书热线：010-63072012

照　　排：今亮后声

印　　刷：北京明恒达印务有限公司

成品尺寸：170mm × 240mm　1/16

印　　张：27.5　　字　　数：383 千字

版　　次：2021 年 9 月第一版　　印　　次：2021 年 9 月第一次印刷

书　　号：ISBN 978-7-5166-5097-4

定　　价：62.00 元

目 录 contents

第一章 哲学逻辑，逻辑哲学，哲学和逻辑

第二章 命题

第三章 必然性、分析性和先验论

第四章 存在，预设与摹状词

第五章 实用主义真理观，融贯论真理观，符合论真理观

第七章 意义，指称，证实和使用

第八章 真理，意义，实在论和反实在论

第九章 实在论，反实在论，唯心主义和相对主义

前 言 Preface

哲学家们喜欢强调哲学中没有浅显的观点。这倒是事实。一般而言，哲学是一门复杂的学科，有些时候还很晦涩难懂。浅显的哲学书籍里有可能充斥着肤浅的哲学观点，一并歪曲或篡改了哲学问题。因为与其他学科相比，哲学，正如威廉·詹姆斯（William James）所言，其实是“为了弄清楚搞明白而不懈努力的过程”。以浅显的方式理解哲学问题不但没有任何用处，反而会适得其反。所以，我不会假装本书提到的问题很简单。相反，它们很有挑战性，需要仔细研究。

如上所言，加之哲学众所周知的深奥的本质，本书认为新手在入门时需要有人指导。介绍哲学有很多种方式，最好的便是大学期间由老师授课。与课上热烈的讨论相比，印刷的书本只能提供单调的、冷冰冰的文字。话虽如此，书本仍然有很重要的作用：可以供人思考，斟酌其中某个观点，在空白处写下自己的见解或驳斥某个观点。正如古语有云，“眼过千遭不如手过一遍”。

我一直坚持做哲学的入门级读物。哲学上的辩题只有通过阅读原始文献才能真正掌握其精髓。所以我的想法是为这样一系列重要的哲学辩题撰写前言，包括其背景知识，并对其中涉及的论点稍作解释，以期对初学者起到指导作用。虽然我写书的目的绝非代替原始文献，但却对文献作了大量探讨，因为探讨文献的过程也就是探索问题答案的过程。这样也可顺便熟悉哪位哲学家在什么情况下、出于什么目的说过什么话。

虽然本书和其他哲学入门书一样存在不足之处，但是希望学生了解哲学逻辑的出发点是值得称道的。本书涉及的话题都非常重要，如果读者能够在适当的情景下联想到相关的辩题，那么就说明理解得差不多了。这就是本书的目的。

写一本入门书的难度真是出乎我的意料：需要言简意赅，长度适当，不可追求详尽彻底，同时还需要确保学生有足够的能力开始学习哲学。但是，越是追求言辞简单、语义明晰却越容易适得其反，越是追求简练却越容易迷惑——到底多少才能算是少呢？尽管困难重重，但我的目的始终是内容翔实，而又浅显易懂，让学生对哲学的部分主要辩题有初步了解，同时又能进一步刺激学生的求知欲。当然，本书提供了充足的资源供学生参考。

需要提前说明的一点是，后面章节的各个部分难度不一。有些部分可能包含专业术语，虽然我已经尽量把术语的数量减到最少。但是较难的章节后面的部分可能相对容易，而且通常难度较大的章节涉及的话题在后面都会以另外的方式重新讲解。遇到难题的时候希望读者能多一点耐心、多一点信心坚持下去。话题的相关性，使得本书的内容难易交织，但我相信，只要不断学习，总能看到希望的曙光。同时，每一章内容又都是相对独立的，因为这并不是论文而是教科书，任何一个专门研究某个话题的人都能利用相关的章节作为研究的前言或补充，无须再参考其他的章节寻求解释。注释中包括参考文献，均为标准格式，但偶尔也有些题外话和补充内容。

本书默认读者懂一点基本逻辑。我不得不这么假设，因为本书的定位是逻辑及哲学逻辑导论，并非讲述基础逻辑知识。但是书中涉及的逻辑学术语并不多，并且尽量做到与其他内容一样简单易懂。

简而言之，本书的目的是概述哲学上部分主要辩题的本质及背景知识。入门书介绍各个话题的方式就像在地图上展示实际的地区一样，本书也不例外。本书并不试图全面介绍各个哲学辩题，只是想像梯子最下面的几个横档一样，起到铺垫的作用，剩下的梯级就要靠读者自己学习补充了。

第二版前言

借着本书再版的机会（本书虽然曾经重印过，但再版是第一次），我们可以修正原书中的印刷错误，并根据几位评审员的建议进行修改。评审员认为既然本书作为教科书使用，就应该将参考书目更新到当前最新版本。

——1990年于牛津大学圣安妮学院

第三版前言

与第二版不同，我们对第三版进行了实质性修改。借着本次由不同出版社出版的机会，我对本书的内容和参考书目进行了更正、完善、扩充并更新了参考书目，尤其是后面章节的参考书目。但是，本书仍然适合学生使用，这一点没有变。

近年来，在语言哲学和逻辑哲学等相关领域也出版了入门级文献书籍。经过仔细考察，我发现其中有一部分文献质量相当高。由此，我认为，我们对哲学这门学科进行研究所面临的困难在于，我们仍然需要真正的入门书籍，这是本书此次出版的目的，之前的版本亦是如此。有些写导论性书籍的作者，凭借其作为专业人员的水准，写出的作品专业性太强，没有给读者留下凭借自己的能力在学习中获得进步的空间。本书致力于成为一本真正的入门书，让初学者无须借助过多外界帮助就能够读懂哲学最关键的内容，对其产生兴趣，并主动研究有关这些哲学辩题的原始文献。

在本书出版、再版及译为其他语种等诸事的过程中，我要向亚历克斯·奥伦斯坦、马克·塞恩斯伯里、帕斯卡尔·恩格尔、劳伦斯·戈德斯坦、莫波（音）和三浦雅弘表示诚挚的感谢。

1997 年于伦敦伯克贝克大学

第一章

哲学逻辑，逻辑哲学，哲学和逻辑

哲学逻辑和逻辑哲学

哲学的各个分支都是相互联系的。比如说，考虑形而上学的时候，就一定会涉及认识论和逻辑问题；反过来考虑认识论的时候，也会涉及形而上学和逻辑问题。鉴于各个分支之间相互渗透的特点，在它们之间划分清晰的界限是错误的。其实，并不存在这样的界限。区分典型的形而上学问题（比如，某个域中存在什么）和典型的认识论问题（比如，关于某个域，我们知道什么或能知道什么，以及怎么知道）主要取决于对问题的侧重点的理解。而想要理解上述问题又涉及学习哲学，没有捷径可言。

话虽如此，对于某个特定的哲学领域而言，我们可以先大致了解一下该领域所涉及的主要问题。因此，在本章中主要讨论了哲学逻辑问题。其他相关问题包括哲学逻辑在多大程度上可以看作是哲学性的，多大程度上是逻辑性的，以及由此引出的哲学与逻辑之间的关系问题。本章对以上两个问题作了简要探讨。

本书讨论的话题包括命题、分析性、必然性、存在、同一性、真理、意义和所指，至少在章节标题中都出现过。实际上，哲学辩题绝不仅仅是以上几个，后续章节中对可能世界、实在论、反实在论等其他问题进行探讨。本书涉及面有限，不可能对哲学逻辑进行全面讲解，但是我的意图很清楚：因为以上每个单独的话题都可以，也必须用整本书的篇幅进行讨论，所以本书只是一篇“前言”，为原版文献中更详细的讨论提供一点背景知识。

这些辩题统一归到“哲学逻辑”一个大标题下主要是出于三方面的考虑。第一，各个辩题之间具有相关性，因为要想充分理解其中任何一个辩题都必须了解其他辩题。第二，这些辩题在哲学讨论中占有最重要的位置。第三，这样的划分反映出自19世纪末以来逻辑学发展的影响，让我们有余力对许多哲学问题重新展开讨论。不仅是因为我们具备了更丰富的专业知识，而且逻辑计算机技术的进步促生了一种方法，经过验证在哲学领域相当有效。这种方法就是分析。

弗雷格（Freg）[1]和罗素（Russll）[2]敏锐指出，即便是发明符号演算这种方法，如果该方法不能引发一系列哲学问题，那么就不可能推进哲学研究。其中最重要的问题与意义和真理的本质有关，简言之，就是语言的问题。语言激起了哲学家强烈的兴趣，是因为语言是我们形成对思想和整个世界的哲学看法的必要途径。当前，哲学逻辑领域最大的推动力来自对语言的兴趣。为了理解语言，我们在这个领域还需要不断进步。

“逻辑”在“哲学逻辑”中所扮演的角色可能会令人困惑。哲学逻辑并非“关于”逻辑，也不“是”关于形式表达、推论组织的研究的那种意义上的逻辑。其实应该这么说：逻辑学家发明的演算实际上是对推理的形式（不是内容）进行确切的解释。他们希望能建构简单但有力度的语言，表达并探究推论的形式。通过研究算术和集合论，通过对涉及的概念——包括变量自由度和束缚性、公理化以及量化理论的常规替换等——进行细致的探究，逻辑学家对这种语言的完整性和融贯性进行验证。

这样就产生一个问题——几乎是自然而然地——思考逻辑学的时候总会涉及某些哲学问题。比如蕴含性问题、勒文海姆·斯克伦定理（Lŏwenheim-skolem theorem）的重要性、量化理论的范围及界限、逻

1　弗雷格（1848-1925），德国数学家、逻辑学家，现代数理逻辑的奠基人。

2　罗素（1872-1970），英国哲学家、逻辑学家和数学家，分析哲学的创始人之一。

辑与集合论的关系以及集合论的本质等，这些都是逻辑哲学家研究的领域。因此，逻辑哲学是研究有关逻辑本质和逻辑蕴含等哲学问题的学科。

但是反过来说，上述问题又自然而然地发展成，或者说将研究的重点转移到更广泛关注的实质且重要的哲学问题。一旦问题扩展，探究的目标就不再是逻辑，而是语言与思想的本质、世界的结构和内容等问题，由此产生哲学逻辑这门学科。可以说，哲学逻辑本质上是哲学，虽然涉及逻辑学知识，但仍然属于哲学范畴。由此，哲学逻辑和逻辑哲学之间的区别可以这样表述：研究逻辑哲学时，其实是将逻辑哲学化；而研究哲学逻辑时，其实是在研究哲学。

哈克（Hacck）[1]等人认为“逻辑哲学”和“哲学逻辑”其实是一回事，即“逻辑哲学”。[2]鉴于上述内容，我觉得这个观点对我来说意义不大。但对于学习者来说，明确二者之间的区别可以帮助他们厘清这两个方面各自研究的问题。不过，坚持在二者之间划分清晰的界限没有任何意义；只要记住，这两个方面互相重叠、互相影响就可以了。

1 苏珊·哈克，英国逻辑学家、哲学家。

2 S. 哈克，《逻辑哲学》，第 2 页。

哲学与逻辑

区分逻辑哲学和哲学逻辑并未对哲学本身和逻辑本身之间存在的关系进行解释。这个问题非同小可，因为近代哲学史上一位大师认为，哲学本身其实就是逻辑。这个说法让我们现有的对二者之间区别和联系的理解变得扑朔迷离。提出这个观点的哲学家就是罗素。

早在1920年前，也是公认为罗素在哲学上的顶峰时期，他提出，如果某个哲学问题真的是一个哲学问题的话，那么通过分析，这个哲学问题就成为一个逻辑问题："每个哲学问题在经过必要的分析和精简之后，要么就看起来完全不像哲学问题，要么就成了……逻辑问题。"[1]这个说法似乎为整个20世纪的哲学研究奠定了基调。表面上（只是表面上）看起来，这个观点与《哲学研究》中维特根斯坦（Wittgenstein）[2]的后期观点很相似，即所有的哲学谜题都源自我们在使用语言过程中所犯的错误，只要加以阐释，问题就可迎刃而解。[3]

上述看法源自罗素早期思想中的两个观点。第一，他写过一本有关哲

---

1 B. 罗素，《我们关于外部世界的知识》，第42页。42—69页刊登在I.M. 柯匹和J.A. 古尔德的《逻辑学读物》中，题目为"逻辑——哲学的实质"。

2 维特根斯坦（1889-1951），英籍奥地利哲学家，分析哲学的代表人物之一。

3 L. 维特根斯坦，《哲学研究》，参考第123、133、255、309节。

学和逻辑的作品，其中主要关注的问题是数学，并着意于说明“所有的纯数学问题都是由一系列逻辑前提构成，并且只使用可以用逻辑术语定义的概念”。[1]将数学归为逻辑的尝试被称为“逻辑主义”计划。但由于哥德尔（Godel）[2]20世纪30年代的研究工作，现已公认将这个计划套在数学上是行不通的。除了用逻辑解释数学之外，罗素的研究还有重要的哲学意义。以上观点在罗素的作品《我们关于外部世界的知识》和《逻辑原子论哲学》中都可找到踪迹。[3]众所周知的摹状词理论（*参考第四章*）就是罗素根据上述方法解释哲学问题本质的证明，也是由此产生的结果。

第二个观点更具体一些。对罗素而言，通过逻辑分析方法能够彻底扫除困惑的根源。在罗素看来，困惑让哲学家痛苦不已，而之所以有困惑，是因为哲学家被语言表面形式所误导。罗素特别强调，如果认为只存在主谓命题，就会导致“坏形而上学”，因为这种观点会误导哲学家构筑经院派或绝对唯心主义的本体论。经院派本体论认为存在实体及属性；而绝对唯心主义本体论认为所有命题，乃至关系命题，都被认为是对“作为整体的实在”进行的隐蔽的预测。

另外，罗素认为，如果说除了我们通过感知所获得知识以外，还有什么可以称得上是知识的话，那么一定是通过推理所得。实际上，我们所拥有的大部分知识都不是“亲知的知识”，而是“摹状的知识”。逻辑，作为一门推理的科学，让我们可以展示如何获得摹状的知识。因为要说明除了感官直接传达的知识外，还能获知哪些有关世界的真理，我们必须能够理解分子或复杂命题的结构，而这两项都以真值函数的方式，由原子命题或简单命题构成，通过“非”“如果……那么……”“或”等逻辑常项连接。

1　B. 罗素，《我的哲学发展》，第 74 页。

2　哥德尔（1906-1978），美国逻辑学家、数学家。

3　B. 罗素，“逻辑原子论哲学”，载于 R. C. 马什编《逻辑与知识》。另参照 A. C. 格雷林《罗素》，第二、三章。

推断取决于分子命题；如果我们要超越仅是亲知的局限，就必须能将命题结合起来；而结合命题的学科就是逻辑。罗素有时候会用“常识”代替“摹状的知识”这个说法。所以按照他的观点，“常识属于逻辑”。

我承认，逻辑学的发展显然对解决传统的哲学问题、发现新的哲学问题大有帮助。但是罗素的观点并非全然可信。鲜有人会认同，所有的哲学问题都可还原成——或者更确切地说，就是——逻辑问题，尽管形式比较模糊或初级。举一个比较明显但又不会招致太多质疑的反对观点作为例子。一般人都倾向于认为，将伦理学问题看作是哲学问题更清楚明白一些，而并非像罗素所主张的将其还原成，或者说就是隐含的逻辑学问题。

赖尔（Ryle）[1]对逻辑与哲学之间的关系提出了另外一种更有意思的说法，与罗素的观点正相反。[2]

罗素对逻辑和哲学（或者按他的说法是“形式逻辑”和“非形式逻辑”；用哪个术语并不重要）作了区分，并具体说明二者之间的关系。对赖尔来说，“形式逻辑”表现为对形式化的符号演算进行研究和处理，而“非形式逻辑”则完全是另外一回事，它指的是绘制概念的“逻辑地图”。赖尔形象地比喻说，“非形式逻辑”经常在思想的丛林里或荒郊野外进行，形式逻辑的笔直、齐整的铁路还未抵达这样的地方，或者根本无法抵达。赖尔还提出过另外一个比喻，形式逻辑与非形式逻辑的关系就好比几何学和地图绘制学的关系。从后者的角度来看，不规则的地形特征应该按照比例尺绘制，效果成功与否取决于制图师能否利用欧几里得平面几何的理想化规律，或者以此为指导。同样的道理，因为制图师是几何学家的“客户”，那么哲学家或“非形式逻辑学家”就是形式逻辑学家的客户。但形式逻辑学家的常用方法无法也不能解决哲学问题，就如同蔬菜水果商贩即

1　赖尔（1900-1976），英国哲学家，日常语言哲学的代表人物之一。

2　G. 赖尔，“形式逻辑与非形式逻辑”，载于《难题》；另载于 I. M. 柯匹和 J. A. 古尔德的《逻辑学读物》中。

便是有便携计算器也无法告诉他，他的生菜应该卖多少钱一样。

从表面看来，赖尔对形式逻辑和非形式逻辑之间区别与联系的看法是有说服力的。如果他对此所做的论述是正确的，那么我们解决问题时所采取的方法就有天壤之别，比如解决自由意志问题的方法与解决微分方程的方法之间存在一条不可逾越的鸿沟。或许有人认为，形式逻辑和非形式逻辑的方法之间有明显的区别，这似乎不是一件好事。但如果赖尔的说法是正确的，事情可能就不得不如此了。

赖尔的观点提醒我们，哲学的内容远比逻辑学的直接应用所能处理的内容多得多，更别提直接翻译为逻辑的内容了。关于这一点，帕斯摩尔（Passmore）[1]说得很清楚：哲学并非像麦克塔格特（McTaggart）[2]所认为的那样，仅仅是“一步一步地”同意或否认某个观点。[3]哲学常常在于这些尝试：去分类、定义、分析、澄清和综合一些指示，同时我们需要依靠概念和表达来交流和讨论它们。大多数哲学作品并非像斯宾诺莎（Spinoza）[4]作品《伦理学》一样通过一系列演绎转化构成更多几何模型，而是更像目录、文集或者是展示柜，将概念进行分类，展示不同类别之间的联系，让读者理解概念图式如何运作。维特根斯坦的作品《哲学研究》、亚历山大的《空间、时间和神性》等都是上述体裁的经典作品。（实际上，亚历山大声称他不愿意进行论证，并认为他的方法完全是描述性的。[5]）

对待这些思想如果过于极端就会造成矫枉过正，让哲学成为退休的老年人用收藏蝴蝶标本来消磨时间的营生。事实上，精确和严谨向来是哲学至高无上的追求。即便不是在每一步中证明都是重要的，但在每两步或三步

1 帕斯摩尔，英国哲学家。

2 麦克塔格特（1866-1925），英车哲学家，黑格尔主义者。

3 J. 帕斯摩尔，《哲学推理》，第 7 页。

4 斯宾诺莎（1632-1677），荷兰哲学家，唯理论的主要代表人物之一。

5 参阅同上。

证明就要至关重要了。无论怎样，上述任何观点都不能说明，逻辑在证明以外的思想活动中没有任何作用。消除歧义和概念分类的过程中必须利用融贯性原则和证明的规则，在论证过程中也是如此。上述有关哲学方法的评论意在表明，哲学并非只是在论证的各个要素之间建立形式上的联系，还需要清楚地了解论证的内容，需要进行大量的阐释或分析，方可弄清楚各个论证要素之间的逻辑关系。

另说一些题外话。很有意思的是，1945 年之后的十几年间一个名为“日常语言哲学”的流派曾短暂繁荣过一段时间。这个学派的兴起的其中一个动机就是不同意此前的某些哲学家用逻辑性太强的方法处理哲学问题。相关的哲学研究工作，包括卡尔纳普（Carnap）[1] 的著作《世界的逻辑结构》[2] 以及古德曼（Goodman）[3]、列斯尼夫斯基（Lesniewski）[4] 及其追随者[5] 的研究，在二战前就已如火如荼地展开。推动他们开展研究的驱动力在奎因（Quine）[6] 的作品中可见一斑。奎因认为，在变幻莫测的日常表达中，我们需要通过建立“合法则的提升”，才能实现语言明晰、严谨的目标。[7]

当代哲学方法的特点反映出对上述对立观点的某种平衡。但是，哲学的每个步骤都要求精确、明晰且保持融贯性。而且，即便大家都认同克里普克（Kripke）的观点，“数学无法代替哲学”，[8] 对于哲学来说，最重要的仍然是逻辑学。

1　卡尔纳普（1891-1970），德国哲学家，逻辑实证主义的创始人和主要代表人物之一。

2　R. 卡尔纳普，《世界的逻辑结构》。

3　古德曼（1906-1998），美国哲学家和逻辑学家，美国分析哲学的主要代表人物之一。

4　列斯尼夫斯基（1886-1939），波兰逻辑学家、数学家，华沙逻辑学派的创立者之一。

5　G. 昆，《认识论和语言的逻辑分析》，特别参考其中昆的评论和参考书目。

6　奎因（1908-2000），美国逻辑学家，分析哲学家，逻辑实用主义的主要代表人物。

7　W. V. 奎因，《词语和对象》，特别参阅第五章各处，及 157 页及其后续诸页。

8　S. 克里普克，“是否存在替代性量化的问题？”，载于 G. 伊万斯和 J. 麦克道尔《真理与意义》，第 416 页。

思考一下在哲学研究的过程中直接应用逻辑分析有什么作用。在论证时，我们可以通过审查论证的逻辑根据的方式，来判定其形式是否能够成立。如果从形式上看显然不成立，那么就可以判定结论是不合理的。这是逻辑分析的主要作用。波普尔（Popper）[1]的科学哲学观的主要原则蕴含着简单的逻辑学见解。[2]波普尔认为，传统上已经被认可的科学推理结构其实存在逻辑学上的谬误——具体说来，即断言结论的错误。比如说，假设气体中的分子可以自由运动。如果这个假设是正确的，那么我应该能够看到玻璃瓶中的烟尘微粒被组成烟尘的分子自由置换。我做了实验，发现烟尘微粒确实被自由置换，由此得出结论我的假设是成立的。那么这个推理过程就可用如下逻辑形式表示：

$p \to q$；q；p

p 代表“气体中的分子可自由运动”，q 代表“可以看到玻璃瓶中的烟尘分子被自由置换”。但是，如果换另外一组条件，整个推理过程就不成立了。比如说，p 代表“正在下雨”，q 代表“街道湿了”。套用上述论证形式的话，就得到“如果正在下雨，街道就是湿的；如果街道的确是湿的，就说明正在下雨”。这个推理是不合逻辑的。由此，波普尔声称科学假设是无法证明的；顶多只能说，因为无论怎样都无法证明科学假设是错误的，借此可以证实其正确性。从科学追求确定性的角度来看，只能进行完全否证。与上述错误的推理形式相对应的是否定后件推理。这种推理形式是成立的，可以进行彻底否证。

$p \to q$；$-q$；$-p$

如果实验得出另外一种结果（即 q），顶多说明该假设获得了某种支持性根据；如果出现新证据的话，假设仍有可能被推翻。

可见，至少从上述角度来说，形式化的程序在哲学中仍有用武之地。

1　波普尔（1902-1994），英国科学哲学家，批判理性主义的创始人。

2　K. 波普尔，《科学发现的逻辑》。

还有许多其他方面的例子。即便赖尔认同这一点，认为形式化的程序相当于（按照赖尔另外一个比喻的说法）军队纪律，要求死守阵地，我们还可找出其他应用，证明逻辑在哲学上是具有启发作用的。想一想罗素提出的观点：对于过去的某些哲学家来说，由于逻辑学资料匮乏，认为命题有一个基本形式，然后在此基础上添加大量的形而上学的推论。罗素对经院哲学家的逻辑技能的评价略显刻薄，但观点是比较中肯的，即逻辑技巧在哲学中有更广泛的用途：形式化可以说明大篇幅的语言文字一旦借助形式化描述会发展成什么样子；或者，假定我们的概念图式存在某种结构，即便是理想化的结构也能够说明白概念图式到底是什么。然而，我们了解思想、学习语言主要是通过探究思想和语言中到底是如何产生逻辑学中某些根深蒂固的学说的。这些问题在哲学中非常重要，而逻辑学是解决上述问题的重要工具。

在考量哲学和逻辑之间的关系时需要保持平衡。整体上来说，只要在上述观点中加入一条——在哲学研究中大量使用逻辑学技巧，赖尔的观点还是比较令人信服的。当然，如果能够实现莱布尼茨（Leibniz）[1]提出的统一演算，那就皆大欢喜了。通过应用统一演算方法，可以解决众多哲学问题。[2]但这并不影响逻辑学对哲学的重要性，就如同如果没有几何学，赖尔所说的制图师将无计可施。逻辑学的见解和严谨性对于哲学来说是不可或缺的。上述观点与哲学逻辑的主要问题有何联系，这个问题将随着后续章节的展开得到解答。

1　莱布尼茨（1646-1716），德国哲学家、自然科学家、数学家。

2　参考 G. 莱布尼茨“论普遍综合与分析”，载于莱布尼茨《哲学写作》（由 G. H. A. 帕金森编译），第 10 页。

本书内容安排

本书后续章节按照下列方式安排：第二章，探讨是否存在命题，如果存在，命题又是什么等问题。能够清晰地区分语句、陈述和命题这一点非常重要。在讨论三者之间区别的过程中，我将引出并解释哲学逻辑中的几个基本概念，包括意义和所指、指称含混性、保全真值相互可替换原则（主要针对外延语境），以及针对抽象概念的唯名论和实在论。尽管概念很多，但不要过于担心。因为这些概念在后续章节中会经常出现，多次接触之后就会理解。

第三章介绍了三组非常重要的区别，可以用于区分真理、表达真理的命题以及了解真理的方式。三组区别分别为必然－偶然、分析－综合、先验－后验。在讨论必然性的时候，我用了很大的篇幅讨论可能世界和实在论，这是大部分近代哲学关注的中心问题。

第四章讨论存在的问题。拟讨论两个相互关联的问题：存在以及存在预设。另外，奎因的本体论承诺、罗素的摹状词理论以及斯特劳森（Strawson）[1]和唐纳兰（Donnellan）[2]的回应，在本章中也有涉及。

第五、六两章讨论关于真理的主要理论。第五章讨论真理实用论、真

1　斯特劳森（1919-2006），英国哲学家，日常语言哲学派的代表人物之一。

2　唐纳兰（1931-　），美国分析哲学家。

理融贯论和真理符合论。与现有的哲学文献相比，我在前两个理论上所用的篇幅更大一些，不仅是因为这两个理论很重要，还因为语言哲学领域的研究工作让人们重新燃起了对这两个理论的兴趣。研究反实在论的人对实用论的某些特征很感兴趣（第八、九章），而融贯论的特征对像戴维森（Davidson）[1]等持整体语言真理观的人来说是一种吸引（第八、九章）。

第六章继续讨论真理论，介绍了语义论、冗余论和最低限度理论。真理语义论起源于塔斯基（Tarski）[2]，对当代哲学有很大的影响。介绍完理论本身后，将继续在更广泛的层面上讨论该理论的哲学影响。理解塔斯基的理论需要了解一些术语。这些术语会出现两次，第一次是以通俗的方式讲解，第二次才是专业讲解。最后讨论戴维森所提出的真理是不可定义的观点，并尝试对真理论进行评价。

意义一直贯穿前述章节，接下来将成为讨论的重点。第七章介绍一些“传统的”意义理论，以及其现代发展，既是为第八章和第九章的内容做准备，也是因其自身的重要性。本章讨论将涉及实证主义者的证实论、维特根斯坦的后期理论、奎因的行为理论以及克里普克和普特南（Putnam）[3]提出的“因果指称理论”。

第八章讨论格赖斯（Grice）[4]的意义的交际意图理论，意义的真值条件理论，尤其是戴维森的理论，并介绍达米特（Dummette）[5]对现实主义真理观是意义理论的中心问题这个观点进行反现实主义的批判。这个问题引起了众多争论，值得深入研究。本章中，我尽力将达米特的思想讲明白。

第八章中讨论的观点对形而上学和认识论有重要的意义。因而，第九

1 戴维森（1917-2003），美国分析哲学家。

2 塔斯基（1902-1983），波兰裔逻辑学家、数学家。

3 普特南（1926-2016），美国哲学家和逻辑学家，科学实在论的代表人物之一。

4 格赖斯（1913-1988），美国语言哲学家。

5 达米特（1925-2011），英国哲学家。

章中继续对上述观点进行讨论，并提出在其他辩题的基础上所衍生的思路。另外，本章将暂时摒弃从第二章到第八章一直保持的客观的态度，简述笔者本人的主张。

本书讨论了部分哲学上的主要问题。但是，根据本书的论述，借助索引，或查阅某位哲学家关于本书中讨论的话题的看法，就能够大体了解某位哲学家的总体思想。如果将书中介绍奎因、斯特劳森或罗素的观点的部分收集在一起，综合考虑，那么就可得知某位哲学家在相关方面的见解。这是在本书中出现多次的思想家们对 20 世纪的哲学作出的突出贡献。

第二章 命题

引　言

真理是哲学上最重要的概念之一，也是争论最多的一个。真理之所以容易引起争议，其中一个原因是在讨论伊始，对于什么是真值载体并未达成共识。通常被看作真值载体的对象包括命题、语句、陈述和信念。从传统上来说，承担真值载体角色的是命题。哲学家已从不同方面将命题与陈述和语句作了区分，并列出多个原因。但命题本身就存在争议，所以，要么对命题作出合理的解释，要么就给出选择陈述、语句或其他对象作为真值载体的原因。这项任务涉及形而上学以及其他学科中的重要问题。

命题之所以有争议，是因为它们是抽象概念。这类抽象概念虽然存在，但不占据任何时间或空间，不具备因果力，只存在于概念中。与抽象概念相对的是具体实体，具备空间性、时间性和因果力，通常是可见的。诸如圆形、红色、数字和命题等一般概念属于抽象实体，容易引起争议。而争议的核心在于，“这些抽象实体同一性的标准是什么”。下面将探讨这个问题。

命题这个概念有很重要的作用，所以无法完全弃之不用。命题除了作为真值载体，还是语句的意义。命题可以是使用语言的行为所表达的内容，包括断言、发布命令或表达渴望，也可以是心理态度的对象，包括信任、希望和渴望等。上述说法尽管有联系，却不尽相同。鉴于命题这个概念的用途，我们应进一步详细探究。本章将要讨论的问题包括：什么是命题？命题能否按照唯名论者的说法用真值载体代替？还是说命题是无法取代的？

语句和语句内容

为了认识命题的本质，必须首先了解语句。语句是语言中的一个或一组词语。这里所说的语言可以是英语或斯瓦西里语等自然语言，也可以是逻辑等人工语言。从“符合语法规则”和“有意义”的角度来看，语句必须符合语法规则，但不一定有意义。我们完全能够说出不存在悖论但“完全没有意义的语句”。如卡罗尔（Carroll）[1]说的“T was brillig, and the slithy toves/Did gyre and gimble in the wabe”，或是语法学家乐于使用的“绿色的观点正愤怒地睡觉”。

另外，一个语句可能有不同的意义。比如，“I gave a hand（我给一只手）”既可以表示我帮助了某个人，也可从字面意思理解为我捐了一只手或者猿样手（给博物馆），或者理解为在马术比赛中我的对手的马比我的马高出一只手的高度。

同样，一个语句也可以有不同的使用方式。比如，“You hold the reins（你抓住缰绳）”，可以是陈述事实，也可以是发布命令。根据奥斯汀（Austin）[2]的行为话语理论，在某些情况下使用语句可能构成一个行为。

1　卡罗尔（1832-1898），英国童话作家。

2　奥斯汀（1911-1960），英国哲学家，日常语言学派的代表人物之一。

比如说“我要与你结婚”或者“我保证”等。[1]另外，有人认为语句“It hurts（很疼）”构成一个复杂的行为，代替皱眉、呻吟的动作。维特根斯坦认同这种看法。[2]

哲学家通常关注陈述句。陈述句用于断定，也用于表述命题，说明某些谓词可以与某些主语匹配，或是某些词项以某种方式相互联系。[3]

命题与陈述句不同，具体原因有以下几点。[4]第一，如上所述，语句可能毫无意义，甚至是荒谬的，不表达任何内容。第二，同样的语句可以被不同的人使用，或者被同一个人在不同的情境下使用，来说明同一个语句在某些情境下是正确的，但其他语境下是错误的。比如，“I have a headache.（我头疼）”这个语句正确与否取决于由谁来说，或者某个人在某个时间说是正确的，但在其他时间说就是错误的。[5]第三，在下列语句“It’s raining”（英语）、“Il pleut”（法语）、“Es regnet”（德语）以及“下雨”（汉语）中，有一点是相同的；需要以某种方式来描述四者之间共同的内容。这部分共同内容就是命题。

由此可以说，命题，不是语句，有真假之分，只有“有效的”或“有意义的”语句才能表述命题。命题是话语所断言的内容；也可以与其他命题形成逻辑关系——语句不会形成包含关系，也不会彼此矛盾。语句只有作陈述用途时所涉及的内容才会与其他陈述性的说法形成包含或矛盾关系。

1　J. L. 奥斯汀，“表述句与施为句”，载于 C. E. 卡顿（编）《哲学与日常语言》，第 22 页及其后续诸页。

2　L. 维特根斯坦，《哲学研究》，参考第 243—315、348—412 小节。

3　哲学家通常对语句、陈述和命题三者进行区分。按照公认的解释，陈述是在特定情境下实际言说或记录的某个语句。但是“陈述”经常被认为是“命题”的同义词。为了避免可能产生的误会，本书只关注语句和命题之间的区别。参考 B. 昂“陈述与命题”，《精神》，1967 年。

4　自此处开始，我用“语句”代替“陈述句”的说法，除非另有说明。

5　言语与说话者和时间之间的相对性称作“指称性”，因此可以说一个语句指称说话者以及时间。

用命题说话可以避免意义模糊或废话连篇的问题。如上所述，命题是通过语句所“说的话”。因此，命题可以被看作是“命题态度”的内容或是对象，比如相信、祝愿、希望或判断等。比如在命题态度“我相信 p”，或“他希望 p”中，p（可以是任意命题）就是对象。

以上是将命题和语句区分开的一些常见原因。后文我们将继续探讨更详细、更基本的原因。这样做的必要性在于，在前文粗浅介绍的过程中，已经涉及另外一个问题——命题的本体问题。

这个问题背后隐藏着长期以来形而上学领域的争论。哲学史上大部分时期，关于抽象实体的概念一直都至少存在两个思想流派（自从中世纪以来），分别称为“实在论者”和“唯名论者”。从广义上来看，此处所说的实在论认为诸如命题、数字和其他一般概念等抽象实体均实在地存在着，正如山川和大树实在地存在一样。柏拉图（Plato）[1]的形式学说从这个意义上说实际上相当于典型的实在论。柏拉图认为，“存有领域”的形式远比山川和大树丰富得多，山川和大树只是形式中不完美的、无法维持永恒的例子（或版本）。[2]而唯名论者则认为，抽象实体仅以名字的形式存在——由此才有名义上的这种说法——因此并不像山川和大树那样实在地存在，只是隶属于某个名称的概念。唯名论者希望减少抽象实体的数量，试图通过分析彻底摆脱它们。正是由于唯名论者对抽向实体所持的怀疑的态度才引发关于命题的争论，并产生下列问题：命题是否存在？如果存在，它们又是什么？怎样才能将其一一列举出来？如果上述问题都没有令人满意的答案，怎样才能尽量避免在谈话中用到命题？

如此一来就自然而然地涉及一些常识性见解，比如否认命题以抽象实体的形式存在，或者说在我们所言说或写下的语句之外，不存在语句的“内容”或“所说的话”，只存在命题。但是，在下文的论述中我会证明，

1　柏拉图（前 427- 前 347），古希腊哲学家。

2　参考柏拉图《理想国》，596a 6—7；507ab。

如果有人认同实在论有关命题的看法，或者说以合理的理由保留对上述看法的兴趣，这样做的出发点即使引起争议，仍然令人信服。另外更复杂的问题是，我们很难弄清楚在说话时怎样避免借助命题这一概念，因为用于替换命题的其他概念，对于唯名论者来说，虽然不同，但同样是值得怀疑的。

如果要列举出赞同命题的更主要的理由，不妨遵从赖尔提出的意见，即上述态度的动机源自赞同实在论的哲学家提出的两个相互联系的假设。第一个假设是意识的意向性理论，第二个是意义的指称理论。[1]

意识的意向性理论认为，所有有意识的行为都是针对某个对象。比如说，当我思考事的时候，我是在思考某个东西；当我希望、祝愿、相信、怀疑、害怕的时候，我就在希望某件事情、祝愿某个东西，其他亦是如此。这种意识行为的指向性特征就是行为和行为“意指”（指向）对象之间的“意向性关系”。所意图的对象通常被称为行为的“宾语”或“意向”。“思考”“希望”“祝愿”“判断”“猜测”“考虑”等动词都被称为命题动词，此类动词所表示的思维活动被称为命题态度或命题活动。

命题态度由二元关系构成。二元关系的双方分别为意识和由“that”引导的复合实体。比如语句“I believe that he has arrived（我相信，他已经到了）”就构成了意识中命题行为的意向。

命题态度、意向或对象之间有明显的区别，可以用于描述其中一方（即行为）的语句不可用于描述另一方（即意向或对象）。比如，我相信的命题行为是，实际发生于 11 世纪的诺曼征服在 11 世纪之后很久才发生。那么我相信的事情的真实情况，即诺曼征服发生在它发生的时候，与我相信的与之相关的事情的行为完全是两回事。

1　G. 赖尔，“意义说”，载于卡顿（编）《哲学与日常语言》，第 128 页及其后续诸页，重点关注第 131—145 页和第 148—153 页。另参考 J. F. 汤普森“真值载体和命题说的问题”，《哲学杂志》，第 66 期，1969 年，第 739 页。

如果我相信某件事或希望某件事，那么我相信或希望的对象就是一个命题，也即由“that”引导的从句整体所表达的命题。这种说法存在着一个循环：命题构成命题态度的意图，但实际上，意图已经包含在命题态度本身所表达的观点之中了。然而，通过这个循环还可推导出其他信息。仔细考虑命题独立于意向行为的观点，就可以看出为什么要借助命题作为意向性行为的对象。下面来谈谈这一点。

假设，你和我都相信诺曼征服发生在公元1066年。那么，我们相信同一件事情；我们有相同的信念。但是，对于这件事，我们之间不可能所有的信念（行为）都是一样的，因为你的信念“行为”是你的，我的是我的。唯一相同的是我们所相信的事情，即“诺曼征服发生在公元1066年”这个命题。因此，命题必须独立于任何意向性的行为。

另外，因为我可以在一生中的任意时间相信“诺曼征服发生在公元1066年”，那么相对于我在不同时间对同一个命题的命题态度而言，这个命题在时间上必须是中立的。同样，我在不同的时间对同一个命题的命题态度可能是不同的。比如，我某段时间相信圣诞老人是存在的，但在其他时间我又不相信了。在这种情形下，对于相同的命题“Santa Claus exists（圣诞老人存在）”，我在不同时间的命题态度不同。同理，我们两个在圣诞老人是否存在这件事上也可能有分歧：我们对同一个命题的态度不同。因此，命题是不受我们对它的态度所影响的。

另外一个可以用于证明命题客观性和独立性的观点是，很多真理和谬误都是永恒的。比如，5+7=12，或者Λ粒子衰变会产生质子和介子，又或者一场可怕的战争结束于1918年等。以上三个例子都是真理，并不是当我思考的时候变成真理，也不会因为我不思考就变成谬误。如果它们是正确的，就永远都是正确的。它们并不是因为我持有某种命题态度而创造出来的。我相信，乔治·艾略特写了《米德尔马契》是以我的学术史为原型，其中可确定具体年代的时间或一系列时间也是学术史的部分。但是，乔治·艾略特所著的《米德尔马契》与我或其他人的学术史（当然，作者自己的除外）没有任何关系，而且不受任何人对该书所抱有的命题态度的影响。所以，我们可以得出结论，命题独立于针对命题的意识性活动。

作为命题态度的意向，命题必须与“图像”和“事实”区分开来。我相信诺曼征服发生在公元1066年，这是我相信的事情，并非我大脑中的图像。当然，也不能称之为“事实”，因为无论事实的定义是什么，至少必须是真实的。但不巧的是，被称为“痴心妄想”或“不切实际的希望”等命题态度的意向根本与事实不搭边，而且这种情况时有发生。即使是痴心妄想，或不切实际的希望，也都是祝愿 p 或希望 p 的结构，其中 p 是命题。由此可见，命题并不等同于事实。而事实可能是正确的命题，或者是正确的命题所表示、“命名”或描述的事态。这是本体论的问题。

“命题为意向”评判

对于读过一些心灵哲学的人来说，意向学说比将思想行为的对象实体化更容易招人反对，这一点是很明显的。下面，我仅针对这个问题进行评价。

我们可以区分之前列出的如“希望”“判断”“祝愿”等命题动词和另一类动词类型，通常被称作“认知”动词，包括“知道”“看见”“闻到”“品尝”“感觉”和“听到”等。认知动词和命题动词有一个重要的共同点，即两类动词在语法上都要求搭配宾语。比如，认知动词“see（看见）”要求搭配宾语，像“I see x（我看见x）”，命题动词“hope”也是如此，如“I hope that p（我希望p）”。但是，语法层面的共同特征实际上是有争议的、容易引起误解的。因为对于认知动词所搭配的宾语而言，现实中必定是有种东西与此相符合的，但命题动词却并非如此。通过对比下列一组句子就可验证上述观点。

（1）Tom tastes the sweet, but there is no sweet there.（汤姆尝到了糖味，但是没有糖。）

（2）Tom hopes that Santa Claus exists, but Santa Claus does not exist.（汤姆希望圣诞老人存在，但圣诞老人不存在。）

如果不考虑出现幻觉的情况，将例句（1）中的认知动词改成“相信x”的用法可能更合适一些。因为如果某人郑重其事地说例句（1），很显然会陷入矛盾之中。说汤姆尝到、感觉或看见什么，但却不存在所尝到、感觉或看见的东西，这种说法是不合理的。相反，如果汤姆希望的某件事情本来就是错的、是不存在的或是不可能的，这种说法就是不矛盾的，如例句（2）。将认知动词“知道”和命题动词“相信”列在一起比较时更能凸显两类动词的区别。A 知道 p 蕴含 p 是事实。但是若换成 A 相信 p，那么无论 p 是否为事实与整句话都不矛盾。用其他词语进行对比也同样能显示出区别，仍然不考虑出现幻觉的情况。如果 A 看见 x，那么必然存在一个 x；但如果换成 A 害怕 x，那么是否真的存在 x，则没有确定答案。关于这一点，心理学家非常了解，A 害怕 x，不管 x 是物理上不可能还是逻辑上不可能，或是两方面都不可能，与 A 害怕 x 的说法都是一致的。

如果考虑错误的例子，命题动词和认知动词之间的区别更明显。假设（以认知动词为例）我说，“I see a dog（我看见一只狗）”，但是仔细一看发现是一只狐狸。如此一来，我必须收回我说我看见一只狗的说法，改说类似于“我以为我看见了一只狗，但事实上我看见的是一只狐狸”的话。但是（以命题动词为例）如果我判断或相信那是一只狗，然后发现是只狐狸，我就无法收回之前判断或希望那是只狗的话。换一种方式来说：我的认知态度是可宣布无效的，即认知态度可能是错误的，如此的话就可立即撤回。但是命题态度是不可废止的，我无法收回我判断或相信的内容，也无法收回我已经判断或相信的事实，即便我做错了。

由此，认为命题是精神活动对象的人之所以同意这个观点完全是因为受了某些原因的误导：他们发现认知动词和命题动词之间存在共同之处——都需要搭配宾语。因为认知动词要求必须存在某种东西与其所搭配的宾语相符合，所以实在论者认为，命题动词的宾语也必须如此。但事实并非如此。这个例子说明，语法上的考量不一定适用于本体论（有关罗素对此结论的应用，参考第四章）。

但是，应当指出的是，上述评论最多只能是对意象说对命题解释不清的情况提出质疑，命题是客观实体，是独立于表达命题的语句及指向命题的命题态度的真实（实在论层面的“真实”）存在。上述批评表明，说我相信或希望某事，就存在我希望或相信的某事——命题，这种说法是错误的。因此，用真实存在的事物做类比的话，如果说我看见或感觉到某物，那么命题是存在的。

以上并非对命题进行意向性解释的唯一批评。如果意向学说根本理论哲学心理学遭到否决，那么这个学说就没有理由再使用命题这个概念了。就现有的观点进一步来说，意象学说是非直觉的，尚有众多未考虑到的或不在意图中的命题等待发掘。实际上，任何一个因抽象实体这个概念所引起的问题都是因为命题意向说引起的，而意向说本身对命题的性质并未作任何解释，以使其摆脱上述问题的困扰。

在下面要介绍的对命题说的第二个理由的批评中，可以看出抽象对象这个概念引起了更大的困难。我们在适当时候再回到这个问题上来，首先来看看第二个理由。

命题意义说

意义学说最初一个引人注目的说法是，一个词语的意义是其指称的对象。这就是众所周知的意义的指称理论。因为本章后文将数次提到这个理论，所以本处只做简要介绍。该理论构成使用命题的第二个理由，因为词语的意义是词语所指称的对象，那么语句的意义就是语句所表达的命题。这个说法似乎很有道理，因为它对某些语义特征提供了现成的描述。比如同义性。指称理论认为，如果两个语句表达同一个命题，这就构成同义关系。假设简有丈夫、有一个兄弟、没有其他兄弟姐妹。如果简说“my husband is having a migraine attack（我丈夫偏头痛发作）”，而简的兄弟说“my brother-in-law has a severe prolonged headache（我妹夫长期患有严重的偏头痛）”，那么他们说的是同一件事情，也就是说，两个语句是同义关系，因为它们表达了相同命题。[1]

前文曾提过把语句和命题区分开来的一般性原因。正是因为这些原因，任何将命题与语句等同起来的做法都是不可取的。[2] 将二者区分开来的重要

1　第二个动机与第一个有关，因为这里所说的命题是语句的意义，也是命题态度的意向。但是这两个动机又是各自独立的，因为承认其中的一个并不蕴含承认另外一个。

2　这里我使用了语句“类别”和语句“符号”的区别。语句“John likes Rover.（约翰喜欢罗佛）”就是个例子，也就是类别中的一个符号。“类别”和“符号”之间的关系相当于“种类”和“个体”之间的关系。

原因如下。许多可以视为语句属性的东西不能视为命题的属性，因为语句是言说的或写下来的一连串词语，具有空间及时间属性，比如在牛津说的或是刊登在波士顿的报纸上的，说话时要用多长时间，或者写下来的句子占据了多少厘米的空间，声调高的或声调低的，用墨水书写的或用粉笔书写的，等等。正是因为命题是抽象的，所以与上述特征毫不相干。命题是非物理性的、无时间性的。另外，因为命题必须可以为多个语言使用者所用，其存在不可能依赖某个说话者或某个言说情境，因此命题必须是客观的。命题既是抽象的又是客观的，这也正是唯名论者最不希望的事情。

将命题视为语句的意义可以很好地解释命题的抽象性和客观性，尤其是在翻译有关信念的语句的时候。如果将语句（a）“I believe he is here（我相信他在这）”翻译成德语，就变成“Ich glaube er ist hier”。如果将语句“he is here（他在这）”看作是我相信的对象，那么其实我说的是语句（b）“I believe the sentence ‘he is here’（我相信语句‘他在这’）”。如此一来就必须翻译成“Ich glaube den Satz ‘he is here’”。当然我们不会这么说。即便是很自然地说“相信语句”，我们也应将（b）翻译成“Ich glaube den Sata ‘er ist hier’”。这样就明白了：我相信的对象不是语句，而是语句的意思，也即命题。[1]

这个例子是丘奇（Church）[2]提出的。丘奇认为抽象命题就是语句的意义，其实是在维护弗雷格（Freg）的主张。弗雷格仔细区分了（a）书面的或言说的语句，（b）头脑中对该语句的看法，（c）语句所表达的命题（或者说是“想法”，Gedanke）。[3]（b）完全取决于语句的听者、读者、言说者或记录者的主观看法；（c）是客观的抽象实体，与数字、类别和柏拉图提出的形式等相同，均为柏拉图式的实在。弗雷格认为，命题和其他抽象实

1　A. 丘奇，“命题”，《大英百科全书》。

2　丘奇（1903-1995），美国数学家和逻辑学家。

3　G. 弗雷格，“思想”，载于 P. F. 斯特劳森（编）《哲学逻辑》，第 17 页及其后续诸页。

体一样属于“第三王国”。“第三王国”是无时间性的、非物理性的、非精神性的。理解语句就需要抓住语句所表述的命题。命题是真值载体，而语句只有在这种衍生层面上才具备真值，且其是真是假取决于语句所表述的命题的真假。[1]

1 同上，第 20—21 页。“第三王国”的表述方式由赖尔引用，出处同上，第 149 页。

意义、所指及含混性

解释弗雷格的观点需要费一番周折。借助其对命题的看法，弗雷格对意义与所指做了区分，这一区分后来在哲学上获得了高度重视。[1] 这里需要引入并解释三组术语：含义 – 所指、蕴含义 – 字面义、内涵 – 外延。按照上述术语的标准用法，“含义”“蕴含义”和“内涵”构成一组相关术语，而各自相对的“所指”“字面义”和“外延”构成另外一组。[2] 通俗来讲，第一组术语指的是我们通常所说的词语的“意义”，另外一组指的是词语的应用范围。

至于上述区分的标准描述方式，以内涵 – 外延之间的区别为例。比如说，词语“质数”的外延指的是所有质数所属的类别。一个数字被归为质数这个类别的条件是它是质数（即一个数字除了它本身和 1 之外没有其他整因子）。而术语“质数”的内涵是一种属性、素性，具有该属性的数字就属于质数的类别。或者思考一下“绿色的植物”这个短语。该短语的外延是世界上所有的植物都是绿色的，而内涵是多重属性的集合，包括是一种植物和是绿色的。具有上述属性的事物就属于“绿色的植物”这个类别。

含义 – 所指之间的区别也是如此。试想一下金星。希腊人认为，金

1 G. 弗雷格，“意义和所指”，载于弗雷格《翻译》，第 56—78 页。

2 “intension（内涵）”，注意不要与“intention（意向）”弄混。

星不是一颗星球，而是两颗星星，分别是长庚星和启明星。因为启明星和长庚星实际为同一实体，所以很明显两种表达指的是相同的事物，即金星。但很显然，尽管有相同的所指，“启明星”和“长庚星”的含义不同。如果有人说“启明星等于启明星”，那么这句话是否为真就是一个简单的逻辑问题，只需通过考察句子本身就可以确定。但是如果换成“启明星等于长庚星”，那么这句话是否为真就是天文学问题，而非逻辑问题。仅考察“启明星”和“长庚星”两个表达方式本身，并无法确认二者是否为同一相同实体。由此可知，尽管二者所指相同（指称同一种东西），但意义并不相同。

有必要顺便提出的一点是，具有相同意义的（即同义的）词语或表达被称为“内涵相等”。相似地，具有相同所指或外延的词语或表达被称为“外延相等”。上述说法表明，词语或表达有可能外延相等，但内涵不一样相等；但如果两个词语内涵相等，那么外延一定相等。

弗雷格通过如下方式解释含义－所指的区别。他认为，语句的意义是其所表达的命题（“思想”）；但是语句也可被看作是复杂的名称，因此也有所指。“乔·布罗格斯”这个名字的所指毫无疑问是一个人，一个名字为乔·布罗格斯的人。语句的所指并非具体的对象，而是真值。所有为真的语句都有相同的所指，即真值为真；同理，所有为假的语句的所指都为真值为假。

弗雷格将语句看作是复杂名称的做法让语句同名字一样，在更大的语境下可以自由替换，但不改变语句的真值。这个观点最初由莱布尼茨（Leibniz）提出，即所指相同的词语具有保全真值相互替换性。如果术语 A 和 B 有相同的所指，那么无论任何语句，只要语句中包含 B，那么 B 就可以用 A 代替，而原句的真值不变。由此，语句“长庚星是金星”中，在保全真值的条件下，“长庚星”可以用“启明星”替换，因为二者所指相同。弗雷格想建立外延逻辑，即真值函项逻辑：所指相同的词语相互替换保全真值，这一点对于外延语境来说是固定的。由此可见，与名称同理，所指相同的原子语句（所指相同的意思是真值相同）作为真值函项构成分子语句时可以自由替换，而不改变分子语句的真值，即便被替换的原子语句与替换的原子语句含义不同。

但是，如果语句中命题动词后跟从句 that，如“Ptolemy believed that the earth is flat（托勒密相信地球是平的）”或者“Philip is unaware that Tully is Cicero（菲利普没意识到塔利就是西塞罗）”，整个语境是内涵性的（非外延性的），因为整个语句的真值并非附属从句的函数。处理此类问题语句时，弗雷格说，“that”之后嵌入语句的所指是它所表述的命题，也就是说，它的所指就是它出现在外延语境中时所表达的意义。因为，语句只能先有意义，才能有所指。所以，弗雷格把语句在非外延性语境下使用时的意义识别为这些词语“该命题，即×××”的意义。丘奇认为，非外延性语句的所指就是语句本身的意义或含义。这个观点与弗雷格的观点道理是一样的。

奎因讨论了非外延语境中出现的问题，尤其是所指“含混”的问题，颇具意义，如下所示。[1]

互相替换并不一定能保全真值，而不能保全真值恰恰是内涵语境的特点。试想下列陈述（沿用奎因原有的编号）：

（3）Cicero = Tully（西塞罗 = 塔利）

（4）‘Cicero’ contains six letters.（‘Cicero’包含 6 个字母。）

如果（4）中的‘Cicero’用‘Tully’代替，由此产生的陈述是错误的。因为（4）中的‘Cicero’并非所指的用法，只是提及了这个名字。[2] 很显然，互相替换原则在上述语境中不适用，误以为语句中的名字可以替换，但其实这个名字并没有直接指称对象。这种情况不仅涉及名字的时候

1 参考 W. V. 奎因“所指与模态”，载于奎因《从逻辑的观点看》，第 139 页及其后续诸页。

2 本书用单引号将提及的词语括起来，以区分使用词语和提及词语。等号“=”代表“与……等同”。

会发生，还出现在任何非指称性的或非直接指称的语境中。考虑下列句子：

（9）Philip is unaware that Tully denounced Catiline.（菲利普没意识到塔利批评了喀提林。）

（11）Philip is unaware that Cicero denounced Catiline.（菲利普没意识到西塞罗批评了喀提林。）

如果（9）为真，那么根据（3）进行替换，就可得到（11）。但是，假设菲利普知道西塞罗批评了喀提林，但不知道塔利是西塞罗，那么尽管（9）和（3）都为真，（11）仍为假。[1] 由此可知，“一个名称在陈述句 S 中具有指称功能，但如果将 S 嵌入类似于“is unaware that...（没意识到）”或“believes that...（相信）”等语境中形成更长的语句时，就不具备指称性。简言之，我们可以称这样的语境为“所指含混性”。[2] 那么，按照奎因的观点，我们无法将所指含混的语境进行量化，除非所有与量化相关的变量均为内涵性对象，用弗雷格的话说就是名称的意义。更深层次的原因为（本章后文以及下一章将对该原因进行更详细、更广泛的讨论）：个体化的内涵性实体有赖于分析。但这个概念遭到了奎因的强烈反对，他认为弗雷格的模式行不通。

1　奎因，“所指与模态”，第 141—142 页。

2　同上，第 142 页。

“命题为意义”再评

将命题等同于语句意义的主张所受到另外一种批评较为笼统，认为这种做法相当于用一种模糊的东西（即意义）来解释另外一种同样模糊的东西（即命题）。后续章节（第七章和第八章）将对意义有关的问题进行更详细的讨论，所以此处仅以一般性的初级术语解释就足够了。

什么是“意义”？考虑一个较为简单的例子，即名称的推定意义。在指称理论中，意义指的是名字所指称的对象。在直观意义上，很容易就理解“汤姆”这个名字的意义，指的是某个符合该名字的人。但若不单从直观上理解，那么什么是指称关系以及其如何运作，就没那么清楚了。考虑一个能体现指称词语和世界之间关系的最简单的例子——对“桌子”这个词语进行直接定义（比如用手指）。假设我正教一个外国朋友学习英语，而他此前从未接触过这门语言，我指着桌子，同时说出“桌子”这个词语。为什么他明白，我想让他把这个物体当作整体来理解？为什么他不认为我指的东西是桌子的颜色、纹理或材料呢？设想一下，我指着桌面，说“有光泽的”。为什么他不会认为我指的是桌子这个整体，而是桌子的式样呢？很显然，将名称与名称应该“意味着”的对象联系在一起，这种最简单的情形都存在如此多的困难。

语句意义更为复杂，当然困难也就进一步增加了。假设暂时不考虑语句是指称“事情状态”或“事实”或“可能事实”的复杂名称这个观点，转而认同命题是语句的“内容”的说法。那么从直观的角度来说，很容易理解语句意义。假设*A*向*B*展示下面的语句：

（1）(原文为希腊文)

且*B*问*A*该语句是什么意思，*A*回答，语句的意思是：

（2）Mens videt，mens audit，cetera surda et coeca.

如果B不懂拉丁文的话，他仍然不知道语句的含义。如果A最终告诉他，（1）和（2）的意思都是：

（3）The mind sees，the mind hears，all else is deaf and blind.（只有心灵看得见，只有心灵听得见，其他一切都看不见，也听不见。）

那么可以说B最终理解了（1）–（3）所表达的意思。但因为语言的限制，他只能借助（3）理解（1）和（2）的意义。他所理解的内容是（1）–（3）共同表述的内容，也就是命题“The mind sees，the mind hears，all else is deaf and blind.（只有心灵看得见，只有心灵听得见，其他一切都看不见，也听不见。）”

通过用（1）–（3）所表述的命题这种说法代替（1）–（3）所表达的意义这种说法，或者反过来，这又能告诉我们什么呢？通过上述例子，我们能推导出来的是，意义和命题是附属于不同语句个例的东西，它们是否在某种意义上依赖语言，这一问题还未可知，但它们绝不依赖某一种特定的语言。

事实上，这个问题早前就出现了，因为我们弄不清楚“语句所表述的命题”或者“语句所表述的意义”中的“表述”是什么意思。因为无论用“语句表述的命题就是该语句的意义”，还是用“命题是语句所‘说的话’”，或者用“……是语句的‘内容’”来解释，都会陷入一个循环。现在，如果寻求直观的方式理解命题的概念的话，我们又回到了讨论最开始时所借助的启发式的论据。

对上述观点的批评归根结底是认为，将命题等同于语句的意义犯了两个相互关联的错误：第一，“意义”这个概念本身就需要澄清，在未说明的情况下，无法对命题做出任何解释；第二，只要有任何线索提示意义——字面义——是什么，这个概念解释多少问题，也就留下多少待解决的难题。

将意义或命题看作“意指实体”是导致困惑的重要原因。思考——此处只是简要说明，后文作详细讨论——另外一种描述意义的方式。维特根斯坦后期的研究重点提出将意义看作是一种使用。此观点主要认为，表达（或者说绝大部分表达）并非仅仅是对语言之外的事物进行命名或标记，它们在语言中自有其角色或功能。因此，了解某个表达的意义也就是学习如何按照表达的角色恰当地使用它们。由此，要了解某个词项的意义，就要了解决定该词项出现或能出现的不同的语言情境（包括陈述、疑问、要求等）中的使用规则。根据上述观点，将“意义”看作是某种属于“第三王国”的永恒的实体——命题（或者仅看作“意义”），这种做法是有误导性的，因为如果某个表达的意义取决于该表达在语言中的使用规则，那么意义就不再是不可捉摸的东西了。在讨论这个理论之前，我并不是说它是完美无瑕的，只要是指出意义除了作为指称之外，还可以有多种处理方式，借此说明或至少在某种程度上说明了，接受命题理论并非出于对意义的考虑不得已而为之。

如果不按照指称理论将命题解释为语句的意义（这也是前述的评论所不认可的一点），就需要探究其他的解释方式。其中一个是，按照内涵性事物的“可能世界”理论，将命题看作语句意义。下一章将继续讨论这个观点。另一种方式是，将命题视为同义语句的逻辑结构，从而避开指称理论。除上述两种方法外，还可以借助语句的某些语义特征，比如同义性，但是又很容易限制抽象对象的使用。严格说来，命题可被定义为与给定的语句意义相同的语句类别，“意义”或许也可以按照相同的方式解释，避免物化。按照以上说法，唯一的抽象实体就是类别。某些唯名论者将类别归入本体论，因为数学和科学都涉及类别的概念。但是如此一来，同义性的概念就成了问题。奎因曾对同义性进行批判，后文会对奎因的观点进行驳斥（参考第三章）。另外，如果同义性的观点站得住脚的话，就不能借助命题的概念（参考同上）进行描述，否则就会陷入循环。

奎因之所以拒绝接受意义的概念，最主要的原因是，没有什么能被视为给定表达的意义，因为意义本身就是模糊的。他以从一种语言到另一种语言的翻译过程为例解释了上述观点。奎因的观点是，假设一门外语的翻译手册是通过观察外语使用者的言语行为和普通行为集合成书，那么很有可能会有第二本类似的翻译手册，同样是根据语言使用者的行为如实记录，但两本手册对说话者所使用的表达的翻译完全不同。因为，仅凭说话者的行为数据是无法确定翻译方法的。[1]

上述观点被称为翻译的不确定性学说。奎因为此提出了两点论据。第一，有人试图仅凭语言使用者可观察到的行为，就对一门完全陌生的语言进行"绝对翻译"，也就是白手翻译。如果外语中某个语句有多种翻译方法，那么仅凭上述做法是绝对不可能确定选择哪一种方法的。如果本族语者看见兔子的时候喊出"gavagai！"（引用奎因的例子），那么仅凭这种行为无法帮助译者确定是将"gavagai！"译为"兔子""一片兔子肉""最喜欢的白肉"，还是其他的什么。

第二个论据源于两个原则：经验论原则认为，语句的意义包括语句的真值对经验的影响，"整体论"原则认为语句的意义无法单独确定，需取决于语句在语言中的位置。将上述两个原则结合起来就得到以下观点：意义从不是确定的，因为单个语句的真值对经验并不构成什么影响；整体语言对应整体经验（或整个世界），而不是语句对应语句。（认为语句与某些经验，或与世界上的某些部分一一对应的观点被称为原子论，与整体论相对应。）

如果意义是一个模糊的概念，那么将命题定义为语句的意义这种说法也是不完善的。当然，用这个概念解释同义性或"意义相同性"——如果两个语句表述相同的命题，那么两个语句就是同义语句——也是如此。

一直以来，奎因的观点非常具有影响力，不单是因为他的观点驳斥了意义说。后续章节将继续对此进行讨论，尤其是第三章和第九章。第九章还将对意义含混学说的影响进行详细分析。

1　奎因，"论翻译模糊性的原因"，《哲学杂志》。

唯名论和实在论

如前所述，详尽阐释命题理论将涉及后面章节所讨论的主题，远远超过本章涉及的内容。但是至少我们可以采取有所保留的方式，既可以使用命题，又不至于牵扯内涵性实在论的问题。这种方式就是尽量减少使用抽象事物，下文解释原因。

实在论－唯名论之间的争论其实是本体论承诺之争。这绝非无聊的争论，尤其是考虑到它在现代有关可能世界理论的讨论（第三章）以及前文提出的意义理论方面的问题中的作用更是如此。比如，罗素提出摹状词理论（第四章）的动机与该争论有关。另外，在实在论者与反实在论者对意义理论进行论证的过程中（第八章和第九章），也能看到这场争论的踪迹，虽然是以比较隐晦的方式，但重要性不容忽视，其中“实在论”较之历史上的更为复杂，也有不同之处。

简单思考一下迈农（Meinong）实在主义的“对象”理论，问题就可迎刃而解。[1] 迈农认为，形而上学研究的是一切实际存在和抽象存在的事物。二者之间的区别在于，与知识的“对象”的总数相比，实际存在的事物总数“无穷小”。即便它们不存在，至少还可以作为我们思考或谈论的对象，

1 A. 迈农，“对象论”，载于 R. 奇索姆（编）《现实论与现象论的背景》。

从这个意义上来说，它们是潜存的。由此，迈农所说的对象可以被解释为思想的宾语。所以，“圆形的方形”这种不可能的对象是潜存的，类似于“亚里士多德没有 30 个兄弟”“亚里士多德没有 31 个兄弟”“亚里士多德没有 32 个兄弟”等可以衍生出无数个语句的否定事实也是如此。[1]

以罗素和奎因为首的哲学家反对这种违背奥卡姆剃刀原则（Ockham’s Razor）的做法。奥卡姆剃刀原则认为，不得假定存在多于实际需要的实体。这种在本体论上力求简约的做法是唯名论的指导原则。根据罗素的观点，迈农假定宇宙中充满了潜存的实体这种做法违背了“实在的真正含义”[2]，而奎因称迈农的宇宙是“拥挤的”“肮脏的”，是个“贫民窟”，是“不安定因素的温床”。[3] 另外，他给非必需的实体贴上了标签，称其为“不受欢迎的实体”（entia non grata），表明了将非必需的实体排除在本体论承诺之外的决心。

有充足的理论和方法论原因支持我们使用奥卡姆剃刀原则。在某个研究领域中，如果从多个各有长短的假设中选出一个，那么就需要借助元理论标准：最简单同时又最强有力的假设最容易入选。同样，若要限制某个哲学理论所产生的实体数量，就要从理论有效性的角度限制可有可无的实体数量，因为类似的实体数量越多，理论的有效性就越弱。所以，如果两个理论在概念上涵盖的内容相同，但其中一个承诺存在的实体较少，那么毫无疑问会选择这个理论。[4] 这是奎因的本体论承诺的动机之一。事实上，奎因和罗素都认为，对于一个理论，无论它能多么顺利地解决面临的疑难问题，我们都应该积极寻求最简约的方式，既能满足解释的要求，内容又

1 同上，第 79 页。

2 参考 B. 罗素“逻辑原子论的哲学”，载于 R. C. 马什（编）《逻辑与知识》，第 269 页及其后续诸页。

3 参考 W. V. 奎因“论何物存在”，载于奎因《从逻辑的观点看》。此书中，迈农以“怀曼”的名字出现。

4 同上。我将在第四章中讨论奎因的观点。

不至于繁冗。因为引入临时的实体、潜存的事物或形式作为“解释”工具太容易让人产生误解。[1]

奎因不愿意接受抽象实体包括命题的主要原因之一是，抽象实体没有确切的同一性标准。某事物的同一性标准指的是可以将其个体化的标准，可以鉴别某事物究竟是哪一个，从哪里开始，到哪里结束的标准。总而言之，借助同一性标准，我们可以将某个事物挑选出来，或者识别哪些事物是相同的。奎因主张的要点在于，世界上“不存在无同一性的实体”。他认为，命题同一性的标准只能通过语句的同义关系构成。比如，可以说命题 p 是由两个有区别但互为同义的语句 x 和 y 所表述的。那么，因为同义性是一个无所指意义的概念（参考上文及第三章），奎因就可借此在除了最还原的唯名论（即作为一种说话方式的作用）之外的意义上拒绝命题存在。

1　第三章将讨论与之相关的问题。参考 W. 莱肯“可能世界的难题”，载于 M. J. 路克斯（编）《可能与现实》，其中有关于对迈农和奎因观点的讨论。

无伤大雅的命题和陈述

因为本章涉及的很多问题在后续章节都会再次出现，所以我们可以暂时将命题的问题搁置，仅留下一个问题作为本章的结束语，如上文所言，是否存在一种令人满意的可作为讲话方式的“命题”。

汤普森（Thomsom）[1]认为有。[2]在他看来，如果声称只存在一个命题，如雪是白的，或者圣诞老人是存在的，这才是有意思的命题理论。否则，如果说命题是通过语句所断定的东西，这句话只是正确而已，但称不上有意思。

根据上述观点，命题与“陈述”在很大程度上是一回事，二者都指的是在某个特定的语境下某个言说者说的语句能说什么或表达什么。麦基（Mackie）[3]认为，“陈述”和“命题”这两个词让我们可以谈论说了什么、相信什么、什么是可断言的或者可相信的等。[4]能够讨论陈述或唯名论化的命题的意义在于（为了避免与作为抽象实体的命题弄混，现通常倾向于用“陈述”代替）保留含义。语句不能作为真值载体，因为语句可能被不同的

1　汤普森，英国分析哲学家。

2　J.F. 汤普森，载于 P. F. 斯特劳森《哲学逻辑》，第 103 页及其后续诸页。

3　麦基，英国分析哲学家。

4　J.L. 麦基，《真理、可能性与悖论》，第 20—21 页。

人在不同的语境下使用，表达在当时的情境下为真、在其他时候为假的内容。但是，我们都应认识到，确实有些真理论可以很好地解释将语句作为真值载体的理由。所以即便是上述这个貌似合理、毫无争议的观点也存在问题。在接下来的章节中，我大部分时候会用“陈述”这个词，且与唯名主义的“命题”可以相互替换。

第三章 必然性、分析性和先验性

引　言

有些命题可以通过抓住命题中的词语的意义从而判断命题的真值，而其他命题要判断真假，则需要知道事物与世界之间的关系。第一类称为分析性命题，第二类称为综合命题。

有些命题一旦为真，那么就永远为真，一旦为假，就永远为假，没有其他的可能；而有些命题的真值是非必然性的，即取决于事物与世界之间的相对关系。第一类命题称为必然命题，第二类称为偶然命题。

有些命题无须经过探究就可知真假，而有些则必须通过探究才能得出结论。第一类称为先验命题，第二类称为后验命题。

上述三组概念紧密相关，在哲学上有十分重要的意义。本章讲述三组概念的本质与联系，先分析上述概念为什么重要，以及哲学家们为了定义这些概念做过哪些努力，再详细分析前两组概念。[1]

1　先验和后验的区别最好借助认识论的观点进行讨论，所以此处并未对二者进行单独介绍。

三组区别

莱布尼茨认为，所有的推理都是在两个原则下进行，即矛盾律和充足理由律。根据矛盾律，我们可以“判定含有矛盾的为假，判定与假相对立或矛盾的为真”。根据充足理由律，“除非有充足的理由说明为何如此，而不是相反，我们才能认为事实不真实或不存在，或陈述不正确，尽管这些理由通常不是我们所能够了解的”。[1] 这两个原则与两类真理有关，即“理性真理”和“事实真理”。“理性真理”是必然的（按照莱布尼茨的说法，在所有可能世界中都为真），其对立面是不可能的。“事实真理”是偶然的，其对立面是可能的。[2] 在与克拉克（Clark）[3] 的信函中，莱布尼茨说两个原则和两类真理之间的联系在于，进行数学演算光凭借矛盾律就足够了，而如果将数学演算换成物理学的话，则需要借助充足理由律，处理偶然问题。[4]

根据莱布尼茨的观点，“理性真理”可以通过分析建立，将其解构成不需要证明的最简单的观点或最基本的原则。[5]“理性真理”和另一类真理——

1 G. W. 莱布尼茨，《单子论》，第 31—32 小节。

2 同上，第 33 小节。

3 克拉克（1675-1729），英国神学家、哲学家。

4 参考同上，备注 54，第 236—237 页。

5 G. W. 莱布尼茨，《单子论》，第 33—35 小节。

偶然真理或事实真理——之间的区别为休谟（Hume）[1]在《人类理解研究中》区分“观念的联结”和“实际的真相”奠定了基础。[2]（在《人性论》一书中，休谟将这组区别表述为“知识”和“概率”之间的区别，术语上的改变并不重要。[3]）休谟认为，这组区别可以涵盖所有可知的真理。有些真理仅依赖观念的联结，否认根据这样的联结建立的陈述会陷入矛盾之中。[4]根据休谟的说法，观念的联结可以凭直觉发现，就如同很容易能看出5+7=12；也可通过证明，即通过演绎论证得出可靠的结论。相反，对于“实际的真相”而言，认定其为假并不会导致矛盾。发现实际的真相可以通过观察（休谟认为，我们得假定观察是可靠的），或推理（休谟认为，此处所说的推理是非证明性的，而是通过因果关系进行的推理）。

莱布尼茨和休谟所建立的区别实际上均是必然真理和偶然真理之间的区别。另外两组区别——先验和后验的区别以及分析和综合的区别——与之密切相关。

分析和综合这两个概念可以通过以下方式进行对比：在分析性陈述中，谓语的概念已经涵盖在主语的概念之中。因此，要判断分析性陈述的真假，只需检查出现在陈述中的词项即可（也可以说对陈述进行“分析”——由此得到“分析性”）。而综合性陈述则指的是两个不同的概念被组合或“综合”到一起，只能通过观察世界上的事物是否如同陈述中所描述的那样，才能判断是否为真。[5]分析性陈述一个很明显的例子就是重言式。比如“all married men are married（所有已婚男人都结婚了）”但并非所有的分析性陈述都是重言式。比如“all bodies are spatially extended（所有

---

1 休谟（1711-1776），英国经验论哲学家、历史学家、经济学家和作家。

2 D. 休谟，《人类理解研究》，第 4 章，第 1 部分。

3 D. 休谟，《人性论》，卷 1，第 3 章。

4 同上。

5 这种说法源于康德。参考《纯粹理性批判》，A7/B10-11，B4。

的物体都是在空间上延展的）”并不是重言式，但却是分析性的，因为该句的真值只取决于句子中的概念。它不像“snow is white（雪是白的）”等综合陈述，真值取决于事物在世界中的状态。

另外一组概念——先验和后验——之间的区别为：对于一个真理而言，如果不依赖于与世界上的事物的经验就可得知，那么该真理就是先验的；相反，如果一个真理能且只能通过实证研究才可得知，那么就说该真理是后验的。据此，类似 5+7=12 等算数真理是先验的，而诸如草是绿的或雪是白的等经验事实则是后验的。

这三组区别有密切的联系，原因显而易见。如果一个真理是必然的，如果它存在于“观念的联结”，且是“理性真理”，比如“所有物体都是延展性的”，那么以下两种说法都正确：表述真理的陈述是分析性的——通过检查其中所含词项的意义就可判断其为真，且是先验的——无须通过实证探究就可判断其为真。如果一个真理是偶然的，如果它是“实际的事实”或“事实真理”，比如“某些物体有绿色的斑点”，那么就可得出以下两个观点：表述真理的陈述是综合性的——其真值取决于事物在世界中的状态，且是后验的——其真值只能通过实证探究才能确定。上述观点说明，三组概念之间的关系是简单明了且具有对称性的。

但康德（Kant）[1]的观点与之不同。他认为，存在先验综合真理，并著有《纯粹理性批判》来证明这个观点。他没有考虑上述已经做好划分的三组命题，但其实并不奇怪，因为尽管三组概念确实相关，但鉴于三者之间存在重要区别，不可对它们之间的关系做简单描述。简单说来，它们之间的区别就是，“必要性”和“偶然性”是形而上学的概念，“分析”和“综合”是语义学概念，而“先验”和“后验”则是认识论概念。根据以上描述足以说明三者之间的区别。由此，最多只能说“分析”“必然”和“先

1 康德（1724-1804），德国古典哲学创始人。

验”三个表述方式有相同的外延，适用于相同的陈述。但是，由上文得知，康德恰恰对这一点提出质疑。至于康德对其他观点的见解，下文进行探讨。无论如何，上述三组概念本身也不是无懈可击的。

乍一看，必然性和分析性这两个概念似乎比先验的概念更难理解。自莱布尼茨开始，特别是到了康德时期，哲学家们对先验的概念在认识论范围内已经达成了相当一致的意见。先验这个概念存在一个一般性问题——要了解这个概念就必须援引其他的概念。比如，莱布尼茨借助必然性定义先验，认为先验是理解必然真理的模式。他认为，认识先验实在是通过揭示原因或可能产生的结果，与认识后验实在相反，后者指的是通过感官经验，认识世界上事物的实际状态。[1]莱布尼茨所说的“揭示”意思是证明。因此，鉴于理性真理是基于“相同的命题”[2]，那么先验真理就可根据矛盾律加以论证，故莱布尼茨认为“先验真理或理性真理”与“后验真理或事实真理”互相对立。[3]由此，对于莱布尼茨而言，先验－后验之间的区别就是通过推理所得的必然真理与通过感官经验获得的偶然真理之间的区别。

以上描述不完全适合康德所选用的术语。与莱布尼茨不同，康德并没有直接利用感官经验和推理这组具有排他性的区分，而是在二者之外又引入了“理解”能力。尽管如此，他的观点在本质上与莱布尼茨的观点是相似的——先验指的是“非经验性的”，后验指的是“经验性的”，这与莱布尼茨的观点是类似的。[4]同样，对于康德来说，先验真理是必然的，后验真理是偶然的。

无论怎么说，最重要的是理解上述概念本身。现代哲学对分析性和必然性两个概念进行众多讨论。下文将依次说明。

1　莱布尼茨，《人类理智新论》，III，3。

2　莱布尼茨，《单子论》，第 34 节。

3　莱布尼茨，《新论》，IV，9。

4　康德，《纯粹理性批判》。

分析性

康德认为，分析性的判断指的是谓词不对主语补充任何信息，只是阐明、分析或“解构”主语。[1] 综合性判断则与之相反。另外一种描述分析性的方法是，如果某个陈述的真值可以通过检查其中所含词项的意义判断，那么该陈述就是分析性的。这种说法由逻辑实证主义者提出。比如，艾耶尔（Ayer）曾这样描述分析与综合之间的区别：“如果一个命题的有效性仅取决于其中所含的每一个符号的定义，那么该命题就是分析性的；如果其有效性取决于经验事实，则是综合性的”。[2]

分析性是一个重要的概念，在实证主义者的理论中尤其如此。比如，试想一下根据实证主义者的观点，哪些概念难逃被舍弃的命运。实证主义者希望划定一类真正重要的命题，以排除缺少认知内容的命题。因为他们认为，哲学的任务就是阐明科学语言。对于实证主义者来说，形而上学、神学、伦理学和美学在认知上来说都是空洞无物的，且它们所涉及的命题因为具有情感、主观、规劝、指示的意义，所以与那些胡言乱语的废话有些区别罢了。但上述任何一门学科都与科学相差甚远。实证主义者区分有意义的命题和无意义的命题的原则被称为“可证实原则”。粗略地说，“可

1　康德，《纯粹理性批判》。

2　A. J. 艾耶尔，《语言，真理和逻辑》，第 78 页，并参考第 4 章。

证实原则”认为陈述的意义就是对其进行验证的方法，且只有那些至少在原则上可证实的（综合）陈述才具有认知意义。[1] 括号中的“综合”这个词很重要，因为有一种方式可以解释为什么有些命题（具体来说是逻辑命题和数学命题）不是综合性的，但在科学中仍然意义重大。这种方式就是将上述命题看作是分析性的，并且认为它们的真值只取决于其中所出现的词项的意义。在《逻辑哲学导论》中，维特根斯坦将此类命题描述为重言式。因为重言式的内容是空洞的，由此可以解释为什么此类命题的真值无须借助经验即可判断。[2] 因此，对于实证主义者来说，具有认知重要性的命题可以分为两类：综合性的和分析性的；其他的命题从科学角度来看就可以忽略了。

奎因并不同意实证主义者的观点。针对经典文章《经验主义的两个教条》中所做的分析－综合的区分，以及另外一个名为还原论的“教条”，奎因提出了质疑。[3] 其论述如下：

根据实证主义者对分析性的描述（在奎因看来，这种描述也体现了康德的意图），意义这个预设的概念发挥重要作用。如上文所述，分析性陈述指的是真值只依赖于其组成词项的陈述。奎因的策略是首先避开任何需要借助意义的情形，理由如下（根据第二章的讨论，有些理由已经比较熟悉了）：第一，根据弗雷格对意义和所指所做的区分，意义不同于命名。[4] 通过“长庚星”和“启明星”这组单数词项就可看出区别。二者尽管有相同的所指，但意义不同。单数词项的目的是为实体命名，无论是具体实体还是抽向实体。像“有心脏的生物”等普通词项并不对实体进行命名，而

1　参考后文第 7 章，对验证理论进行更详细的讨论。

2　L. 维特根斯坦，《逻辑哲学论》。

3　W. V. 奎因，“经验论的两个教条”，载于奎因《从逻辑观点来看》，第 2 版，牛津大学出版社，1961 年；又载于 H. 费格等人（编）《哲学分析文选》，第 81—94 页。

4　参考上文第 2 章。

是“对于某个或某些实体来说是对的”，即适用于某个或某些实体，或者是某个或某些实体的属性。对一个普通词项来说是正确的或适用的实体类别就是该词项的“外延”。与利用上述单数词项区分意义 – 所指相比，两个普通词项即便意义或内涵不同，但外延可以相同，比如“有心脏的生物”和“有肾脏的生物”。实际上，普通词项的意义与其外延截然不同。这一点在第一章曾提到过，通过与蕴含义 – 字面义这组语法区分之间的联系，对前两者进行解释。

奎因认为，一旦理解了意义理论和所指理论之间的区别，就意味着意义理论的组成部分会发生变化。因为任何（预先划分的）意义理论都一定会有一个“显而易见的”问题，即“什么样的东西才算是意义？”[1]如果跳过存在“意指实体”这个概念的话，意义理论关注的其实就是语言形式的同义性和陈述的分析性。那么，“意义，作为模糊的中介实体，就可以弃之不用了”。[2]由此，理解分析性时就无须借助以“意指实体”身份存在的意义这个概念了。

一般来说，有两类陈述被认为是分析性的。其中一类是奎因所说的“逻辑上为真”的陈述，比如“no unmarried man is married（不存在未婚的男人已经结婚了的情况）”；另一类是非重言性的陈述，比如“no bachelor is married（单身汉都是未婚）”。奎因认为，第一类陈述根据其中的逻辑因子——包括“no（没有）”“un（否）”“if（如果）”“and（和）”等——就可判断为真，而且无论再怎么对其中除逻辑因子外的部分进行解释，陈述的真值不变。后一类陈述不属于逻辑真理，但如果将其中的（一个或部分）词项以同义词替换，就可以将此类陈述变成逻辑真理。比如，将第二个例句中的“bachelor（单身汉）”用“unmarried man（未婚男士）”替换，该陈述就变成了逻辑真理。由此可见，理解第二类分

1　奎因，“经验论的两个教条”，第 82 页。

2　同上。

析性陈述取决于对同义词的理解。那么就出现另一个问题：我们对同义性是否有清晰的认识。[1]

或许，同义性可以从定义的角度来解释。也就是说，“bachelor”和“unmarried man”意义相同，因为一个词语可以用另一个来定义。但是，新的问题又产生了，定义的基础是什么？不能依赖字典解决这个问题，因为词汇学家都是实证主义学科家。他们发现，在编写词条之前，在一般流行的用法中，便已经暗含着某些词语之间的同义性了。因此，词汇学家只是将其写入字典而已。所以，同义性并不是词汇学家对语言行为的观察所得。定义是建立在同义性的基础之上，不是对某个词汇本身进行解释。但奎因认为，有一种情况除外，即明确引入一个新的概念的时候。被定义项被明确地解释为定义项的同义词。除此情况外，定义不是同义性的基础。[2]

如果根据同义性解释分析性，且借助定义对解释同义性没有任何帮助，那么就需要采取另外一种方式。或许，可以将两个语言形式的同义性解释为在所有语境下二者可以保全真值相互替换。[3]如果不考虑无法相互替换保全真值的情况，比如语句“‘bachelor’ has eight letters（‘bachelor’一词有八个字母）”中，无法用“unmarried man”代替“bachelor”，只考虑“认知”同义性，那么问题是，互相替换是否能成为同义性的必要条件。很明显，如果同形异义词（即非同义词）能够保全真值互相替换，那么互相替换就不构成同义性的必要条件了。

或许，让互相替换这个概念成为同义性的必要条件，我们可以说，因为陈述“necessarily all and only bachelors are bachelors（所有单身汉必定是单身汉）”为真（“必定”这个词理解为只适用于分析性陈

1 同上，第 82—83 页。

2 同上，第 83—85 页。

3 参考上文第 2 章。

述），那么如果“bachelor”和“unmarried man”可以保全真值互相替换，那么陈述“necessarily all and only bachelors are unmarried man（所有单身汉必定未婚）”也为真。反而言之，如果说该陈述为真，就等同于说“all and only bachelors are unmarried men is analytic（所有单身汉都未婚是分析性的）”为真。由此可知，“bachelor”和“unmarried man”在认知上是同义的。如此看来，互相替换似乎是认知同义性的必要条件。[1]

但是，奎因认为这种说法是“耍花招”，因此拒绝接受这种说法。问题出在语气副词“必定”上。保全真值互相替换根据语言丰富程度的不同，其有效性也不同。以上论证是因为所用语言的内涵足以包含“必定”的概念，所以可以理解为只有在分析性的情形下应用时才可得出为真的陈述。但是“我们能就此放过包含类似副词的陈述吗？这样的副词有实际意义吗？如果认为它有意义，”奎因说，“便是假定我们已经完全弄清楚‘分析’的意思。”[2]理由如下。

奎因认为，保全真值相互替换只有相对于某种具体的语言才有意义。假设，一种语言中含有一阶谓词逻辑，包括 x、y、z 等变量，以及众多一元述语和多元述语，比如说，Fx“x is a man（x是个男人）”中的 F，以及 Gxy“x loves y（x爱y）”。如果再应用“and（和）”“If（如果）”等算子，那么此类符合语法规则的原子语句就可以联结成可以判断真值的分子语句。另外还有量词。此类语言包括摹状词以及根据语境定义的单数词项，甚至于可带二元述语的赋名类词语。上述语言完全可以满足数学和科学的需要，除非在科学上涉及违实条件句或类似“必定”等情态副词等形式（按照奎因的说法，如果不是明显有可疑的，至少也是存在争议的）。

此类语言是外延性的，因为任何两个外延相同的谓词都可保全真值

1 奎因，“经验论的两个教条”，第 80 页。

2 同上。

互相替换。但是，此类相互替换又不能构成（作为分析性的必要基础的）认知同义性。如果说“bachelor”和“unmarried man”在外延性语言中可以保全真值相互替换，不过是说“all and only bachelors are unmarried men is analytic（所有单身汉都未婚是分析性的）”为真。这并不能说明两个语词在外延上的融贯性取决于语词的意义，并不属于偶然的事实。上文提过的异义词“creature with a heart（有心脏的生物）”和“creature with kidneys（有肾脏的生物）”有相同的外延，便属于偶然的事实。如果要借助认知同义性理解分析性，那么对认知同义性的理解就不能仅限于外延上的互相替换性，应将“bachelor”和“unmarried man”之间的同义关系等同于“all and only bachelors are unmarried men is analytic（所有单身汉都未婚是分析性的）”的分析性，而不仅仅等同于后者为真。[1]

如上所述，如果有内涵副词“必定”，那么互相替换就可生成认知同义性。但奎因认为，只有提前理解分析性这个概念，上述说法才能成立。另外，后文还将对奎因对必然性的批评进行探究。

奎因将自己的反对意见总结如下：“起初，借助意义，自然而然地就能定义分析性。如果更精确来说，借助意义就不如借助同义性或定义。但是定义本身是虚无缥缈的东西，同义性只得借助分析性来理解。所以最终我们又回到了分析性这个概念上。”[2] 他转而研究普通语言模糊性的这种说法，这是他尝试理解分析性这个概念所做的最后的尝试。据称，在准确性更高的人工语言 L_0 中，分析性的概念可以借助“语义规则”进行清楚的阐释。比如，卡尔纳普曾建议该如何完成这项工作。他粗略地提出以下想法：在 L_0 中，当且仅当 S 的真值仅由语义规则确定，无须借助其他非语言事实时，

1 同上，第 86—87 页。

2 同上，第 87 页。

语句 S 才是分析性的（严格来说，L_0- 真）。[1]

对于上述观点，奎因并未感到很吃惊。如果真的存在人工语言 L_0，且其语义规则包含语言中所有的分析性陈述，这对我们而言没有任何帮助，因为规则中恰恰包含“分析”这个词，也是我们想要理解的词。我们顶多按照常规定义新词语的方式解释语义规则，“L_0- 为 - 分析性的”。但是这种方式仍然没什么用处，因为我们想弄明白的并不是“L_0- 为 - 分析性的”，而是“分析”。如果将“L_0- 为 - 分析性的”命名为 K，似乎能减少歧义。实际上，我们可以根据不同的目的，将不同的陈述类别规定为 K、M、N 等，但是，说 K 代表 L_0 中的“分析性”陈述，不是 M 也不是 N，又是什么意思？如果语义规则不包含“分析性”，只关注 L_0 中可以看作真理的东西（L_0- 真理），那么分析性陈述或许可以解释为：不但为真且按照卡尔纳普的观点仅根据 L_0 的语义规则为真的陈述。但是，即便是这样解释，也没有太大帮助，因为我们又借助了还未解释清楚的概念，不是“分析”，而是“语义规则”。奎因将这个过程比作是自力更生、不求与人的过程。[2] 自此，奎因放弃了定义分析性的尝试。

奎因对分析性进行抨击的部分原因是使用分析性这个概念的哲学动机。“很显然，一般来说真理取决于语言和非语言事实……因此，有人借此认为一个陈述性真理可以被分解为语言部分和事实部分。根据上述观点，某些陈述缺乏事实部分似乎也是可以理解的。这类陈述就是分析性陈述。但是，纵使存在这样的先验合理性，仍然没有对分析性陈述和综合性陈述进行明确的区分。认为存在这样一种区分是经验主义者所的非经验性的原则，也是一个形而上学的信条。”[3]

1 R. 卡尔纳普，《意义和必然性》，芝加哥出版社，1947 年，第 3—4 页。

2 奎因，同上，第 87—88 页。

3 同上，第 89 页。

捍卫教条

根据分析性陈述和综合性陈述之间没有划分界限这一事实，奎因认为，这两种陈述之间没有得到区分，也就是说“分析性”并没有令人满意的定义，所以应当尽量避免提到这个概念。但上述观点遭到了格赖斯和斯特劳森的反对。[1] 他们的理由包括以下两个方面。第一，划分界限有困难不等同于没有分别。第二，与奎因的观点相反，可以通过“分析性”所属的概念家族中的成员来赋予其“令人满意的定义”。他们的观点可通过下列方式进行论证。

某个区分可能会因为不够鲜明、含混或有歧义而遭受批评，但受到批评并不等同于拒绝接受这个区分，而是预示着接下来要对其进行澄清。但奎因的批评却不是如此。另外，某个区分可能会因为用途不大而遭受批评，但这并不代表其存在受到质疑，而是因其价值。而奎因的批评恰恰是认为该区别根本不存在，认为该区别存在是一种哲学幻觉。由此，我们有理由问，是否没有此区分存在的依据？当然有。因为，暂且不论莱布尼茨、康德等实证主义者已经运用过此区分，很显然，哲学家们已经就如何使用此区分达成一致意见，“分析性”和“综合性”两个术语在哲学上的用法基本

1 H. P. 格赖斯和 P. F. 斯特劳森，“捍卫教条”，载于《哲学评论》，1956 年，第 41—58 页；又载于 H. 费格等人（编）《哲学分析文选》，第 26—36 页。下列引用“捍卫教条”一文中的内容均引自此书。

相同，也可以在其他情形中应用。这就是说此区分不仅限于一系列固定的、哲学家们或许已经完全熟悉的场合，而是可以创造性地应用到新的陈述中去。[1]“‘分析性’和‘综合性’或多或少都有已经固定的哲学用法，”格赖斯和斯特劳森在书中写道，“这似乎说明，声称该区分不存在是荒谬的，甚至是愚蠢的。”[2]

不过，奎因对这组区分的抗议还不止如此。在分析性所属的概念集合中，其中一个概念为认知同义性。假如后者本身是清楚的话，就可据此对分析性进行定义。但奎因认为，这个概念是不清楚的。如果说 x 和 y 具有认知同义性，那么二者“具有相同的意义”。如果奎因关于分析性的批判成立，那么“意义相同”和“意义不相同”之间的区别就没有任何意义。以“意义相同”来说，当用于谓词表达时，与“对于相同的对象为真”不是一个概念。“意义相同”与“分析性”也不同，它不是哲学术语，而是常规会话的属性。如果根据奎因的观点，得出“意义相同”和“意义不相同”之间没有区别这个结论，就会陷入一种悖论。因为只有通过这组区别，类似“‘单身汉’与‘未婚男士’意义相同”和“‘有心脏的生物’和‘有肾脏的生物’意义不同”这样的说法才有意义，才能凸显出两个语句之间的区别。否认“意义相同”和“意义不相同”之间的区别，我们就不得不放弃谓词同义性的概念，以及语句同义性的概念，导致我们无法将一种语言翻译成另外一种语言。[3]

更糟糕的是，如果说同义性毫无意义，那么语句意义这种说法也没有任何意义。因为只有在语句意义这个说法有意义的情况下，我们才能针对一个语句提问“这是什么意思？”，才能描述语句同义性：当且仅当，针对一个语句提问“这是什么意思”，其任意为真的答案，对另一个提相同问题

1 同上，第 26—27 页。

2 同上，第 27 页。

3 实际上，奎因认为翻译就是不确定的。有关奎因翻译模糊性的理论，参考下文第 9 章。

的语句也为真，那么就说这两个语句是同义关系。因此，格赖斯和斯特劳森认为：“如果我们认为语句同义性这个概念没有意义，因而放弃的话，那么就必须认同语句意义（有意义的语句）的概念也没有意义，应一并放弃。如此一来，我们或许应该完全摒弃意义这个概念。”[1]

格赖斯和斯特劳森认为，奎因论证的错误并不在于他没有解释如何使用“意义相同”这个概念，而是在于他根据某种标准对这个概念进行权衡，进而发现它不符合标准。格赖斯和斯特劳森认为这是哲学家陷入悖论的“典型的例子”。[2] 奎因似乎是在寻求可澄清性的标准，如果我们能掌握的话，就可以说：我们已经对这个概念做出了“令人满意的定义”。但他认为对分析性的澄清还没有达到标准。对此，格赖斯和斯特劳森认为：奎因所寻求的标准是不恰当的。

奎因提出的可澄清性要求包括：第一，对分析性进行解释不能利用分析性和同义性所属的概念集合中的任何概念，也不能利用定义概念，或逻辑上不可能的、逻辑上自相矛盾的或逻辑上必然的概念。第二，必须说明“分析性”所使用的所有场合的共同特征，以便我们能够解释“某一陈述是分析性的，当且仅当……”这种形式。[3] 奎因所追求的似乎是一个更严格的定义。话虽如此，奎因却没能提出这样的定义，由此说明分析性这个概念本身没有令人满意的定义。这一点让事情更困难。

针对奎因提出的要求，以下方式答复是很中肯的：第一，某些概念有意义的一个必要条件是，必须按照奎因的方式弄清概念本身，这是不合理

1　格赖斯和斯特劳森，“捍卫教条”，第 29 页。

2　需要指出，20 世纪 50 年代，在维特根斯坦和奥斯汀的影响下，“日常语言哲学”流派曾经有过昙花一现的繁荣。此时，哲学上最突出任务在于“考察用法”（参考后文第 7 章）。正是因为没有弄清用法，才引起哲学上的误解。但这并不能就此推翻格赖斯和斯特劳森在此事上的观点：他们认为，只要对概念使用存在一致意见，那么就能够认为，这个概念是有内容的。以上观点是有争议的，就如同对魔法这个概念进行反思一样。但是，这并不影响以下论证的内容。

3　格赖斯和斯特劳森，“捍卫教条”，第 30 页。

的。第二，通过其他不太形式化的方式，我们可以弄清楚分析性概念集合中的任何一个概念。比如，逻辑不可能的概念。假设我们正向某人解释这个概念，可以通过比较自然不可能和逻辑不可能来解释，说三岁的孩子是成人属于逻辑不可能，说三岁的孩子理解罗素的类型理论是自然不可能。设想 *Y* 说，“my three-year-old child is an adult（我三岁的孩子是个成人）”，*X* 说，“my three-year-old child understands the Theory of Types（我三岁的孩子懂类型理论）”。我们可以认为 *X* 的说法是出于父母对孩子的偏爱。那么，有人回答，“You mean your child is very bright（你是说你的孩子很聪明）”。如果 *X* 坚持说，他的孩子理解罗素的理论，那么对方可能说，“That’s impossible; I don’t believe you（不可能，我不相信）”。然后孩子过来，解释类型理论，并对其进行批判。这样一来，*X* 所说的就为真。自然不可能性承认与可能的情形相反的事情存在，即便这样的事情难以相信。自然不可能性与逻辑不可能性不同。以上文 *Y* 的说法为例，不论什么理由都无法使 *Y* 的说法为真。除非“adult（成人）”这个词是比喻的用法或开玩笑，否则他的话是没有意义的，他对这个词语的使用方法是错误的。总之，对 *X* 和 *Y* 的说法恰当的回应分别是不相信和字面不可理解。[1]

以上是非形式上的解释，让我们可以大体理解什么是“逻辑不可能”。这只是其中一种解释，其他的解释方式可能需要借助集合中的其他概念。之所以说这是非形式的解释，是因为上述解释很显然不能成为应用两个概念的充分且必要条件（具体形式为“某陈述是—当且仅当……”），其中第一个横线的地方应该填“分析性的”。

但是，上述解释方式并不满足奎因提出的第二个要求，因为它并未借助概念集合中的任何一个概念。[2] 这么说并不是一种让步，认为应该满足奎

1 同上，第 31 页。

2 同上，第 32 页。

因的要求。格赖斯和斯特劳森指出，对于很多重要的概念而言，比如“道德上错误的”“该受责备的”“违背道德规则的”，或者“真”“假”“陈述”“事实”“否定的”和“断言”等，虽然没有形式上的定义，但它们不仅是可理解、可用的概念，而且我们通常根据它们各自所属集合中的其他概念对其进行理解。这说明，这种理解概念的方式是可接受的，也是充分的。并非所有的循环解释都是错误的，有些可能提供大量的信息。[1]

下文讨论奎因对卡尔纳普提出的形式上的解决方法作出的回应及相关的评论。奎因最有特色的学说之一是“规范释义”，即将日常会话翻译成更清楚的逻辑用语。这种方式能更有效地解决由本体论和所指的本质引起的哲学问题（参考第四章）。[2] 由上所述，奎因并不认同在形式上对分析性进行澄清，甚至通过自展类比完全否定了这种做法。[3] 可能会有人因此质疑奎因，因为形式语言中对分析性的处理并不能用于解释自然语言中的概念，而是用于促进我们对概念的先于规范化的理解。假设按照格赖斯和斯特劳斯提出的方式，对常规应用的概念进行直观的理解，就会涉及模棱两可的情形；那么，对某个语境中的概念进行更清晰的描述，且明确该语境的规则，以减少应用模糊的区域，这就成为不可避免的要求。奎因认为，“L_0- 为 - 分析性的”并没有说明什么是“分析性的”。但这种观点是错误的，因为上述形式告诉我们某件事情是“分析性的”，或者以某种方式显示 L_0- 中的 - 分析性和 L_0 之间、分析性和自然语言之间存在类比关系。另外，L_0 越是模拟自然语言，L_0 所规定的分析性特征就越能够揭示自然语言中的类似特征。[4]

1　参考 B. 梅茨“分析语句”，载于《哲学评论》，1951 年，第 525—534 页；又载于费格等人（编）《哲学分析文选》，第 47—52 页。以下“分析语句”一文均引自此书。

2　参考奎因“经验论的两个教条”，第 87 页。在插入语中，他提到将通过“认知同义性”定义“分析性”这个做法反过来，通过“分析性”定义“认知同义性”。因此，“认知同义性”可以通过保全分析性的相互替换性进行定义。

3　梅茨，“分析语句”，第 40 页。

4　参考奎因，《词语和对象》，尤其参考第 2 章。

再论“分析性”

经过对奎因观点的讨论以及对格赖斯和斯特劳森的回应进行分析，我们最终又回到了最开始的问题：什么是分析性？以上内容并没有对分析性进行解释，只是反驳了分析性是伪造的、虚假的等说法。格赖斯和斯特劳森的看法与奎因的看法正相反。他们希望说明：分析性这个概念是有内容的，除了奎因承认的方式外，还有其他方式可以对其进行解释。但是二人并没有对什么是令人满意的解释作过多说明。

根据前文对分析性的阐释，以及奎因所抨击的观点，解释分析性时很显然有以下几种方法：从广义上来说，分析陈述指的是如果为真，那么仅根据意义就可判断为真的陈述。或者说，分析陈述实际上是重言式，其谓词只不过是重复主语或主语所隐含的部分信息。因此否认一个在分析上为真的陈述是矛盾的。如果与上述两种情况都不同，即某些陈述为真就为真是出于语言学上的约定，也被认为是“分析性的”陈述。又或者与前三种情况都不同，即某个陈述属于或可还原成逻辑真理，那么也可算作是分析性的。[1]奎因否认第一种方案，因为它需要借助意义。但是格赖斯和斯特劳森对第一种方案持肯定态度，认为只要有固定用法，就存在意义。第二种

1 参考梅茨，同上。

方案在莱布尼茨和康德的观点中可以找到踪迹。它指出了分析性和必然性之间密切的联系。第三种方案按照约定俗成的观点来看，仍然与必然性有关，而且至少可追溯到霍布斯（Hobbs）[1]。最后一种是弗雷格的观点，也是弗雷格之后大部分哲学家所认可的观点。这个观点迅速引起了广泛关注，因为至少奎因本人承认，因为“分析性”的概念本身是多余的，由此得出的“分析性”的意义也是站不住脚的。

格赖斯和斯特劳森重申了第一种方案，认为固定用法为意义提供了充足的基础。这一点可以作为对奎因的反驳。奎因之所以否认我们能够理解同义性（分析性所借助的概念）的意思，其中一个原因是，根据推定的同义表达的定义来解释同义性的概念，只能说明说话者对不同表达的意义之间关系的理解。回想一下奎因有关词汇学家的看法。他认为词汇学家是经验主义科学家，在编纂辞典之前，他们就发现在说话者的用法中就已经暗含着某些词项之间的同义关系了，而词汇学家只是将其写入词典而已。可是，定义远不止如此。奎因似乎将这一点视为同义性现在还没有完善的定义的原因。但是，不管是什么理论，如果认为语言中表达的意义取决于说话者的使用方法以及说话者之间达成的一致意见，那么两个表达意义相同其实是说话者认为它们意义相同。上述观点是同义关系或异义关系最终赖以存在的基础。如果借此承认同义性的概念存在，那么分析性的概念也应该存在。[2]

上文提到的最后一种方案被认为是弗雷格以及弗雷格之后大多数逻辑学家的观点。这种方案之所以能引起逻辑学家的兴趣，是因为奎因本人承认第四种方案属于分析性的一种形式。回想一下，奎因曾试图描述分析

1　霍布斯（1588-1679），英国政治家、哲学家。

2　参考同上，第 42 页。还可参考卡尔纳普的论文及奎因的回复，载于费格等人（编）《哲学分析文选》。文章中讨论了对分析性所做的不自然的处理。另参考第 1 章，在哲学中通过形式的使用讨论分析性。

性陈述的特征，并将其分为两类，第一类是逻辑为真的陈述，比如“no unmarried man is married（不存在未婚的人已经结婚了的情况）”，另一类是非重言式陈述，比如“all bodies are extended（所有的物体都是延展性的）”。关于第一类陈述，奎因认为，此类陈述根据出现在陈述中的逻辑小品词就可判断真假，这一类是无懈可击的。关于第二类陈述，奎因持批判的态度。他认为，任何定义、同义性或规则都不能将第二类陈述变成第一类陈述，所以认为第二类陈述具有分析性的属性是错误的。分析性可以将此类陈述与另一类（即综合陈述）区分开。奎因提出的唯一一项指责是，将第一类陈述称作分析性的是多余的，因为此类陈述不能提供任何信息，而且已经界定过，即“逻辑上为真”。

但是，如果格赖斯和斯特劳森有关“意义相同性”和意义的可接受性的观点是正确的，那么，与奎因的看法相反，常规上的分析陈述通过同义词变为逻辑真理，由此可以挽救分析性这个概念，彻底解决分析性的问题。[1] 也可以借助非重言式的分析陈述（更严格地来说，是非明显重言式的，逻辑真理的重言式特征是维特根斯坦的概念），通过应用转换机制，来检验分析性，去除“不明显”的描述。主要要求是，将意义的概念（默认意义不是实体）阐述得足够精确，可以用于上述检验过程。[2] 但是，意义，更具体地说是定义或者语言表达的使用规范，通常精确度不高，无法用于描述分析性。但无论怎么说，这种方式有一定的优势，因为它与另外一个重要的概念族有直接联系，即必然性。否认由分析性真理转化而成的逻辑真理会陷入自我矛盾；而根据必然性的解释，只有在否认某个陈述会陷入矛盾时，该陈述才是必然的。由此可知，必然真理和分析真理的范围可能是相同的。

1　参考 A. M. 昆顿“先验性与分析性”，《亚里士多德学会论文集》，4，1963—1964 年，第 31 页及其后；又载于斯特劳森《哲学逻辑》，参考第 126 页。

2　参考下文第 7 章和第 8 章，对意义进行了相信讨论。

不过，因此就持乐观态度还为时尚早，因为是否可以通过还原成逻辑真理的方法来证明分析性取决于是否存在大家都理解的“逻辑真理”的概念。很不幸，没有。奎因通过逻辑小品词对逻辑真理进行定义，认为逻辑小品词是在任何语境下都能应用的词，即赖尔所说的具备“话题中立性的”语词。但是，确定哪些词语是逻辑小品词的依据是什么？话题中立性这个概念是不完善的，因为没有任何词语是完全独立于语境的。比如，“if（如果）”只用于讨论可能性的场合，“all（所有）”用于将所有对象看成一类的情况，即便是这两个词也无法完全脱离语境。如果将二者看作是逻辑小品词，那么就没有任何理由不将“when（什么时候）”“above（在……之上）”“thought（认为）”“body（物体）”或其他词语看作逻辑小品词。[1]

解释话题中立性的其中一种方式是通过“隐定义（implicit definition）”的概念。虽然“when”和“above”都需要某种实指定义，但“if”和“all”可以通过展示各自用法进行定义。[2]不过，这种方式究竟能起多大作用尚不清楚，因为如果语言的词汇量足够丰富的话，任何词语都可以通过展示其用法进行隐性定义。假如词汇匮乏，即便“if”和“all”这样的词都不能如此加以定义。[3]

将分析性和必然性联系起来本身就是存在争议的。这样说又回到了我们之前提到概念族时所表述的观点。概念族不同成员之间存在区别这一点是显而易见的——我们认为，分析性是语义学概念，必然性是形而上学的概念，而先验性是认识论概念——但它们之间的联系更难说清楚，因为我们对它们之间关系的理解与我们预先接受的哲学理论有关。随着后文的论述，这个观点的重要性会愈加凸显。

---

1 R. G. 斯温伯恩，“分析性，必然性和先验性”，《心灵》84，1975 年，第 226 页。

2 参考昆顿“先验性和分析性”，第 49 页。

3 斯温伯恩，“分析性，必然性和先验性”，第 227 页。

根据上文的论述，我们可以认为，如果没有必然性，那么对分析性的讨论也就不会有什么进展。但是，必然真理被视为逻辑真理还是（如果不是的话）仅被视为分析性真理，这一点是无法预先保证的。实际上，现在来看，似乎有理由将必然性、分析性和逻辑真理这三个概念分开来讨论。

必然性的概念

根据莱布尼茨对必然真理和偶然真理的区分，否认必然真理会陷入矛盾，而否认偶然真理则不会陷入矛盾。另外一种阐释方式，也是说明必然性和可能性互为定义的方式，就是否定必然真理会导致不可能的说法，而否认偶然真理，与肯定偶然真理所得出的说法一样，都是可能的。但上述解释过于宽泛，需要进行补充才能更确切地理解必然性。

根据以上解释，我们将下列内容看作是必然真理：

（1）7+5=12.

（2）If all humans are featherless and Aristotle is human , then Aristotle is featherless.（如果所有人都没有羽毛，且亚里士多德属于人类，那么亚里士多德也没有羽毛。）

并将下列内容看作是偶然真理：

（3）There are nine planets in the solar system.（太阳系中有九颗行星。）

（4）Aristotle was born in Macedonia.（亚里士多德出生于马其顿。）

可是，我们只不过是从直观上了解否定（1）和（2）与否定（3）和（4）之间存在区别，由此证明应将两类陈述区分开。但至于区别究竟是什么，仍然不甚明了。原因在于，说“（1）和（2）是必然的，因为否定这两个陈述所得到的说法是不可能的或者是矛盾的”需要借助不可能性与矛盾性两个概念，而这两个概念本身就和必然性一样复杂。

至于接下来如何解释，从之前章节介绍的格赖斯和斯特劳森的观点可见一斑。我们不需要根据概念组中可以定义的概念对其他概念进行定义，只需要通过展示这些概念的作用，不可与哪些概念混淆等为这些概念的应用范围画一条清晰的界线。[1] 通过以下例子解释。比如，类似（1）和（2）等数学真理以及逻辑真理是必然的，这一点显而易见。但必然性的概念要广泛得多，因为“Aristotle is not shorter than himself（亚里士多德不比他自己矮）”，“no number is mammal（没有数字是哺乳动物）”以及“everything colored is extended（所有有颜色的东西都是延展的）”都是必然真理的例子，但它们既不属于数学真理，也不是逻辑真理（至少在一阶逻辑真理是逻辑真理这个意义上来说是此）。因此，应该保留“必然真理”和“逻辑真理”这组区分，用以显示除了形式演算之外，还有其他类别的真理存在。

另外，必然性比纯粹“自然必然性”（或“因果必然性”）的范围更窄一些。比如，驴子跑的速度赶不上飞机飞的速度，或者金鱼不可能在一个小时内横穿大西洋。我们认为，猴子和金鱼不可能表现出如此强大的运动素质，但这并不是说，上述自然事实发生变化是逻辑不可能的，否认上述事实也不会产生矛盾。

这使人联想到，必然性和纯粹自然必然性之间的区别在于，当我们遇到一头天赋异禀的驴子时，尽管我们可能不愿意，但不得不放弃驴子不可能以 2 马赫的速度奔跑这个观点。因此，不可修改性是必然真理的一个关键特征，甚至是定义必然真理的关键因素。

可能存在可修改的真理这种想法遭到了奎因等哲学家的反对。[2] 奎因认

1　可参考 A. 普兰丁格《必然性的本质》第 1、2 章，第 2—6 页。

2　奎因，“经验论的两个教条”，第 93 页。

为，我们的信仰构成了一个网络或系统，只有其边缘与经验世界密切相关，就像一个倒扣的碗，靠着碗沿支撑起来。通常来说，边缘的经验无法让我们放弃或改变系统心的信仰。但这并不是说，这些信仰是完全不会改变的。如果有什么强制性的原因，甚至连逻辑规则都可以放弃。奎因曾经指出，“有人曾经提出修改逻辑的排中律作为简化量子力学的手段”，[1]可见，如果有需要的话，任何信念或逻辑规则都可以修改。由此，如果不可修改性是必然真理的关键特征，那么根本就不存在必然真理一说。奎因很确信这个结论。

但奎因的观点遭到了主张必然性概念的哲学家如普兰丁格（Plantinga）[2]的反对。普兰丁格认为，若说一个真理是必然的，不代表它永远不会被抛弃。我们可以考虑反面的例子。对于有些命题来说，无论存在多么有力的与之相反的证据，我们可能永远都不会放弃（比如说命题“Willard is an exceedingly fine fellow（威拉德是一名非常杰出的评议员）”）。但是这并不能说明“Willard is an exceedingly fine fellow”必然为真。[3]由此，普拉丁格认为，必然性不能根据不可修改性定义，也不可与之合而为一。或许，一般来说必然真理都会显示出不可修改的特征，但不可修改性对必然性并不起决定作用。因此，如果出于某种原因不得不放弃某个必然真理，仍旧有必要理解上述观点，防止任何将必然性等同于不可修改性的做法。[4]

不可修改性包括某些与其本身关系不大的概念，似乎与如何认识必然真理有关。这就是认识论上的不证自明性和先验性。如果有人针对类似（2）的必然真理或 $[(p \to q) \cdot p] \to q$ 等肯定前件论试提问，如何知道它为真，那么答案也许是因为它是不证自明的，我们能看出来它为

1　同上。

2　普兰丁格（1932-　），美国当代著名基督教哲学家。

3　普兰丁格，《必然性的本质》，第 3—4 页。

4　同上，第 4 页。

真。但是这种解释行不通。为了理解等式 $z=（a\times 103）+（b\times 102）+（c\times 10）+d$ 必然为真，就必须了解数学知识。具体说来，这是以十进制数位计数法表示整数的一般方式，了解的人可能相对较少，因此认为上述公式不证自明的人也比较少。另外一个比较简单的例子是数学命题“1233+4041=5274”。这个命题必然为真，但不是不证自明的，需要计算才看出等式是否为真。如果认为这些真理是由不证自明的命题通过一系列不证自明的步骤推导所得，这种说法也是存在争议的。以哥德巴赫猜想为例。如果哥德巴赫猜想为真，即便它不是不证自明的，但仍旧必然为真（尚且不知道哥德巴赫猜想是真还是假）。事实上，有许多必然真理都不是不证自明的，比如“Kant could not have been canary（康德不可能是一个告密者）”。因此认为必然真理是不证自明的，或从不证自明的真理中轻而易举地推演出来的，这种做法根本是行不通的。

如果必然真理与不证自明的真理不是一回事，那必然真理是不是先验真理？如果它们是先验的，那么无须实证探究就可认识。如前文指出，莱布尼茨和康德都认为，必然真理就是这样被认识的。或许问题就出在被认识的必然真理上。拿哥德巴赫猜想来说，我们并不知道它是必然真理还是谬误，更不知道它是否为先验的。[1] 如果只关注被认识的必然真理，那么它们是否为先验的这个问题就变成：每个必然真理对于每个认识该真理的人都是先验的吗？每个必然真理是否对于某个认识该真理的人是先验的？第一个问题的答案是，任何人认识必然真理都可能是后验的，最简单的方式就是通过某些渠道学习这一真理。比如，某人可以经人告知或查询书籍得知 12 是复合数，但此人之前并未思考过这个问题。在这种情形下，经验发挥了作用。

第二个问题不容易回答。这个问题是说，从理论上来看，必然真理是

1　参考 P. 基奇“先验性和必然性”，《澳大利亚哲学杂志》（卷 58，第 2 期），1980 年 6 月，第 89 页及其后。

否可为先验的。这并不是说，当且仅当某人先验地认识了某个真理，那么该真理就为必然真理；而是说所有已知的必然真理除非能够以先验的方式被认识，否则就不能被视为必然真理。如此一来，就引出一组区分，即可能存在未知的必然真理。必然真理是否必须以先验的方式认识，要了解这个问题的答案，可以提出一个与之相反的问题，即必然真理是否只能以后验的方式认识，也即只能在实证探究的基础上认识。（这种说法与前文所说的某个必然真理在探究的基础上被发现的说法不是一回事。此处的问题是，是否存在只能通过实证探究方式被发现的必然真理。）似乎很难立即想起来符合以上要求的必然真理，但克里普克提出过一些备选方案，我们在后文加以讨论。

目前，我们再考虑另外一个问题就可以了，即偶然真理是否可以以先验的方式被认识。如果有证据显示某些偶然真理也可以先验的方式认识，那么将必然真理等同于只能以先验方式认识的真理就是不成立的。普兰丁格认为，确实存在以先验方式认识的真理。有些陈述，比如“I believe that 7+5=12（我相信 7+5=12）”就是偶然真理，因为该陈述与我的信念有关。但是我不需要进行实证研究来证明我的信念。由此，我以先验的方式认识了一个偶然真理。因为存在以上情形，先验性不能作为必然性的决定性因素。[1]

1 普兰丁格，《必然性的本质》，第 8 页。

从言模态与从物模态

通过上述几个例子和一些观点，我们对必然真理的特征作了描述，认为必然真理与逻辑真理不同，前者比后者更为宽泛；必然真理与自然必然性也不同，前者较之后者的范围更窄；必然真理不是不可修改的或不证自明的命题，也不是先验命题。

通过上述否定方式择取必然性的概念，实际是将必然性作为命题的一种属性。从这个意义上讲，必然性可以称作是关于命题的必然性（dictum = “命题”，de dicto = “关于命题”）。这说明，存在一种属性，即模态属性（此处指的是必然为真 / 假的属性），可以判定命题。命题“Necessarily Aristotle is not shorter than himself（亚里士多德必然不比他自己矮）”是关于命题模态的判定，说明根据命题“Aristotle is not shorter than himself（亚里士多德不比他自己矮）”判断上述命题必然为真的属性。

由命题必然性这个概念可以引出命题必然性和事物必然性之间的区分，不管是在传统哲学上还是在现代哲学上都非常重要。事物必然性指的是事物本质上具有或必然拥有某种属性；那么，断言某个事物本质上具有或必然具有某个属性的命题，就是有关事物模态的命题。说明关于命题 - 关于事物之间的区别时常常引用阿奎那（Aquinas）[1] 的例子。在《哲学大全》

1 托马斯·阿奎那（1226-1274），意大利神学家和经院哲学家。

中，阿奎那探讨了自由意志与上帝的先知先觉是否一致的问题。假设在时间 t_1 上帝看见亚里士多德在此后的某个时刻 t_2 坐着。如果命题“What it seen to be sitting is necessarily sitting（被看见将来坐着的必然是坐着的）”为真，那么在时间 t_2 亚里士多德除了坐着之外不可能做其他的事情。阿奎那认为，此处就涉及了关于命题－关于事物之间的区别。如果将“What it seen to be sitting is necessarily sitting”看作是关于命题的，那么“It is necessarily true that whatever is seen to be sitting is sitting（被看见将来坐着的是坐着的必然为真）”的说法就为真；但如果把前者看作是关于事物的，那么“Whatever is seen to be sitting has the property of sitting necessarily or essentially（被看见坐着的必然或本质上具有坐着的属性）”为假。在对真理决定论进行论证时，要求后面一种有关事物的解释必须为真。由此，决定论来自上帝的先知先觉这种说法是错误的。[1] 关于命题的模态和关于事物的模态之间的区别可以概括如下：关于命题模态的命题由其他命题表述模态，而关于事物模态的命题指的是某个属性本质上属于或必然属于某个事物。

毋庸说，关于事物的模态这个概念是有争议的。它在亚里士多德的思想中发挥重要作用。亚里士多德认为，事物所拥有的特征可分为两类：第一类是使事物成为该事物的特征；另一类是关于事物的，但却不同于使事物成为该事物的特征。第一类属性构成事物的本质，“每一个事物的本质都是它本身”。[2] 第二类是偶然属性，用于说明事物的偶然特征。因此，对于一个人来说，关键属性是他是有理智的动物，而不是他身高多高，或头发颜色如何。[3] 如果从事物 x 中“去除”一个关键属性，那么它就不再是 x，有可能什么都不是，也有可能变成 y。另外，任何 x 的偶然属性——因为 x 拥有这

1 同上，第 10—11 页。

2 亚里士多德，《形而上学》，Z1029 B14；参考 1028a 10-1-32a 11。

3 参考同上，1031 a 15 ff。

些属性是偶然的，而不是必然的——都可以去除或改变，而 x 仍然是 x。

亚里士多德式的观点及其各个变体对包括莱布尼茨在内的哲学家起着关键作用。莱布尼茨将实体的本质称为“个体的完整概念”，从而引申出实体的所有特征。因此全知全能者可以借助实体的完整概念了解有关实体的一切信息。上述观点的作用在于将实体的所有特征都变成本质特征。事实上，莱布尼茨认为，只有从有限思想的角度来看，本质属性和偶然属性之间的区别才是很显然的。洛克（Locke）[1]区分了实在的本质和名义的本质。名义的本质是我们可以借以认识某个事物的特征或特征的集合。在任何一个特定的情况下，我们都可以通过名义的本质这个概念检验我们对该事物名称的用法是否正确。比如，金子是一种具有延伸性的、很重的黄色金属（以上是金子的名义实质）。根据上述属性，我们认识到金子是这样的东西，并将其称为“金子”。[2]洛克认为，“实在的本质”指的是“事物未被感知的部分中真实但未知的构造，由此产生可感知的性质，让我们将该事物与其他事物区分开来”。可感知的性质构成了名义的本质。[3]这种说法最终似乎将作为“实在”本质的本质变成一种多余的东西，因为贝克莱（Berkeley）[4]之后越来越多杰出的经验主义者认为，没必要（实际上，对于包括贝克莱在内的很多人来说，也没有理由）假定在可感知的世界之外存在某些超自然的实体，如“事物”“物质”或“本质”。根据这个观点，我们就不需要使用本质这个概念了。只是在讨论这个问题的语境中，才再次使用这个概念。

---

1 洛克（1632-1704），英国经验论哲学家。

2 现在指称理论家对这个观点进行激烈的争论。参考后文第 7 章。

3 J. 洛克，《人类理解论》，III，37。

4 贝克莱（1685-1753），英国经验论哲学家。

形式化和本质

重新援引本质的概念，以及与之同样丰富的可能世界、可能对象、跨世界的个体以及非现实的个体等概念——下面将对这些概念作逐一评述——是因为当代哲学致力于用更严格的术语对模态进行解释。简单说来，在 20 世纪上半叶，运用标准逻辑工具和算子□和◇（有时写作 L 和 M），构造出形式化的模态推理[1]。算子□和◇分别代表“必然地”（或“……是必然的”）及“可能地”（或“……是可能的”）。两个算子可以相互定义：如果将□作为初始的，那么◇就可定义为：$\Diamond p = \text{df.} \sim \Box \sim p$。根据选择的公理不同，可以得到或强或弱的模态逻辑系统。基础系统是 M，这是在真值函项的重言式基础上增加肯定前件式规则和必然性规则。后者的意思是，如果 p 是 M 中的一个定理，那么 $\Box p$ 也是；并且据此可以得出以下公理 $\Box(p \to q) \to (\Box p \to \Box q)$ 以及 $p \to p$。增加公理就意味着系统的力量增强，但同时也增加了多样性，因此迫切要求对模态演算进行语

1 参考 C. I. 刘易斯和 C. 朗福德，《符号逻辑》。

义学上的解释，以解决各种各样未解释的机制引起的问题。[1]

在这一方面较早开始尝试的哲学家有卡尔纳普[2]。他采用了莱布尼茨提出的显然又富于暗示性的观点，即必然真理的必然性在于，它不依赖于事情恰好如此的偶然性，而是在这个世界中事情一旦为真就一直为真，在这个或任何世界中无论对事情进行何种安排，它仍然为真。卡尔纳普的目的是利用原子语句最大一致集合的概念（比如，如果 S 是这样的语句，那么 S 本身以及 S 的否定式都是这个集合的成员），并将这个集合称为“状态描述”。那么，说 S 必然为真的意思是 S 在任何状态描述之下都为真。

之后几十年的时间里，克里普克、欣蒂卡（Hintikka）[3]及其他哲学家对相似的概念进行热烈的讨论。[4]并且，通过使用莱布尼茨的可能世界和可能客体的概念（和术语），构建出量化模态逻辑语义学。[5]技术上的细节主要

1　如果在 M 中加入公理 $p \rightarrow \Box\Diamond p$，就得到布劳威尔的系统；如果加入 $\Box p \rightarrow \Box\Box p$，就得到系统 S-4，可推导出公式 $\Box p \equiv \Box\Box p$ 和 $\Diamond p \equiv \Diamond\Diamond p$，证明一连串重复的算子可以仅用最后一个算子代替。系统 S-5 包括 M、布劳威尔熊和 S-4 公理。简单来说，在 M 中加入公理 $p \rightarrow \Box\Diamond p$，通过推导得出的公式 $\Diamond p \equiv \Box\Diamond p$ 和 $\Box p \rightarrow \Diamond\Box p$，就可以证明混合算子串的最后一个算子可以代替整个算子串。还有其他的模态系统。参考克里普克“模态逻辑的语义说明”（下面尾注 67），载于 G. E. 休斯和 M. J. 克雷斯威尔《模态逻辑导论》。

2　参考卡尔纳普《意义和必然性》。

3　欣蒂卡（1929-　），芬兰哲学家、逻辑学家。

4　参考 S. 克里普克，“模态逻辑的语义说明”，载于 L. 林斯基（编）《指称与模态》；J. 欣蒂卡，“模态模型”，重载于 M. J. 路克斯（编）《可能与现实》。

5　克里普克提出的可量化的模态逻辑语义学可以按照以下方式解释：利用模型结构 <G，K，R>，其中 K={G，H}，$G \neq H$，R=K2。如果 Ψ（G）={a}，Ψ（H）={a，b}，$a \neq b$，那么该模型就是可以量化的。对于一元谓词符号 P，我们将 φ 定义为 φ（P，G）={a}，φ（P，H）={a}。那么，如果将 x 定为 a 的话，□Px 在 G 中就为真。既然 a 是 Ψ（G）中唯一一个元素，（x）□（Px）在 G 中也为真。如果将 x 定为 b，Ψ（Px，H）=F，则（x）（Px）在 H 中为假，□（x）（Px）在 G 中也为假。与可能世界的关系如下：我们注意到当将 x 定为 a 时，□Px 在 G 中为真，因为此时 Px 在 G 和 H 中都为真。从直观上来说，a 在 H 和 G 中都落在 P 的外延之中，也就是说 a 在所有的可能世界中都处在 P 的外延之中。正如克里普克对 G、K 和 R 的解释，K 是所有可能世界的集合，G*K，R 是 K 上的自反关系，由此 H_1RH_2 意味着 H_2 有可能与 H_1 有关系，即 H_2 中任何一个为真的命题在 H_1 中都可能为真，G 是“现实世界”。参考克里普克“模态逻辑语义学说明”，第 64 页。

是为了给其他非外延逻辑比如认知逻辑、道义逻辑和时态逻辑等提供丰富的外延。随后提出了我们现在讨论的形而上学的问题。鉴于其特征明显，奎因很早就发现了模态形式主义在形而上学方面的蕴含，并对此提出了反对意见。[1]

奎因的反对意见主要是针对量化模态逻辑强制性地对（他称之为）“亚里士多德式的本质主义”（本意是表示蔑视）作出承诺，原因如下。模态语境用奎因的术语来说是“所指含混”的。[2] 以下陈述（按照奎因原来的编号）

（15）9 is necessarily greater than 7.（9 必然大于 7。）

（24）The number of planets = 9（行星的数目 =9）

都为真，但如果用“the number of planets”代替（15）中的“9”，就属于误用了替代性。因为由此所得的陈述

（18）The number of planets is necessarily greater than 7（行星的数目必然大于 7）

为假。行星的数目可能大于 7 或小于 7，实际的数目是偶然事件。因为模态语境具有所指含混性的特征，所以奎因发现所指含混最好的结果是语义模糊，更糟糕的结果是判断错误。另外，奎因认为，在模糊的语境中加入量词对其加以限定，结果通常不理想。将语句（15）变为

（30）（x）（x is necessarily greater than 7。）

上述语句的意义是不清楚的，除非认为客体具有必然和偶然的属性，不依赖于我们对该客体的说明方式。这就是说，客体自有其本质的属性。对于奎因来说，这样的承诺是难以想象的，因为他认为，某事“必然”如此并不是事情本身的特点，而是取决于我们提及事情的方式。[3] 这是唯名论

1　奎因，“指称与模态”，《从逻辑的观点来看》，以下该文章的内容均引自此书。又载于林斯基《指称与模态》。

2　参考第 2 章中对同一性的讨论。

3　奎因，“指称与模态”，第 48 页。

的观点，与第一章中提到的观点类似。考虑（30）中 x 所指称的东西。根（15）[由此推出（30）]，x 似乎指的是行星的数目 9，但上文提到（18）为假陈述，此处得出的结论与对（18）的判断相违背。这样一来，唯一的解决方式似乎就是求助于本质主义了。奎因说，“很显然，如果坚持要对模态语境进行量化，就需要求助于亚里士多德式的本质主义”，[1] 由此，奎因得出结论，认为“量化模态逻辑真是太糟糕了”。[2]

尽管奎因的反对意见引发了争论，但他提出的见解比可能世界模态逻辑语义学早上十年的时间。模态逻辑语义学成功构建了可能世界学说（以及，按照有些人的说法，与之相关的本质主义），成为理解模态和其他诸多方面的主要方式。[3] 根据本质主义和其他出于对模态的兴趣而做出的形而上学的承诺，提供了一种对可能世界的概念进行评估的方法。如果上述形而上学的承诺果真如此，那么可能世界的学说就会招致异议。[4]

如果要了解可能世界的概念是否（如果是，怎么）有助于我们理解必然性，那么此处我们就需要先了解一下可能世界学说及相关内容。

1 同上，第 55 页。

2 同上，第 56 页。

3 林斯基所编的《指称与模态》中，尤其是马库斯、斯穆里安、弗洛斯达尔和卡普兰的文章，代表早期对奎因提出的反对意见中最核心的观点。这些意见统一认为奎因对量化模态语境过于担心了。

4 克里普克，“模态逻辑的语义说明”。

可能世界

刘易斯（Lewis）[1]提出了著名的可能主义学说，内容如下："我相信，除了我们生存的世界之外，还存在可能世界。如果需要什么论证的话，应该是下文这样。事物除了本来的样子外，还可以有其他可能性，这一点是毋庸置疑的。我相信，你们也相信，事物可以以无限种方式表现出差异性。但是，这又说明什么呢？我们可以这样解释：事物除了其现有的方式外还可能有其他多种方式。从表面上看来，这是存在量化的说法，表明对某个特定的描述而言存在多个实体，即'事物可能的方式'。我相信，事物可以通过无限种方式表现出差异性。我也相信对我所相信的内容进行的解释。因此，如果从表面上理解这些解释，我相信被称作'事物可能的方式'的实体存在。我更愿意把它们称作是'可能世界'。"[2]

上节末尾提到对可能世界可接受性的质疑大概可以分为两个方面。首先，假如对形式体系进行解释，可以通过不同方式自由选择解释域和组成解释域的对象，只要符合信息量和融贯性的原则就可以。如此说来，含有算子□和◇的逻辑根本无须借助"可能世界"的概念。第二，可能世界的概念，以及（按照某些观点来看）与之相伴相生的可能对象、本质等与我们常识中

1 刘易斯（1883-1964），美国逻辑学家和哲学家。

2 D. 刘易斯，《反事实》，第 84—85 页。

的本体论是相违背的。对于这一点进行反驳或多或少带些不屑一顾的意味，即我们常识性的本体论观点太粗糙，不足以对现在所讨论的概念进行彻底的解释。尽管这种说法颇为傲慢，但却很有分量。[1] 反而是对于第一点来说，需要更为深思熟虑的回答。

模态推理的形式化是因为我们在日常会话中应用了必然性和可能性的概念。我们大部分的推理过程都会涉及这两个概念。对使用算子□和◇的演算进行解释，倘若是形式化的模态推理，必须保留如下意义，即□代表不管其他如何，某物就是这样；◇代表某物根据不同的情况可能是这样。通过运用可能世界的概念，我们很容易就能理解这些观点。我们可以对必然性和可能性进行更严格的定义，而无须破坏它们前理论的特点。而且利用得出的演算可以反映出模态化的命题之间的逻辑关系。那么，除了上述优势之外，关键就是要看借助可能世界的概念对进一步解决问题是否有成效。据称，确实如此。

比如，众所周知，标准外延逻辑无法完全处理反现实条件句，即以“假如某某要是 / 一直是如此，那么某事就会 / 就不会是这样”为结构的条件句。前件提示“与现实相反的”，即“反现实的”事态，后件则声称事情由此可能会不一样。问题是，“如果……那么”形式的条件句表达的命题是其成分命题的函数，但是如果条件句的主要动词为虚拟语态（即“如果……要是 / 一直是……，那么……”），那么该条件句所表达的命题就不再是成分命题的真值函数了。该怎么办呢？问题还不止一个方面。首先需要大体解释条件句的形式特征。但即便了解了条件句的形式特征以及一切与反事实条件句有关的事实，我们可能仍旧不能确定条件句的真值。这是

1　这个观点经常用于反驳 G. E. 摩尔一派的哲学家。后文将继续对此观点及其他相关观点进行讨论。

需要解决的第二个问题。可能世界的学说提出了一种解决方案。[1] 将反现实条件句理解为，在某个可能事态条件下，事情是那样的（不是他们实际的样子或实际变成的样子），其他事情是这样的。[2] 可能的事态就是可能世界。

这种方案之所以令人感兴趣，是因为它理解了我们通常认为的如果……事情可能是或可能变成什么样，或如果……事情会怎么样的真正含义。尤其是与科学哲学中的问题相联系时，比如科学规律的实质以及充分解释因果联系，可能世界对反现实条件句的分析就非常具有启发性。[3]

讨论可能世界涉及的另外一个问题，或者说一组问题是对意义、属性、关系和命题等内涵性对象进行合理的解释。（部分意义理论问题，即所指问题将会在讨论可能世界的过程中讲解，其他问题留待第七章予以讨论。）通常来说，通过扩充对单数和谓词表达的外延的掌握，可以理解意义。扩充的意思是，不但要把握实际对象及其 n 个元组，还要把握现实世界之外的其他世界中的对象。通过上述方法，可以从集合理论来解释语言中结构成分的意义，即单数词项的意义是从可能世界到对象的函数，谓词的意义是从可能世界到对象的 n 元有序组的函数，（陈述）语句的意义是从可能世界到真值的函数。

同样的方法也可以应用到属性和关系中。属性可以定义为从可能世界到对象集合的函数，而关系则为从可能世界到对象的 n 元有序组的函数。如果将命题解释为从可能世界到真值的函数，这样就完成了一个循环。由此可见，命题是陈述语句的意义，可以参考第二章的讨论。与其他两类抽象对象类似，如果将命题等同于集合理论中的实体，他们的等同条件不会出现任何问题。

1　参考 R. C. 斯托纳克“条件句理论”，载于 N. 雷舍尔《逻辑理论研究》，第 65—79 页；又载于 E. 索萨（编）《因果与条件句》。参考本书中塞拉斯、齐索姆、蕾切尔和金的文章。

2　参考刘易斯《反事实》。

3　参考 E. G. 刘易斯“因果”，载于索萨（编）《因果与条件句》，第 80—91 页。

以上观点让人们注意到，可能世界的概念有助于解决某些在外延主义者看来非常棘手的问题。而奎因早期之所以对意义和必然性等内涵性概念持敌对态度真是因为他想严格通过外延的方式来解决问题，结果导致了整个概念族都无法理解。而可能世界学说在上述问题的处理上作出了一些进步。

拒绝可能世界的学说：同一性及跨世界同一性

但是，可能世界学说本身也会引起一系列的问题。其中有本质主义的问题，可能但非实在实体的问题，以及跨世界的个体的同一性问题。每一个问题都有可能推翻可能世界理论，或者至少会损害其有效性。下面我们从后往前依次讨论上述问题。

有关跨世界同一性的问题可按照以下方式描述。可能世界理论主义者认为，若要解决类似“Aristotle might not have tutored Alexander the Great（亚里士多德可能没教过亚历山大大帝）”这种说法，有一种容易且有效的方式，即将其视为“存在亚里士多德不是亚历山大的老师这个可能世界”。这就需要引入亚里士多德的观点，即存在不止一个世界。在现实世界里，他是亚历山大的老师，是柏拉图的学生，也是宫廷御医的儿子；但是在多个可能世界中，他可能只具有其中几个身份，或者只有一个身份，也或许上述哪个身份都不是，又或许是上述身份兼而有之甚至更多。根据可能世界理论，亚里士多德存在于所有的可能世界中，因此可以称之为“跨世界的个体”。那么，所有的个体都是跨世界的个体，因为任何个体都有可能变成其可能的样子，或者说任何个体都不是一成不变的。

上述观点的缺陷在于，跨世界的个体这种说法违背了同一事物的不可分辨性原则。[1] 该原则认为，对于任何对象 x 和 y，如果二者等同，那么一个对象所拥有的属性，也应属于另外一个对象，反之亦然。如果某个对象 x 存在于多个世界，比如世界 W_n 和 W_m。即便 W_n 中的事物与 W_m 中的事物仅仅在一个方面不同，那么 W_n 和 W_m 就属于两个不同的世界。比如，或许在 W_n 中，亚里士多德的脸上有一颗痣，但是在 W_m 中，他的脸上没有痣。因此，至少 W_n 中的 x 拥有一种属性（连接属性“是 x 且亚里士多德有一颗痣”），而 W_m 中的 x 没有（ Wm 中的 x 中的同源属性是“是 x 且亚里士多德没有痣”）。可是这样一来，W_n 中的 x 和 W_m 中的 x 是可以分辨的，因此不是等同的。因此，我们无法认同跨世界的个体具有同一性。其结果是，我们要么接受“世界限定的个体”的概念（就是说，个体一个时间只能存在于一个世界），但如此一来可能世界的学说就变成了空谈，要么就只能完全放弃这一学说。[2]

可能世界理论的实际情况比上述初步论证的结果可能还要糟。假设根据上述论证，承认跨世界同一性的概念，那么也可以证明这个概念处于两难的境地。以不同的对象 x 和 y 来说，经过一系列变化，跨越多个世界（从 W_1……W_4），我们仍然认为二者可以维持同一性。假设在 W_1 中，x 是个又大又圆、绿色且柔软的东西，而 y 是个小而方、红色且坚硬的东西。这些特征具有决定性，且穷尽了 x 和 y 各自拥有的识别性特征。再假设从 W_1 到 W_2，x、y 颜色互换；再从 W_2 到 W_3，形状互换，……那么，到了 W_4，x 仍然是 x，而且是个小的、方的、红色的、坚硬的东西，正如 y 在 W_1 中的样子。而 y 还是 y，而且是一个大的、圆的、绿色的、柔软的东西，正如 x 在 W_1 中的样子。由此 W_4 中的 x 与 W_1 中的 y 是分辨不出来的。根据不可分辨性原则，W_4 中的 x 与 W_1 中的 y 具有同一性。但根据

1　这是莱布尼茨不可分辨的同一性原则的逆命题，大意是如果 x 和 y 无法分辨，即 x 具有的所有属性与 y 的属性相同，反之亦然，那么就说 x 与 y 具有同一性。

2　参考齐索姆“跨世界同一性”，载于路克斯（编）《可能与现实》，第 80—82 页。

同一性的传递性原则，W_4 中的 x 与 W_1 中的 y 不等同，而是与 W_1 中的 x 等同，而后者又无法与 W_4 中的 y 分辨，等等。这就陷入了两难的困境。[1]

摆脱上述困境的唯一出路是求助于本质的概念，认为所有实体都具有偶然属性 C 和本质属性 E。那么，对于任何实体 x，在某些世界里具有 C，但是在其他世界里没有，但不管在哪个世界都具有 E。另外，如果存在实体 Z，至少在一个可能世界中具有 E，那么 z 和 x 具有同一性。以上文提到的 x 和 y 为例，它们从一个世界到另一个世界时所交换的属性是 C，不是 E。根据属性 E 保留原则，它们保留了跨世界的同一性。

可是这种解释方案能否行得通呢？假设属性 E 并非普遍属性，而是其载体的独特属性，因为 E 构成了载体的本质。那么问题是，该如何说明属性 E。比如说，什么才是亚里士多德的本质属性？很显然，“是柏拉图的学生”并不是本质属性，因为在其他世界中，他可能是苏格拉底的学生，或者谁的学生也不是。那“出生于马其顿的、古代最伟大的哲学家”呢？但是，在其他世界中他可能来自雅典或米利都，或者根本不是哲学家。所有亚里士多德的属性都是如此。简而言之，要确定哪些属于亚里士多德的 E 属性，并不是一件容易的事情。如果不能确定亚里士多德的 E 属性，那我们怎么才能确定从 W_n 到 W_m 的过程中，没有落下亚里士多德所具有的任何一个 E 属性呢？[2]

通过以上论证，可能世界的学说要么是前后不一致，因为跨世界同一性的概念是不一致的，要么是价值不大，因为我们只能使用世界限定的个体这个概念。考虑到这个概念可能会产生与直觉相反的结果，（比如，只要与亚里士多德相关的事情不发生变化，那么亚里士多德就只是亚里士多德，这就是说亚里士多德所拥有的所有属性都是本质性的。）那么整套说法就容易引人误会。

1 这是齐索姆对亚当和夏娃的例子作了修改后的版本，同上，第 82—84 页。

2 同上，第 85—86 页。

对于上述缺陷，可能世界主义者的解决方式很巧妙。比如说刘易斯。他提出了一个理论，目的是在跨世界同一性概念和世界固定的个体之间寻求一种折中方案，被称为“对应物理论”。[1] 其思想如下：个体是固定在世界范围内的个体，与现实世界相联系，但在其他世界中存在个体与之对应。这些对应物与现实世界中个体的相似度“比它们与其所处世界中事物的相似度高”。如此说来，如果事物之间彼此区别的方式与 W 和 W_n 之间的区别方式类似，那么在现实世界 W 中存在事物 x，那么其对应物 W_n 中的 x 与 W 中的 x 相同。[2] 通过上述概念，我们可以表述如下观点：亚里士多德可能没教过亚历山大，因为在某个世界 W_n 中，存在亚里士多德的对应物，该对应物除了没教过对应物亚历山大之外，在其他各个方面都与亚里士多德相似。

对对应物理论批判最为激烈的哲学家是其他可能世界主义者，其中以克里普克和普兰丁格最甚。[3] 考虑如下反现实条件句：“如果亚历山大听从了亚里士多德的教导，他可能就不会死于酗酒。”我们认为，亚历山大因为饮酒过量而英年早逝，亚里士多德可能因为没有更严格地教育亚历山大而感到自责（或为此感到解脱）。克里普克认为，我们无法了解亚里士多德的悔恨或解脱的感觉，因为反现实条件句中所指的人不是亚里士多德和亚历山大，而是他们的对应物。普兰丁格的批判与上述观点不同。他认为，对应物理论并不能解决世界固定性的问题。因为要使某个东西不同于特定个体或实体 x 这种说法有意义，我们必须要说，事物 x 在某个世界 W_n 中是

1　D. 刘易斯，“对应物理论和量化模态逻辑”，载于路克斯（编）《可能与现实》，第 2—8 页。

2　同上，第 12 页。

3　参考克里普克“同一性与必然性”，载于 M. 穆尼茨《同一性与个体化》；S. P. 施瓦茨，《命名，必然性和自然种类》，第 66 页及以后，后文引用均出自此书；A. 普兰丁格，“跨世界同一性还是限定世界的个体？”，载于路克斯（编）《可能与现实》，第 46—65 页；《本然性的本质》，第 vi 章。

F，在另外一个世界 W_m 中是 G。在 W_n 中，F 属性和 x 的自我同一性可以互为例证；在 W_m 中，G 属性和 x 的自我同一性可以互为例证。但是，如果说 W_n 中的 x 和 W_m 中的 x 互为对应物，那么就无法解释 x 可能是 G 而不是 F 的这种直觉。换言之，说亚里士多德可能没教过亚历山大就等同于亚里士多德可能是亚里士多德但没教过亚历山大，这也正是我们想要表达的内容。但是，如果“是亚历山大老师的亚里士多德”和“不是亚历山大老师的亚里士多德”只是彼此的对应物，而不是同一个亚里士多德，那么再谈论同一个亚里士多德的事物发生了变化就没有任何意义了。

否认对应物理论的可能世界理论主义者倾向于直接解决同一性的问题，主要是通过对同一性概念本身进行更细致的描述。上述论证并未涉及跨时间、跨世界的同一性，因为很明显，婴儿时期的亚里士多德和老年的亚里士多德所具有的相同的识别性特征可能非常少——婴儿时期的亚里士多德可能很小、皮肤粉红、体形滚圆且柔软，而老年的亚里士多德或许个头大、皮肤呈棕色、体形宽阔且身板硬朗——但他们仍然是同一个亚里士多德。随着时间的变化，某些属性消失了，又获得了其他新的属性。但我们仍然认为他们具有自我同一性，说明我们正讨论的同一性原则比上述的批评观点要复杂得多。因此，某个东西所拥有的某个属性或许应该对其时间性加以表示，比如 x 在时间 t 具有 F，由此，有关同一性原则的陈述应该加上时间量词。那么，可以说，对于任何对象 x 和 y，如果它们是同一的，对于任何属性 F 和时间 t，如果 y 在时间 t 具有 F，那么 x 在时间 t 也具有 F。由此，对于跨世界同一性来说，应在对两个世界和两个世界中的时间点都进行量化：对于任何 x 和 y，不论任何 W、F 和 t，如果 $x=y$，那么 x 在 t 时在 W 中具有 F，y 也可以得到相同的结论。[1]

克里普克提出了解决跨世界同一性问题的办法。他认为，这其实是

1　参考普兰丁格“世界与本质”，《哲学评论》，79，1970 年，第 461—92 页；《必然性的本质》，第 94—95 页。

一个伪问题，因为我们在某种程度上“把可能世界这个比喻看得过于认真了”。“可能世界”被比作距离我们遥远的外国或星球，我们只能通过望远镜才能模糊地看见遥远的星球上有哪些事物。[1] 克里普克拒绝接受这个比喻。他的立场与刘易斯式的可能主义实在论的立场是对立的。

1 克里普克，“同一性和必然性”，第 80 页。

非现实的可能物

上述有关同一性的讨论实际上是提出了争论的焦点，并非解决争论。但很显然，可能世界理论主义者在这个方面已经有有效的解决方案。更令人困惑的问题是，可能世界理论需要哪些更关键的本体论承诺？或者，更具体地说，讨论“可能物”，即可能但非现实的世界以及其中所包含的对象有什么意义？

大体来说，可能世界理论的支持者采取了两种策略。第一种是刘易斯所支持的极端可能主义，另一种包括一系列不同的理论，认为只存在一个现实世界，即我们所处的世界，并借助属性、命题或事态等内涵性的概念，以及某些模态概念如“实例化”（关于事物的概念）或“可能真理”（关于命题的概念）作为初始概念，来定义可能世界。

简单说来，认为存在可能世界和可能客体等非存在的东西，这本来就是矛盾的，也是问题所在。刘易斯认为，由于断言存在只具有唯一的意义，故这只是表面上的矛盾。用一个完全矛盾的公式（$\exists x$）（$\exists y$）（$x=y$）来解释“存在非实在的事物 x”，这样不可能抓住可能主义者的意图。必须区分非限制形式的存在量词和限制形式的存在量词。后者用于表示断定某个世界中有特定存在。那么，如果说 x 是非现实的可能物，就是说（$\exists x$）（$\exists_w y$）（$x=y$）。在上述公式中，（$\exists_w$……）是限定量词，断言语句言说的世界中的实在性。这个公式可以解释为：“存在某事物 x，在 W_n 中不存在”，W_n 可以理解为是这个世界、现实世界，由此可以得出 x 是存在的但是非现实的这种说法是有合理性的。[1] 可以用时间来类比：现在仅为时间的一种，之所以称为“现在”，是因为我们存在于当下，而生活在其他时间的人也使用同样的索引表达来表述他们的当下。[2]“现实”这个词语与“现在”一样具有索引的功能，但这种使用方式在任何世界中都无法为其赋予特殊的本体论地位，而只是挑选出了相关语句言说的世界。

刘易斯坚定地声称，现实世界之外的可能世界的存在方式与现实世界相同。“当我声称可能世界的实在性时，我的意思是要从字面意思来看……我们所处的现实世界也是所有世界中的一个。之所以唯独把我们所处的世界称为实在的，并不是因为它有别于其他世界，是因为我们生存于其中。”[3] 这是刘易斯认同对应物理论的原因。如果所有的可能世界都同样是实在的，那么一个个体只能存在于其中的一个世界，就如同一个事物一次只能存在于一个地方。

有些刘易斯的批评者认为，刘易斯的观点简直不可理解。[4] 尽管他的观点曾有先例——比如说，迈农的部分观点，也是前后一致的，但其可商榷性仍然值得怀疑。[5] 然而，大部分可能世界理论主义者都非常挑剔，对哈克因受到奎因的启发而提出的“刘易斯的本体论贫民窟”避之不及。[6] 因为，至少在潜在层面上，存在着可以解决上述问题的策略，无须借助过度拥挤

1　刘易斯，《反事实》，第 84—91 页；摘录于路克斯（编）《可能与现实》，第 82 页及其后；参考第 85 页。

2　同上，第 84 页。

3　同上，第 83—84 页。

4　特别参考 W. 莱肯“可能世界的难题”，载于路克斯（编）《可能与现实》，第 247 页及其后；S. 哈克，“刘易斯的本体论贫民窟”，《形而上学评论》，33，1977 年，第 415 页及其后；T. 理查德，“大卫·刘易斯的世界”，《澳大利亚哲学杂志》，53，1975 年，第 25 页及其后。

5　参考莱肯在“可能世界的难题”中对迈农观点的讨论。第 297 页，莱肯说，“我不认为能够反驳刘易斯的观点”。这是莱肯的观点值得商榷的理由。

6　哈克，同上。

的世界。

简单来说，这些策略的立足点是承认只有一个现实世界——我们所处的世界——并根据现实世界中的模态结构解释可能世界。任何属于上述类别的观点都被称为“现实主义”。其中一种主张立足于存在和实例化之间的区别，应用于事态、关系和属性等内涵性的东西。比如，斯托纳克（Stalnaker）[1]认为，可能世界应等同于存在但非实例性的属性，而现实世界的属性已经实例化。[2]普兰丁格的观点与之类似。他认为，可能世界是可达到的事态，而现实世界则是组成该世界的事态实际达到的状态。[3]“可实例化”和“可达到性”的概念都是关于事物的概念，但是二者之间存在重要的区别，影响着它们对相互联系的概念如属性、命题和事态等的理解。比如，如果存在某个事态的概念，即亚里士多德是亚历山大的老师，那么就能了解对应的命题“亚里士多德是亚历山大的老师”。[4]

以上联系为我们提供了第三种可能的选择，由亚当斯（Adams）提出，“现实主义”这一理论也由他首创。他认为，可能世界是命题的集合 S（“有关世界的故事”）。那么，对于每一个命题来说，无论是其本身还是其矛盾命题，都是 S 中的成员，并且有可能 S 中的所有成员之间都存在联系。现实主义的首要条件是“最大化”条件。现实世界是命题的最大集合，集合中成员之间的联结为真。亚当斯的理论是有关命题的现实主义，因为该理论引出的模态是命题的一种属性，因此，很显然命题的存在不依赖于它们的真值。[5]这个观点与卡尔纳普对状态描述的用法类似。

1 斯托纳克，美国哲学家。

2 斯托纳克，“可能世界”，载于路克斯（编）《可能与现实》。参考第 228 页。

3 普兰丁格，“现实论与可能世界”，载于路克斯（编）《可能与现实》，第 237—252 页。

4 参考同上，普兰丁格对他与斯托纳克观点的区别的讨论。

5 R. M. 亚当斯，“现实理论”，载于路克斯，《可能与现实》，第 90 页及其后，特别参阅第 204 页及其后的内容。

亚当斯的理论面临两个问题。第一，除非他的理论能够解决语义上的悖论，比如命题断言命题本身为假的悖论，[1]否则，鉴于可能世界是具有最大融贯性的命题集合，可能世界就不可能存在了。[2]第二个问题来自集合理论，认为最大命题集合的概念是不合逻辑的。因为，对于任何推定的最大命题集合 S，其幂集基数都要比 S 大。幂集中的每个成员都是命题，而集合本身具有融贯性，那么新集合比原来的集合基数大，且两个集合的幂集基数更大，等等。[3]

1 参考本书第 6 章对塔斯基的讨论。

2 参考同上，亚当斯“现实理论”，第 207—208 页。

3 幂集是给定集合的所有子集的集合，包括空集。

存在与现实性：一些问题

还有其他可以区分存在和现实性概念的策略可以同时兼顾到可能世界学说的合理性。[1]存在这么多不一样的观点正好可以说明要想作出完美的解释是件多么困难的事情，而我们目前探讨的问题正好作为一个例证。反对上述概念的哲学家除了对不同的观点提出细节问题，还提出了一些一般性问题。其中一个问题是，“存在”是否为谓词，也就是说存在是否为属性。继而可以再提出一个问题，即在某种意义上来说，是否存在某事物具有而其他事物不具有该属性的情况（参考第四章）。从表面上看来，我们日常的用语的确表明使用了存在这个概念，但最终是以放弃迈农或半迈农式的思想为代价的。既然可能世界理论主义者认为无须奥卡姆剃刀原理，他们必须为此提出非常充分的理由。这种理由可能是可能世界理论在解决众多哲学问题的过程中所承诺和展示的东西，从而其就构成了充分的理由。但总体而言，我们倾向于认为，可能世界学说的具体细节应该有说服力，认为存在和现实性是属性，而且二者之间有差别。上述观点看起来仍然存在极大争议。其中一个问题是，如上文所示，属性的概念是基于可能世界的学说获得其内含的，即从世界到客体的函数。由此，通过属性（或者说，

1 参考莱肯“可能世界的难题”，载于路克斯《可能与现实》，尤其参阅第 302 页后文内容；以及路克斯本人所写的“导论”。

通过命题的概念）解释可能世界学说就形成了一个循环，除非将属性看作是初始概念或者对属性进行单独描述。

关于可能物，最根本的问题在于，它们在相当大的程度上是非直观的。如果从直观上讲，似乎有充分的理由将存在和现实性视为意义明确的概念，能够判定存在什么或说明在世界中会遇到什么。如果事情可能是这样也可能是那样，那么我们的日常会话中就会用到可能物的观点。但问题是，这个观点所指的是否是存在的事物，如果是的话，我们就可以轻而易举地把握住该观点，即存在 x，但是 x 不是现实的，在这个世界中是不会遇到的。换一种方式来解释这个问题，即事物可能是另外的样子或者可能发展成另外的样子。如果要理解上述观点，就必须相信事物存在另外的样子，那么这个观点才是值得考虑的。因此，我们不妨直接说，认为事物必须或确实存在这种做法是具有误导性的。或许有人认为，这种观点用于回应刘易斯那种比较极端的可能主义实在论是可以的。而普兰丁格、斯托纳克和亚当斯认为这种观点是否可以接受，这一点尚不清楚。从本体论的角度来说，用牙齿咬一口并不代表牙齿会碎。对于非现实的客体，并没有量化的标准。假设存在和可实例化或可达到性之间有清晰的区分，那么可能世界理论就可以通过实际存在的事物来构建。或者，换句话说，通过利用命题和可能真理这样不太陌生的概念来理解可能世界的含义。这是亚当斯的观点。上述或与之相关的观点是有合理性的。

这种合理性是否仅限于表面，很大程度上取决于观点的细节。有关非现实事物的概念已经有了一些见解，不过仍需要详细的理论对其进行解释，加以丰富。这些见解并不是由奎因提出的。奎因抨击可能物的概念，认为可能物缺乏同一性标准。[1]（他说：“把那个可能很胖的男人带进门，然后，把那个可能秃头的男人带进门。他们究竟是同一个可能的人，还是两个可

1　奎因，“论何物存在”，第 1 页及后文内容。

能的人？该如何判断？……讨论那些不具备自我同一性且彼此相互区别的实体有什么意义？”[1]可能主义者可能会说，当两个可能实体的决定性描述是等同的，也就是说，当它们具有相同的本质属性时，那么二者就具有同一性。）但是，除了极端现实论之外，认为可能物在本质上是依赖我们的构想的这种观点是正确的。虽然我们能就可能物的存在进行有意义的讨论，（极端现实主义者除外）但是不能以我们所认为的方式对其进行讨论。[2]那么问题来了。为了让可能物的概念有用武之地，那么它们对思考的依赖就不能是必须被某人所理解才能存在，它们本身就是可以理解的。它们的数量是无限的，是任何思考者都可以利用的，因而是客观的，而不是在某个特定的时间只为某个特定的思考者所用。[3]因此，客观性概念是必需的，以否定或恰如其分地体现可能物对思想的依赖性。客观性概念可形成包括“真的”“存在”和“现实的”在内的、可清楚理解的概念族。[4]从目前来看，这方面的见解已经错综复杂。

1　同上，第 4 页。

2　蕾切尔，“可能世界的本体论”，载于路克斯《可能与现实》，第 66 页及后文内容，特别参考第 69 页。

3　同上，第 73—74 页。

4　参考 F. 蒙达多里和 A. 莫顿“模态实在论与毒兵变例”，载于路克斯（编）《可能与实在》，第 235 页及其后文。

本质主义

上述讨论的过程中一直提到本质的概念。至少，任何一个与本质有关的学说都承认，x 所具有的属性可以分为两类，即必然属性和偶然属性。必然属性指的是 x 必然具有的属性，也就是 x 不能缺少的属性。偶然属性指的是 x 偶然具有的属性，也即 x 有或没有皆可的属性，无论如何 x 仍然为 x。上文已经提过认同本质主义的部分原因。但现在的问题是，这样的认同合理吗?

本质主义的批评者们试图证明，本质的概念要么是无关紧要的（因此，是无聊的），要么就是无法理解的。关于第一种说法，批评者们认为，本质主义者在援引范例的时候，认为所有事物在本质上都具有自我同一性，所有事物在本质上都不是它们所不是的东西。但批评者认为，这些例子在哲学上来说是无聊的。[1] 其他有关本质属性的说法为了免于琐碎无用性，又会引起争论。解决以上问题的方式如下:

本质主义有不同的表述方式，但标准的表述方式为：某事 x 所拥有的部分属性对它来说是本质的，其余都是偶然的。本质属性或许不足以将 x 从其他个体中筛选出来，但是对于筛选这项任务来说，它们又是必要的。

1　参考 M. 斯洛特《形而上学与本质》，第 42 页。

正是因为如此，才引起了跨世界同一性的问题。如果个体 A 存在于多个可能世界，并且在不同的世界之间只存在偶然性的区别，那么该如何将 A 从某个给定的世界中筛选出来呢？克里普克给出了最便捷的方法。我们约定，A 存在于某个世界中，与现实世界中的 A 只有偶然的差异。[1] 这种方式明确假设本质和偶然之间存在明显的区别。因为，上述方式中没有约定的部分就是 A 的本质属性。这种观点同样会招致反对，此处作简要讨论。对 A 来说，什么样的属性是本质属性，什么样属性是偶然属性，其实已经早有约定。奎因提出的“数学汽车人悖论”（参考后文）意在展示，本质始终是关于兴趣的，不可能独自存在于世界中。换句话说，不存在关于事物的必然性。

根据必然属性是 x 属性的子集的观点，将其与 x 的偶然属性进行区分的一种方式是，x 的必然属性在某种程度上“让 x 成为独特的个体”。这个解释并不像其看起来的那样清楚，但与洛克的建议有一定的相似之处。洛克提出，本质是 x 的衬底，或者说是结构或内在构造。这种说法又引出了 x 的表面性质的概念。那么上述表达方式中的“让”和“引出”又是什么意思？很显然，它们都可以解释为“引起”。这样说也有问题。根据某些合理的观点，因果关系是在事件之间建立的，并不是事物的属性和事物之所以为事物之间的关系。但是，从直观上来说，x 具有本质属性和 x 之所以为 x 之间存在确定的关系，只是这种关系是否为因果关系还有待讨论。[2]

很显然，无论如何解释这个概念都行不通，除非它承认 x 具有其本质会产生或引起什么样的后果是有限定的。如果没有限定的话，就会产生如同阿威罗伊（Averroes）评论亚里士多德时的情况。阿威罗伊所撰写的有关亚里士多德的评论在某种意义上说是亚里士多德本质的函数。声称阿威

1 克里普克，《命名与必然性》，第 42 页。

2 参考《大英百科全书》“必然属性和林奈式本质主义”，《加拿大哲学杂志》，卷 5，1975 年，第 85—87 页，并参考第 86 页。

罗伊所写的是亚里士多德的部分特征，也就是说阿威罗伊所写的是亚里士多德的一个属性，这种说法很显然是非直观的。那么，需要什么样的限定呢？如果利用我们所感兴趣的 x 的特征，我们对 x 本质特征的描述就会招致如奎因等主张约定论的哲学家的批评（参考后文）。换言之，如果 x 的本质属性被认为是让 x 成为独特个体 x 的关键特征，那么我们就陷入了一个无法解释的循环。

上述观点让亚里士多德式的本质概念看起来更有吸引力。我们无须再试图解释是什么让 x 成为独特的个体，而应该解释是什么让 x 成为它所属于的类别。因此，讨论本质属性就相当于讨论让 x 成为 K 类成员的属性。如果 x 是个男人，那么 x 的本质属性就是让它成为男人类别的一员的属性。这种方法不仅可以避免现有的问题，而且显然还有其他优势。利用这种方式可以很容易证明本质主义者的一个重要观点，即如果 x 是 K 中的一员，那么 x 必然是 K 中的成员。假设承认"x 具有 K 中成员具有的全部属性"蕴含"x 是 K 中的成员"，那么如果 x 是 K 中的成员，按照亚里士多德式的观点，让 x 成为 K 中成员的属性就是 x 的本质属性。因此，x 必然是 K 中的一员。[1]

1　参考《大英百科全书》，"必然属性"，第 88 页。

“爱好数学的骑车人”悖论

但此处还有一个问题，即对于某个 x，什么是必然属性，什么是偶然属性。根据奎因的观点，我们对这个问题所作出的决定永远是与我们的兴趣有关的。这个观点被称为“约定论”。下面这段话充分展示了上述观点：“我们可以认为数学家是必然理性的，但不一定是两条腿的；而骑自行车的人一定是两条腿的，却不一定是理性的。但是对于一个既爱好数学又爱好骑车的人来说，又是一种怎么样的情形呢？这个人必然理性，而偶然有两条腿，还是相反？我们从所指的角度讨论对象的时候，对数学家组别和骑车人组别并没有什么特殊的成见，因此将某些特点看作是必然的，其他特点看作是偶然的，这种分类并没有什么意义。”[1]

换句话来说，认同本质主义似乎会陷入悖论。如果根据某种兴趣判断，某些属性是本质的；但如果根据其他兴趣判断，这些属性可能是偶然的。如此说来，某个给定的个体可能既是本质的也是偶然的。

有人指出，奎因的观点不足以驳斥本质主义理论，因为诸如“数学家必然是理性的但不一定有两条腿”和“骑车人必然有两条腿但不一定是理性的”这样的语句有歧义。[2] 从命题的角度来说，上述语句认为“数学家是

---

1 奎因，《词语和对象》，第 99 页。

2 参考 R. L. 卡特赖特，“对本质主义的一些评论”，《哲学杂志》，1968 年，第 61—69 页。

理性的”和“骑车人有两条腿”均为必然真理。但“数学家有两条腿”和“骑车人是理智的”不是必然真理。从事物的角度来说，上述语句认为，每个数学家都必然是理性的，但不一定有两条腿，而骑车人的特点则与之相反。但没有任何理由认为，本质主义者认同上述两个命题。[1]

奎因的目的是，通过我们所处的两难的境地（即认为我们对事物的分类受到兴趣以外的东西支配）说明从事物的角度进行解读是不合理的。通过爱好数学的骑车人这个角色，我们如何判定他是否必然是理性的？如果我们遵从种类学说，那么上述问题就可以通过本质主义观点进行解答。这样一来，问题就变成了“x 是什么种类的东西？”假设 x 是一只狗，那么提问“x 是什么种类的东西”就是合理的，而且可以得到答案“一种动物”，再问“是什么种类的动物？”，就可回答“是一只狗”。通过问“是什么种类的动物”，可能得到的答案包括“一只凶恶的狗”，或“一只大狗”，但重点不在于此：“大狗”和“凶恶的狗”都不能指称种类。[2] 这种限制性与种类学说有关：任何 x 都至少是某个 K，如果 x 也是 K_1，除非 K_1 包含 K，或被 K 包含。

为了避免遭到奎因的批评，亚里士多德式的概念就是按照上述方式理解的。最好的例子就是细菌的发展史。细菌学者将菌种的免疫学特征作为细菌的划分标准。但是，细菌会发生变异，尤其是在对抗血清发生反应时通常非常剧烈，因此，细菌在不同的时间属于不同的菌种。本质主义者通常不认为存在争议的细菌组属于种类，即便承认它们是种类，但认为细菌在不同的组别之间保留了同一性特征。可无论哪种看法对实证科学家都没有任何帮助。为了弄明白这件事，实证科学家更倾向于认同约定论的观点。此处，本质是相对于兴趣而言的，因为种类与兴趣有关，而本质又取决于

1 同上。

2 参考《大英百科全书》，“必然属性”，第 89 页。

种类。[1] 在上例中，细菌在不同时间所属的种类并非如本质主义者为了避免奎因的批评所要求的那样相互包含。由此，本质主义者的观点或其任何表述方式的价值都是值得怀疑的。

对本质主义的批评是基于如下观点：本质主义的批评者坚持认为，理解关于事物的模态之所以存在困难，是因为正如奎因所言，关于某个给定对象的陈述的模态取决于为该对象选择的名称。比如，“9 大于 7”必然为真，但是“行星的数量大于 7”则不然。可能有人认为，这种困难是个错觉。回想一下我们将含混的结构进行“透明”解读的例子。比如，菲利普相信，西塞罗斥责了喀提林，但因为他不知道西塞罗是塔利，所以不相信塔利斥责了喀提林。在上述例子中，很容易理解存在一个名为西塞罗的人，且菲利普相信他斥责了喀提林为真。那么，我们为什么不能理解 9 必然比 7 大这个概念呢？“9 大于 7”这个必然真理表述了 9 必然具备的某个属性。而“行星的数目大于 7”这个事实是偶然的，不会改变我们对 9 的理解。换言之，如果有关行星的数目这个偶然属性对 9 比 7 大这个必然属性产生质疑，但如何产生质疑这一点是不明确的。不过，对于上述困难，可以采用以下这种补救性的说法：真理（及真理之间的关系）“行星的数目实际上是 9；9 必然比 7 大；实际的行星数目必然大于 7”，与存在 9 颗行星是偶然的这个说法是吻合的。

1 同上，第 90 页。

本质、起源与结构

至此，我们仍旧不清楚，如何确定某个事物的属性哪些是本质的，哪些是偶然的。为此，克里普克提出了两个建议。[1]第一，一个个体的起源或构成该个体的材料对它来说是本质性的。第二，某一类个体的本质在于该类所有个体的内在结构，也就是说，是否有资格成为该类别的成员本质上取决于是否具有适当的内部结构。以上两个建议均存在争议。

关于起源的说法，克里普克认为，如果某个桌子是木制的，那么该桌子本质上就起源于木料，即便后来变成了其他物质，比如说银，也是如此。[2]对此，斯洛特（Slote）[3]提出了反对意见。[4]假设，桌子t由木头w制成。在做成桌子t之前，木头w首先变成了一块银子，然后又变成了木头。这两次变化都是“稳定且合法的”。那么，很有可能t用还处于银子状态的w制成，后来w又以桌子的形态变成了木头。如果真是如此，那么t只是偶然地起源于木头。由此说来，至少有些事物可能偶然地以它们实际起源

1 参考克里普克“命名和必然性”，和“同一性和必然性”，载于施瓦茨《命名，必然性和自然种类》，后面脚注给出引用的具体页码。

2 克里普克，《命名和必然性》，第13页。

3 斯洛特，美国哲学家。

4 斯洛特，《形而上学和本质》，第8页。

的材料构成。

从人类起源的角度讨论克里普克的观点可能更直观一些。麦克金（McGinn）[1]对此问题提出了一个起初非常有说服力的论证，大意如下：个人起源的必然性来自这样一个事实，即一个人必然与其生长而来的受精卵具有同一性，并且受精卵和父母所提供的配子具有必然联系。[2]关于第一点，麦克金认为，很显然成人与他们长大成人之前的孩童具有同一性，孩童与婴儿又具有同一性，婴儿与胎儿具有同一性，胎儿与受精卵具有同一性。关于第二点，受精卵与配子对不可能具有同一性，因为配子对是两个，而受精卵只有一个。因此，麦克金借助直观的概念，假设在某个世界中，麦克金由拿破仑的配子成长而来，并且事实上真正成长为麦克金的配子也存在于那个世界。那么，哪个人被称为麦克金更合适？他认为应该是后者。[3]

上述观点的合理性遭到了质疑。[4]因为，人们的直觉不可能总是按照麦克金建议的方式进行。[5]由此可以进一步说明，与麦克金的第一个观点相反，生物学（或者更通俗来说，建立在科学基础上的）连续性不总是能够确定同一性。其具体论证如下。比如，使用约翰逊的例子，在某个世界中，配子成长为一个人，其生命的每个阶段与希特勒实际生命中的对应阶段无法区分开来。假设，在同一个世界中，希特勒的配子经过成长后与拿破仑的实际成长也无法区分。[6]哪个人被称为希特勒更合适？直觉告诉我们应该是前者，这一点与麦克金的例子尽管形式相同，但结论是相反的。

---

1 麦克金，英国哲学家。

2 G. 麦克金，“论起源的必然性”，《哲学杂志》，73，1976 年。

3 同上，第 32 页。

4 P. 约翰逊，“起源和必然性”，《哲学研究》，32，1977 年，第 413 页及其后文。

5 达米特认为，借助于直观的概念通常在关键问题上无法帮助建立可能世界学说及其分支理论。

6 约翰逊，“起源于必然性”，第 414 页。

上述观点说明，如果存在两个可能的人 A 和 B。从出生到时间 t 的生命历程中，A 的历程与第三个人 C 的历程无法区分，但此时间点后，二者的历程不同。而在时间 t 之前，B 的历程与 C 的历程不同，但此时间点后二者无法区分。那么，我们无法确定是否只有起源规范的 A 才有资格与 C 等同，因为认为 B 等同于 C 也是合理的。在这一点上，常用的是斯普里格（Srigge）[1] 提出的伊丽莎白女王的例子。假设C 是伊丽莎白女王，A 和 B 是两个女人。A 和伊丽莎白女王到从出生、童年到时刻 t 的历史不可分辨，而 B 和伊丽莎白女王自时间 t 后的历史不可分辨。要说 B 像 A 一样有资格被称为伊丽莎白女王，只有发生像马克・吐温的小说《王子与贫儿》中的故事了。[2]

这里的问题是，生物学上或以科学为基础的观点是否足以说明起源的必然性。根据上述论证，答案是不能。[3] 思考一个相关的例子：如果 A 和 B 处于不同的世界，那么很容易与伊丽莎白女王具有同一性。因为上述两个世界在结构上反映出不同的语境特征，这是区分世界的一种常用方式（也是原因）。在以上例子中，伊丽莎白女王也许不是从真正的伊丽莎白女王的受精卵生长而来。如果事实果真如此，那么二者实际上就不具备同一性。[4]

克里普克提出的另外一个建议与种类有关。他认为，如果某个事物有特定的内部结构，那么就说该事物具有特定的内部结构是必然的。如果猫是动物（具有使其成为动物的特定的内部结构），那么任何不具备适当的内部结构的、像猫一样的生物都不是猫。[5] 选用另外一个例子，克里普克说："老虎……不能光从外形进行定义。很可能存在另外一种外形与老虎完全

1 斯普里格，德国教育家、哲学家。

2 斯普里格，"内部属性与外部属性"，《心灵》，71，1962 年，第 202—203 页。

3 约翰逊，"起源于必然性"，第 416 页。

4 同上。

5 参考克里普克《命名与必然性》，第 26 页及后文。

相同但内部结构不同的物种，那么这个物种就不是老虎。”[1]

将内部结构看作本质的说法能否成立？这里存在几个问题。假设内部结构是成套的。老虎由一系列内部器官和其他身体结构组成，而这些结构的内部结构为细胞，细胞的内部结构为分子，分子的内部结构为原子，原子的内部结构为亚原子微粒，等等，可以一直到量子或更小。到底是哪个层级的内部结构构成了本质？假设两只老虎具有相同的内部结构，从IS……ISn（IS=internal structure，内部结构），但是自ISn后，两只老虎的内部结构则不同。哪一只是老虎呢？或许可以说，任何一个层级的内部结构都蕴含所有其他层级的内部结构是完全一致的，因此说明一个层级的相似性就足够了。但是如果结构层级完全一致，那么就有理由认为外部结构也存在融贯性。如此说来，凭外部结构（也可以称为外貌特征）足够可以确定某事物属于特定种类中的一员。但是克里普克不认同以上观点。另外，如果内部结构的区别可以标志种类的区别，那么会产生非直观的结果，即每个个体都自成种类。因为，每一个个体都是独特的——比如说，这只老虎左耳朵上的毛比右耳朵上的毛长——这样的区别是因为内部结构不同。如果要排除这种不希望看到的结果，我们可以说这是有价值的内部属性的逻辑和，即包含析取的和。但是，克里普克对这个概念进行了驳斥，更倾向于外部特征。借助属性逻辑和的概念与内部结构有关，从认识论上来说，这种做法远不如依赖不同种类的外貌特征的逻辑和更让人感兴趣。

使用内部结构的概念主要是因为，通过内部结构似乎能够准确且明白地表述事物的本质，比如金子和水。前者的本质就是在任何世界中原子序数为79的东西，而后者的本质是在任何世界中分子结构为H_2O的东西。乍一看来，以上物质较之老虎等生物种类的复杂性要简单得多，但其元素和组成成分似乎需要另外一种解释方式。H_2O是以原子为“内部”结构的分子结构，

1　同上，第56页。关于反对克里普克观点的论述，参考我的文章“内部结构与本质”，《分析》，1982年6月。

而原子也有自己的内部结构，等等。从逻辑上来说，内部结构可以无限地分解下去。正因为如此，本质主义者不能说，不论某事物 x 拥有怎样的内部结构（也就是说，即便我们不知道它的内部结构是什么），根据此内部结构，x 是一个 K。因为，原则上来说，如果我们不知道是什么让 x 是一个 K，我们就不能进一步认为 y 因为与 x 具有相同的内部结构因而也是一个 K。[1] 克里普克实际上对待内部结构实际上是采取“无论是什么”的策略。但是根据以上论证，这种方式是行不通的。

以上说法证明，本质绝对不是一个清楚明了的概念。如果不清楚什么是本质，那么就不可能知道该如何识别本质。正如可能世界学说的另外一个关键概念——非现实可能事物——一样，本质的概念起着重要的作用，但它本身就是有问题的。只要可能世界理论需要认同本质主义，那么可能世界学说的价值就值得怀疑。但这并非直接否定本质主义或某种可能世界理论。下文还将继续讨论相关概念。

1 现在讨论的本质理论是实在论的，因此受到这种导致怀疑论的逻辑可能性的影响。参考后文第 8 章。

再论必然性、分析性和先验性

以上几节讨论了可能世界理论及可能世界学说的结果和承诺。通过上文可得出，如果将必然真理解释为在所有可能世界中为真，必然谬误被解释为在任何世界中都不为真，偶然真理则是在至少一个世界中为真，那么可能世界的概念本身就需要仔细审视。而且上述讨论已经表明可能世界理论至少是有争议的。在为该学说辩护的过程中经常提到的论据是，只要可能世界是约定性的工具，被解释为拥有最大融贯性的语句的集合，就不会有任何问题。但是，值得注意的一点是，我们太容易对可能物和本质大谈特谈，但却没办法准确地将这些概念概括起来。因此，比较妥当的方式是对可能世界理论持谨慎的态度，它太容易使我们陷入形而上学了。克里普克曾说："就模态逻辑的集合理论而言，可能世界理论（我希望）是非常有用的，但是这个理论容易导致伪问题，有误导作用。"[1]

然而，如果有人认为必然真理在所有可能世界中都为真理，这种观点对本章所讲的概念族——必然性、分析性和先验性的理解非常有帮助。三者之间的关系非常有意思，我们稍后了解。

按照本节的解释，必然性是真理的极限情形：在事物所有可能的状态

1 克里普克，《命名和必然性》，第 48 页脚注。

下或安排中，它都是真理。因此，不管事情如何，2+2=4 必然为真。如果哥德巴赫猜想为真，则其必然为真。克里普克认为，我们对必然性的把握来自我们在回答某事可能为真或为假这个问题时的理解。如果某事可能为假，则它不是必然的。如果某事为真，而且世界无论如何都不可能是别的样子，那么它必然为真。[1]这样一来，必然性就是一个非常简单的概念，这与昆顿（Quinton）的看法一致。昆顿的看法代表着有关必然性的某种传统观点，即必然陈述和偶然陈述之间的区别是很“常见的”：“必然真理是其本身为真的真理。真，用刘易斯的话说，就是‘不论如何’都必须为真，不能为假。而偶然真理，在词源学上来说，是依赖于或因为某些其他的事情、除其自身以外的事情而为真。因为依赖于其他的事情，偶然真理并非必须为真。必然性和偶然性对真理的范围作了详尽而又具有排他性的区分。”[2]昆顿的描述和克里普克的描述都是重复莱布尼茨的说法。而康德对莱布尼茨的说法更是未经过任何讨论便加以采用。可能世界理论对必然性的解释与必然性体现的非形式的直觉非常吻合。这种说法很显然获得了广泛的赞同。斯温伯恩（Swinburne）认为，必然性依赖以下两个观点，一个是否定必然命题会导致前后不一致，另一个是必然性是非偶然的（假设提前已经确定偶然性的概念）。显然，至少在这一层面上存在着某种程度的融贯性意见。[3]

但是，这种融贯性只是表面上的，因为当涉及细节的时候就会出现不一致的意见。昆顿认为，根据前文所提到的“分析性”的四种意义，所有先验的必然真理都是“分析的”。由此，将必然性等同于分析性源自必然性是约束性的观点，即某个陈述是必然真理是因为组成陈述的词语的意义。该意义是世界根据约定所赋予的。因此，是语言学上的约定让一系列词语

1 同上，第 35—36 页。

2 昆顿，“先验性和分析性”，第 19 页。

3 斯温伯恩，“分析性，必然性和先验性”，第 232—238 页。

表达某个必然真理。这种说法与关于事物的必然性说法，即“在事物本质中可客观发现的”必然性是一致的。[1] 克里普克的观点与下列说法至少存在某种程度的融贯性，即如果只根据约定，分析性真理可以认为是先验且必然的真理：“我们可以规定，在某种程度上来说，分析性陈述根据其意义为真，且根据其意义在所有世界都为真。”[2] 但克里普克认为，并非所有的必然真理都是先验的。这是克里普克与昆顿的观点之间最大的区别。

对于康德来说，很重要的一点是应该存在一类先验合成真理。但是，按照约定论的观点来看（昆顿也认同这个观点），因为所有必然真理都是分析性的，且只有这样的真理才能以先验的方式被认识，因此不存在先验合成真理之说。克里普克的观点之所以与约定论的观点相违背，是因为克里普克引入了一个令人诧异的想法，即可能存在后验必然真理，甚至先验偶然真理。这是他运用自己的观点解决所指问题导致的。[3]

这里有必要回想一下克里普克的见解。他认为必然性、先验性和分析性（以及与三者相对立的概念）分别是形而上学、认识论和语义学上的概念。[4] 由此，我们能够发现某些必然真理，比如启明星和长庚星是同一实体。因此“启明星 = 长庚星”这一同一性陈述是后验必然真理，因为“启明星”和“长庚星”所指的实体必然具有自我同一性；假设二者指称同一实体，那么名字本身就是“严格的指示词”（根据克里普克的定义，这两个名字在对象存在的每一个可能世界都指称相同的对象）；而且，启明星和长庚星指称同一实体也是经验性的，即后天发现二者指的是同一个对象。

另外，克里普克认为，可能存在偶然先验真理。比如，巴黎有一根棍

1 昆顿，“先验性和分析性”，第 15—16 页。

2 克里普克，《命名和必然性》，第 39 页。

3 克里普克的指称理论在本书第 7 章进行讨论。

4 克里普克，《命名和必然性》，第 34 页及其后文诸页。

子S，代表一米的标准。[1]如果“S（在时间t）有一米长”确定了所指是“一米”，且不是“一米”的缩写或同义词，那么我们就以先验的方式知道S是一米长。但S是一米长不是必然的，而是偶然的，这一点也是事实，因为作为标准长度单位的棍子可能是任何长度，可能一米长也可能比一米短。

思考克里普克在这一问题上的观点并与康德的观点进行比对，其结果是非常具有启发意义的。对于康德来说，命题分为两类，分析的和合成的。所有的分析命题都是必然且先验的，而部分综合命题是先验的，其他则是后验的。先验合成真理是康德哲学理论的基础。如果某个真理是先验的，那就是必然的，因为康德认为所有先验真理都是必然的。克里普克并未讨论先验综合真理，这并不奇怪，因为他主要关注非内涵性的命名理论。该理论认为名称与描述并不具有同义性，只有所指（参考下文第七章）。因为分析性和综合性都是内涵性的概念，并不会出现“启明星就是长庚星”是分析性的还是综合性的、是必然的还是后验的这个问题。

由此，康德认为，所有先验真理都是必然的，但只有部分是分析性的。而克里普克认为所有必然且先验的陈述都是分析性的，但因为并非所有的必然真理都是先验的，所以如上文所言，是否存在分析性或综合性的必然真理这个问题并不会出现。对于康德来说，部分综合真理是必然的，而克里普克认为并不存在综合必然真理和先验综合真理之说。他提出了后验必然真理和后验偶然真理的类别。对此，康德并未予以考虑。

康德，或许克里普克，以及大多数研究这个问题的哲学家都认同，所有偶然真理都是综合性的，但反之却不成立，克里普克关于后验偶然真理的特例除外，因为并未建立这样一个类别。另外，几乎所有人都同意，任何一个后验命题都是综合性的，但反之不成立，当然克里普克举的例子除外，因为并不存在这样一个类别。

1 同上，第55—57页。

对于康德来说，所有必然真理都是先验的；而对于克里普克来说，这两类真理并不总是重合的，因为他承认后验必然真理的存在。克里普克认为，存在先验偶然真理，这是一个新奇的观点，可能会被康德否定。至少很多人（留心克里普克提出的先验偶然真理的人）都同意，偶然真理可以后天被发现，尽管并非所有后天发现的真理都是偶然真理（如果克里普克对后验必然真理的说法是正确的话）。不论上述内容还能说明什么，这些看似自然的概念实际上是非常具有误导作用的。

结束语

尽管理论方法上有差异，尽管存在复杂性，但正如格赖斯和斯特劳森指出的，在某种程度上存在仍然存在融贯性，即在“分析的”“先验的”“必然的”及其对立概念的意义上是一致的。因为存在融贯性，所以这些概念在哲学讨论中非常重要。本章中讨论的大部分内容与第七章中的内容有关。因此，第七章中我会再次利用可能世界理论并讨论克里普克有关必然性的观点。

第四章 存在，预设与摹状词

引 言

哲学上的一个中心问题就是存在什么，宇宙中有什么的问题。[1]部分疑难问题在前面章节已经提到了。很显然，存在桌子和树，存在人和星球。但是在迈农看来，这些是实体吗？存在非现实的对象、命题、数字、种类、思想和上帝吗？如果存在的话，那他们存在的方式与桌子和星球相同，还是以其他的方式存在呢？如果以其他的方式存在，又是什么方式呢？要想知道答案，需要通过不同的方式对上述存在争议的事物或事物类别进行讨论。比如说，证明存在数字，对证明存在思想没有任何用处（或用处很小），也无助于说明该怎么证明存在思想。总的说来，论证某个事物存在或者不存在必须针对这个特定的事物。

然而，存在具备一些一般特征，也有关于存在的学说，但都会涉及本体论的讨论。本章所探讨的就是这些一般性问题。

第一章中曾经提到过，有一个观点认为，哲学对语言感兴趣主要是因为：探究语言为我们提供思考的方式，让我们了解世界，理解语言是我们考察思想和世界的图景。那么，为了澄清本体论问题，第一步需要研究两个相关的问题：我们谈论存在的方式，以及该种方式的存在主义内涵和假设。

第一个问题涉及对存在的断定。我们该如何理解语句“苏格拉底存在”和“珀伽索斯不存在”中存在和不存在这两个谓词？“存在”是真正的谓词吗？本章前半部分讨论的就是以上问题以及与之相关的问题。

第二个问题涉及潜在的本体论假设断定，尤其是与语句使用、真值条件和意义相关的断定。如果不存在法兰西国王，那么语句“法兰西国王很英明”是假语句还是无意义？或者该语句不涉及真值的问题？“法兰西国王”这个表述是限定摹状词。本章后半部分讨论的罗素的摹状词理论可以作为对上述问题的分析，由此将所指与存在有关的问题合并到了一起。

1　这一分支称为本体论，“存在的理论”。

“存在”是谓词吗？

笛卡尔（Descartes）在《沉思录》中的第五个沉思中，对上帝存在进行了本体论的论证。他认为：“我清醒地认识到，上帝的存在不能与其本质分开，就如同三角形的三角之和等于两个直角之和不能与三角形的本质分开一样。”[1] 笛卡尔认为，说上帝不存在其实是矛盾的，因为上帝是完美的，而存在就是一种完美，所以上帝一定是存在的。康德否认这种本体论的论证以及笛卡尔提出的公式化的表述。其中一个原因是，康德认为，存在并非一种属性，也就是说，“存在”不是一个真正的谓词。康德的见解暴露了“存在”这个问题的本质。[2]

康德否认“存在”是谓词这个说法的原因是，虽然从语法上来说“存在”确实是谓词，但从逻辑上来看却不是。想一下“……是红的”“……是方的”“……是温顺的老虎”等真正的谓词。如果我跟你说，x 是红色的，圆的，或是一只温顺的老虎，那我实际上是在向你提供有关 x 的事实。但如果我说，x 存在，那么我并未给出有关 x 的任何信息，也并未对其进行任何描述。如果说下面三条都是有关 x 的重要事实，即 x 是一只老虎，x 很温顺及 x 存在，这种说法似乎很奇怪。康德说：“‘存在’（being）很

1 R. 笛卡尔，《沉思录》，第 59—124 页。

2 康德，《纯粹理性批判》，参考 A590/B618 及下文诸页。

显然不是一个真正的谓词，也就是说，它不属于可以对某个事物的概念进行补充的概念”。[1] 以上说法可以反驳笛卡尔提出的本体论论证。因为存在不是属性，因此不可能是完美的；如果完美是上帝的一个必然属性（这一点本身是有争议的）——对上帝来说是本质的——那么就说明上帝是不存在的。[2]

简单说来，康德对“存在”这个问题的分析主要是围绕以下观点，因为说 x 存在实际上并没有对 x 的概念有任何补充，所以“存在”并不是谓词。不管我们对谓词作何理解，至少它表达的是说了有关 x 的什么内容。从这个角度来看，说“x 存在”并未说任何有关概念 x 的东西，也没有对 x 的概念有任何补充。

以上的论述并非特别确切。因为，在某种意义上说，说老虎存在的确提供了某些信息，即老虎这个概念在现实中是有实例的，也就是说，世界上存在可以见到的老虎。很显然，如果目的就是断言老虎存在，正常情况下会显得有些奇怪，但这样做是有意义的。康德认为，存在 100 英镑会让我的银行账户余额发生变化，但不存在 100 英镑就达不到这个目的。我能想象有人可能会说“如果房间里有只老虎，你会怎么办？”，然后又补充说“那只老虎存在”（其实就是“嗯，房间里有一只老虎”的不同说法）。如果老虎温顺得可以让人坐上去，那就如释重负了。

另外，皮尔斯（Pears）指出，“老虎存在”实际上并没有说任何有关老虎的事情，这种说法是错误的。如果有人问：“你在说什么？”正确的答案

1 同上 A598/B62。

2 亚里士多德所得出的结论大致相同：“存在某个东西跟任何东西都不同……同在并非是一个种类”，《后分析篇》，II，7，92 b 13。

是“老虎”。[1] 同理，如果有人说“老虎不存在”或“飞马不存在”，那他所说的就是老虎和飞马。所以，断言某事存在或不存在其实什么都没有说的观点是不正确的。之所以说“存在”不是谓词是因为（a）它并不能对概念进行任何补充，以及（b）它没有说有关概念的任何事情。而且这种说法需要进一步修改。

“存在”在用法上的独特性是因为“老虎存在”和“老虎是有条纹的”两种说法之间存在差异。按照皮尔斯的看法，断言“老虎存在”的独特性是因为这种表述方式是指称上的重言式。比如，有人说“这个房间存在”。“这个房间”本就暗含着存在一个房间，也就是这个房间；并且因为曾经指称过这个房间，所以以上表达才能暗含这一点。在表述中加入“存在”这个词其实是再一次断言该房间存在，就像有人说“这个（存在的）房间存在”，也就是重言式。如果有人说“这个房间不存在”，也就意味着指称这个房间的表达暗含着房间存在的意思，但说话者却说“这个存在的房间不存在”，实际上是完全违背了自己的说法。皮尔斯称之为所指自相矛盾。所指重言性和所指自相矛盾这两个概念其实是对康德学说的修正：它们断定“存在”不是真正的谓词，是因为（a’）它并未对概念补充任何新的信息，和（b’）它并未说出任何非隐含表达的信息。下面将（a’）和（b’）与上文的（a）和（b）作比较。

皮尔斯将（a’）称为“最小学说”。该学说需要从三个方面进行量化。第一，单数特称命题的主语可以指称虚拟世界中的某事或某人，比如大卫·科波菲尔，因此暗含该事或人存在于虚拟世界，而非存在于现实世界。命题主语即“大卫·科波菲尔”只存在于狄更斯撰写的小说世界中。因此，如果有人说大卫·科波菲尔存在于现实世界，这就属于添加了新的信

1 D. F. 皮尔斯，“存在是谓词吗”，载于斯特劳森（编）《哲学逻辑》，第 79—102 页。由于某些原因，以上问题的提问方式已经成为一种习惯。更准确地说，应该问“存在”是一个谓词还是存在是一种属性。词语“存在”（exist）不可能是任何事物的属性，而“存在”（existence）也不是语言实体。

息，那么就不能说这个人犯了所指重言式的错误。原因很明显：该陈述可以应用于两个世界，即虚拟世界和现实世界。在虚拟世界中，它暗含着大卫·科波菲尔存在，而在现实世界中，它断言大卫·科波菲尔存在。并且，如果认为狄更斯笔下的大卫·科波菲尔是真实的历史人物，也不失为一个新颖的想法。因为同理，如果否认大卫·科波菲尔存在于现实生活中，就不会犯指称上的自我矛盾的错误了。

第二，有人可能说“尤斯顿拱门不再存在了”。根据上文，似乎是犯了所指自我矛盾的错误，因为语句隐含着事物存在，又否认其在现实世界中存在。但是，尤斯顿拱门某一个时间的存在被隐含，在此后一个时间的存在被否定，这样就避免了所指自我矛盾。如果是肯定语句的话，只需在细节上做必要的修改就可以了。

第三，假设某人像麦克白一样产生了幻觉，认为他面前有一把匕首，并自言自语“那把匕首不存在”。这种情况更复杂一些。但皮尔斯给出了解决方法。如果从两种意义上考虑匕首可能存在，就可以避免所指自相矛盾。可以从视觉经验的意义上来理解匕首，那么表达“那把匕首”至少可以在上述层面对匕首进行指称，也可以在空间意义上理解匕首，即一把真正的匕首，在某人的视觉中出现并不代表是视觉经验的产物。那么，如果说“那把匕首（视觉经验中的匕首）不存在（空间中的匕首）”，就不会涉及所指自相矛盾，因为前一个层面上所隐含的内容被后一个层面所否定，或者可以用时间前后来类比。

由此可见，如果排除下列情形，即隐含和断定是相对于不同世界、不同时间或不同“层面”而言的，皮尔斯的学说就可以理解为：如果单数特称命题的主语隐含了存在，动词断言存在，那么所得的表述就为所指重言式；如果动词否定了存在，就导致所指自相矛盾。

关于这一点，皮尔斯考察了“预设性隐含”的概念，这个观点是由斯特劳森首先提出的。[1]斯特劳森认为，预设是两个陈述 p 和 q 之间的关系，即当且仅当，除非 q 为真，否则 p 既不为真也不为假，那么就可以说 p 预设了 q。比如，陈述“the man in the garden is whistling（花园里的男人在吹口哨）”，只有当预设陈述“there is a man in the garden（花园里有个男人）”为真时，前者才具有真值。预设关系必须与蕴含关系区分开来。在蕴含关系中，如果 p 蕴含 q，p 和 q 的否定形式的结合就会产生矛盾，也就是说，肯定 p 的同时否定 q 是矛盾的，因为 q 为真是 p 为真的必要条件。但在预设关系中，如果 p 预设 q，q 为真是 p 为真或为假的必要条件，也就是说，q 为真是 p 具备真值的必要条件。正如斯特劳森所说，将 p 的肯定形式和 q 的否定形式结合起来会构成“另外一种谬误”。皮尔斯认为，主语在指称上隐含（即预设性隐含）其所指称的对象的存在，正是利用了这样的预设观念。[2]

皮尔斯又具体说明了其学说的主要不足之处，即该学说借助所指的概念，却未对其进行分析。这个问题后面章节将予以讨论，故此处将其暂置于一旁。

皮尔斯所提出的建议实际上是发展了罗素提出来的观点。罗素认为，“‘世界上实际发现的事物’不存在这种说法完全是胡说八道，但要说它们确实存在严格来说也是无稽之谈”。[3]皮尔斯的建议还反映出摩尔早前提出的观点。摩尔的观点如下。考虑下面几个表达：

1. 温顺的老虎咆哮

1’有些温顺的老虎咆哮

1　参考斯特劳森，《逻辑理论导论》，第 175 页及下文诸页。

2　预设性隐含的概念也不是无懈可击。参阅本书下文，并参考 G. Nurlich，“预设和经典逻辑关系”，《分析》，XXVII，1967 年。参考 M. K. 穆尼茨（编）《存在与逻辑》和 M. A. E. 达米特《真理之谜》。

3　G. E. 摩尔，“存在是谓词吗？”，《亚里士多德学会论文集》，1936 年，第 175—188 页。本文章是摩尔对 W. M. 涅尔有关此问题的文章的答复。

2. 温顺的老虎存在

2’有些温顺的老虎存在

其中，语句 1 承认以下更明确的表述方法“所有温顺的老虎咆哮”“大多数温顺的老虎咆哮”以及“有些温顺的老虎咆哮”，而语句 2 则不然。我们不能说“所有温顺的老虎存在”，也不能说“大多数温顺的老虎存在”，但却可以说2’“有些温顺的老虎存在”。[1] 在语句1 中，“所有”和“大部分”表述方式的真值取决于“有些”表述方式的真值。但对于语句 2 来说，却只能说“有些”。摩尔认为，语句“所有温顺的老虎存在”和“大多数温顺的老虎存在”是“奇怪又令人困惑的表述方式”，它们“意义不清楚”。[2]

为弄清上述两种情形之间的区别，我们可以对比

3. 有些温顺的老虎不咆哮

和

4. 有些温顺的老虎不存在

语句 3 和其对立的语句 1’都有“非常清晰的”含义，但语句 4 却没有，而与之对应的语句 2’有。语句 2’表示的意思为“存在有些温顺的老虎”。[3] 按照摩尔的观点来看，语句2’和4 中的“存在”一定具有不同的意义，因为如果有人说“有些温顺的老虎不是真的老虎”或者“……是想象的”，那么语句 4 中的“存在”实际上具有另外一种意义。[4] 但是，如果“存在”只有一个意义，而且只能解释为语句 2 中的意义，那么语句 4 就没有意义，语句 2’也是如此。但显然实际情况不是这样的。

基于以上观点，摩尔认为，他明白为什么有些哲学家认为与红色或

1　G. E. 摩尔，“存在是谓词吗？”第 177—178 页。

2　同上，第 178—179 页。

3　同上，第 179 页。

4　同上，第 180 页。

（比如）咆哮等不同，存在不属于属性。另外一个原因是，语句 1’和 2’是有区别的，因为前者断言命题函数“x 是一只温顺的老虎且咆哮”为真，后者仅断言“x 是一只温顺的老虎”为真。语句 2’之所以只能作出以上断言，是因为我们通常不说“这是一只温顺的老虎并且存在”。正如摩尔所言，“说‘这个存在’，其实并未表述任何命题”，但是说“这个咆哮”则表述了命题。[1]

以上都可以说明为什么“存在”不像“咆哮”一样可以起到谓词的作用，由此，存在不是属性。但摩尔对以上分析并不满意，因为它与其他的一些观点有冲突。其中一个观点是，关于某件事，我们可以说“这或许不存在”，如果这个说法有意义的话，我们就可以说其逆命题“这个存在”。[2] 摩尔认为，也许“这个存在”是“这是一本书”或“这是红色的”等语句所断言内容的一部分；又或者说，也许“这个存在”的一部分意义就是“是一本书”或“是红色的”等谓词代表着某种属性，“‘x 是一本书’或‘x 是红色的’等语句所断言的部分，（并非全部）内容是‘这个存在’”。在以上说法中，“存在”并不代表属性，“理由是，存在所断言的全部内容（并不仅仅是部分内容）只是‘这个存在’”。[3]

皮尔斯有关所指重言式的概念与上文提到的后一种观点一致。而关于之前提到的观点，即谓词的状态取决于主语所带的量词，斯特劳森在最近的讨论中予以重申。下文对此进行评论。

1 同上，第 185 页，摩尔标出的斜体字。

2 同上，第 186 页。

3 同上，第 187 页，摩尔标出的斜体字。

逻辑谓词和本体论承诺

摩尔着重探讨的话题是“存在”是否可以起到逻辑谓词的作用。将逻辑谓词和语法谓词区分开来的意义何在，以及为什么“存在”不能算作逻辑谓词，这两个问题可以通过以下方式表述。[1]

很显然，“存在”这个动词是语法谓词，因为我们可以用完全相同的方式分析语句“这个房间很温暖”和“这个房间存在”。反对关于“存在”的论证并不是要否认存在，而是如上文所述，否认其为逻辑谓词的身份。实际上，正因为没有否认“存在”，我们才需要指出，“存在”不是逻辑谓词。因为没有否认“存在”自然而然就会产生“存在”是逻辑谓词的假设，才会令人困惑。因此，问题是，“存在”不是逻辑谓词这种说法到底意味着什么？

“逻辑谓词”的意思是在解释一阶谓词逻辑时被视为谓词的部分。按照这种逻辑，就存在单个常量 a、b、c 等，变量 x、y、z 等，谓词符号 F、G、H 等，量词（$\exists x$）、（x）以及真值函项算子→、v、~，等等。通过以上这些初级符号可以构建出格式规范的公式，比如 Fa（John is happy 约翰很幸福），Gab（John loves Catherine 约翰爱凯瑟琳），

1 参阅 J. 汤姆逊“存在是谓词吗？”，载于斯特劳森《哲学逻辑》各处。

$(\exists x)(Gxa)$（someone loves John 有人爱约翰），等等。逻辑谓词的概念与常规语法谓词的概念相同，只是逻辑谓词使用了一种特殊的语言。因此说"存在"不是逻辑谓词，其实真正意思是"存在"在一阶逻辑的层面上没有被视为谓词。任何含有词语"存在"的陈述在逻辑语言中都可以翻译成不含词语"存在"但功能相同的句子。因此，词语"存在"是可有可无的。尽管人们习惯上说含有词语"存在"作为（语法）谓词的句子，其实完全没有必要这样做。比如，不必说"圆的正方形不存在"，可以用"没有哪个正方形是圆的"或者"不管什么形状，都不可能既是圆的又是方的"，即 $(x)(Sx \rightarrow \sim Sx)$ 或者 $\sim(\exists x)(Sx \cdot Rx)$。以上解释利用了罗素提出的观点，到本章结尾的时候会更加清晰。这种解释说明，我们会将陈述某个逻辑事实的语法形式误以为是实际的逻辑形式。罗素认为这一个是非常重要的发现。

此外，以这种方式处理"存在"的问题表面上看起来容易，实则可能会让人产生误解。我们可以无所损失地将存在陈述翻译为严格的形式，只要对于量词 (x) 和 $(\exists x)$ 的理解是对象性的或有所指的，也就是说量词所约束的变量用于指称给定论域中的对象。有些逻辑哲学家不满意对量词进行对象性解读，更倾向于采取其他解决方案，主要是代入性解读，即变量的值是名称，而不是对象。[1] 考虑以下例子：

1. 珀伽索斯（pegasises）是一只飞马。

这句话似乎直接蕴含

2. 存在一只飞马。

现在，语句 1 为真。但如果将语句 2 翻译为严格的逻辑形式

3. $(\exists x)$（x 是一只飞马。）

那语句 2 就为假。该怎样克服这一困难？其中一个解决方案是将语句 2 理

1　参考 A. 奥伦斯坦《存在与存在量词》各处。

解为

4. 存在词项 x，使得“x 是一只飞马”为真。

以上说法使得语句 2 为真，且语句 3 从语句 1 推导得出。改变的是对语句 3 中的量词和变量的解释。（$\exists x$）不再读作“存在对象……”，改为“存在词项……”，且各处都作出相应的变化。放弃对象性解读，转而采取代入性解读会产生显然更为直观的结果。

不过，再三思考，该结果是否直观尚不清楚。[1] 无论语句 1 是何种逻辑形式，它都不是由指称性的单数词项和一个一元谓词组成的语句。语句 1 与

1’阿克尔是一匹马。

之间的区别在于，1’中的“阿克尔”是指称性单数词项，而语句 1 中的“珀伽索斯”不是。（阿克尔是一匹有名的赛马，珀伽索斯是神话中的飞马。）二者之间的区别有重要作用。“珀伽索斯”是什么？按照罗素的观点（已经得到广泛认可，稍后将详细讨论），“珀伽索斯”被视为一个摹状词，并按照摹状词的形式进行分析。从句法学上来说，“珀伽索斯”和“阿克尔”一样，是一个名称。换句话来说，以上说法对含有该词语的语句进行分析时具有误导性。将语句 1 进行代入性再解释，实际是将语句 3 翻译得像语句 1 一样，不是存在性的断言，尽管从直观上来说语句 3 是存在性断言的典范。由此说明，对语句 1 的处理方式清楚地表明，仅凭“珀伽索斯”的句法功能并不能断定语句 1 作为一个整体应该进行怎样的处理。

如果与奎因提出的一个非常有影响力的理论一起考虑的话，以上问题及其重要性就非常清楚了。

在奎因看来，借助量化逻辑学说可以对存在进行探讨，这一点对本体论有重要影响。奎因认为，我们要将（按对象性解读的）量化式约束变量

1　M. R. 利普顿，对奥伦斯坦《存在于存在量词》的评论，载于《哲学评论》，1980 年 7 月，第 487 页及后续诸页。

的所有值都纳入本体论中。此观点可总结为“存在就是变量的值”。[1] 他认为，本体论承诺与理论相关，包括非常“古老的”世界理论，并通过对量化式的使用来展示。“一个（被解释的）理论所承诺的本体论仅由这样的对象组成，为了使该理论所断言的陈述为真，那么该理论的约束变量必须包括这些对象”。[2] 为了更明确地说明量词的作用，奎因认为将我们的观点重述为标准的量化逻辑符号揭示了：

我们所承认的对象正是量化式的约束变量所包含的对象。这就是量词“（x）”和（$\exists x$）的意指含义：“每一个对象 x，x 使得”和“存在对象 x，x 使得”。量词是这些特别选择的、指称明确的日常语言的缩写。要将一个语句重述为标准的量化形式，首先需要将其本体内容说清楚。量化是从总体上谈论对象的方式。[3]

奎因的理论是，如果我们要从语句“阿克尔是一匹马”中推导出存在推广规则（$\exists x$）（x 是一匹马），那么我们就承认了马存在于我们的本体论中。但是，这种观点在实际使用时也会遇到问题，尤其是当名称或单数词项为没有所指意义的情形，比如珀伽索斯的例子。如果语句“珀伽索斯是一匹飞马”为真，就应该能够得出存在推广规则（$\exists x$）（x 是一匹飞马）。但是如上文所言，该语句为假。对此，奎因的解决方式是，他认为单数词项（名称是单数词项的子集）可以经过两个步骤去掉。第一步是将单数词项重述为限定摹状词。那么，“珀伽索斯”就变成了“具有珀伽索斯属性的独特的对象”，或者更简单地说，“是珀伽索斯的唯一对象”（其中珀伽索斯是谓词表达，承担“具备珀伽索斯属性”的功能）。第二步是通过对它

1 W. V. 奎因，“指称与存在”《哲学杂志》，xxxvi，1939 年，第 707—708 页；重载于费格尔和塞拉斯《哲学分析文选》。

2 奎因，“本体论和意识形态”，《哲学研究》II，1951 年，第 11 页；重载于费格尔等编《哲学分析文选》。

3 奎因，《词语和对象》，第 242 页。

进行罗素式的分析去掉该摹状词，由分析量词和变量完成全部工作。语句“珀伽索斯是一只飞马”变成：

（∃x）（x 珀伽索斯 &［（y）（y 珀伽索斯→y=x）］·x 是一只飞马）

因为论域中并不存在飞马这样的东西，也就是说，论域中没有任何对象符合谓词“是一只飞马”的说法，所以整个语句为假。[1]奎因临时将一个名称转化成摹状词，然后用罗素的方式对该摹状词进行分析，这种方式一直被人戏称为“将名称奎因化，并将摹状词罗素式的去掉”。

将语句“珀伽索斯是一只飞马”从日常的言说方式上升为严格的一阶逻辑形式，就变成（∃x）（x 珀伽索斯……）。这并非一项翻译工作，因为两个表述方式不具有同一性。在奎因看来，从日常论域上升为形式论域其实是通过后者对前者进行澄清性解释，保留了哲学本质，去除了具有误导性的内容。[2]

现在就明白，为什么上文提出的对量词进行代入性解读非常重要了，因为采取代入性解读方法就对奎因的结果产生质疑。如果这种做法是正确的话，显然对解决本体论的问题非常重要。下面我们再来看一下代入性解读方法。[3]

代入性解读的作用表现在可以解决格式严谨但语义含混的语句等问题。比如，

1. 约翰相信海伦 = 海伦。

那么，1 的存在推广规则为

2.（∃x）（约翰相信海伦 =x）

1　参考本章后文关于罗素对摹状词的处理，并参考后文第六章有关塔斯基的各节中对“满足”概念的讨论。

2　奎因，《词语和对象》，第 258—259 页。

3　A. 奥伦斯坦，“论从量化的角度对存在的解释”，载于 M. K. 穆尼茨（编）《逻辑与本体论》，第 73 页。

如果按照对象性解读，就得到

3. 存在 x，使得约翰相信海伦 $=x$。

如果不存在海伦，那么即便 1 为真，3 仍然为假。但是，如果将 2 进行代入性解读，就得到

4. 对于某实例 x，约翰相信海伦 $=x$ 为真。

如果 1 为真，那么 4 也为真，理应如此。[1]

代入性解读虽然不能对语言的本体论特征提供另外一种分析，但它将重点转向别的问题，也就是特定代入成分的真值。首要问题是，两种解读方式更倾向于哪一种。决定解读方式选择的部分原因是出于一般性的本体论考虑。比如，对 $(\exists x)(Fx \vee \sim Fx)$ 进行对象性解读似乎很奇怪，因为按照对象性解读，事物存在的事实就变成了逻辑问题。[2] 而根据代入性解读，通过规范的解释表达想说的内容，不要求作出本体论承诺。这一点，再加上在分析中能够保留名称和单数词项而不致造成本体论的谬误，且能够如上文的例子所示对含混的语境进行量化，更进一步说明我们应采取代入性的解读方式。然而，这个问题仍然是有争议的。

奎因在这一问题上的见解还受到了其他方面的批评。比如说，斯特劳森对于单数词项是否如奎因的理论所要求的那样可以去掉这一点提出质疑。因为单数词项在语句中承担基础性的角色，帮助识别某个特定断言或论域的主题。但是，这个功能与声称只存在一个如此这般的东西应区别开来，二者不可等同看待。[3] 斯特劳森在对罗素的批评中强烈地表明了这个观点，下文予以讨论。而如上文所言，奎因的观点是从罗素的观点发展

1 参阅同上；该例子来自欣蒂卡，表明在含混的语境中代入性解读比对象性解读更有优势。

2 S. 哈克，《逻辑哲学》，第 50 页；及第 50—55 页就选择进行讨论。哈克喜欢采用图示的办法，在其著作中，也提供了一些有用的图示。

3 斯特劳森，“单数词项和谓词”，载于斯特劳森《逻辑理论导论》，第 69—88 页；特别参阅第 77 页。

而来。无论如何，奎因自己建立了一类像“珀伽索斯”这样不太常见的谓词，借以证实自己的观点。奎因认为，这类谓词可以理解为意义“……与 a 等同”，“a”是类似“珀伽索斯”这样的名称；因此，“……珀伽索斯”可以解释为意义“……与珀伽索斯等同”。尽管奎因只打算把这种方式作为对新型谓词的试探性解读，但是他的方式是否真的无须借助单数词项，或者至少在他的解释中的某些地方还需要对单数词项进行指称等问题仍然存在。另外，从反的方面来看也有问题：单数词项是否能按照奎因的方式来处理。如果利用柯里（Curry）和 Schonfinkel 提出的组合逻辑，那么量词和变量都是可以去掉的。[1] 但我们无须在这些术语问题上做过多考虑，以上的论述已经能够说明奎因的见解是有争议的。

1　参考哈克《逻辑哲学》，第 47 页及后续诸页。

存在和预设类别

通过量化逻辑工具分析断言、否认存在会使人在日常会话中背离“存在”的用法。斯特劳森尝试将“存在”解释为逻辑上无懈可击的谓词，同时又将其与量化工具区分开。[1] 上述见解的关键观点部分是由摩尔的观点发展而来，部分源自斯特劳森自己有关预设的概念。他的见解如下。

只要“存在”符合将语法谓词变成逻辑谓词的条件，那么它就是逻辑谓词。（这里“逻辑的”的意思是“真正的”。）条件如下：如果一个语句的语法主语可以采用量化形容词，如“所有”“大多数”“有些”“少数”“没有”“至少一个”等，那么该主语就是逻辑主语，而逻辑主语的谓词就是逻辑谓词。由此，如果“存在”是主语的语法谓词，且主语容许以量化形容词的形式开头，那么“存在”就是逻辑（也就是）真正的谓词。[2] 断言存在的陈述的主语仍然具有存在预设，可以对此进行说明。

斯特劳森提出了“预设类别”的概念，并通过一本古典词典中的例子对概念进行解释。设想在古典词典中列出的人物，有些是神话人物，有些是真实的历史人物。斯特劳森认为，根据以上说法，我们可以谈论一类人物，当有人说词典中的人物“有些是神话中的，但大多数是存在的”，那么

1　斯特劳森，“存在始终不是谓词吗？”，《自由与愤恨》。

2　同上，第 193—194 页。

就对这些人的存在进行了预设。[1]然而，这个类别“在认识论上是多种多样的”，因为该类别包括真正的历史人物也包括神话人物两个子类别。

现在考虑语句“阿尔弗雷德国王存在”和“亚瑟王不存在”。按照斯特劳森的观点，“我们只需认为以上两个名字用于从多个国王人物类别（包括真正的国王和传说中的国王的类别）中识别出特定的人物，并认为谓词的作用是将特定的人物分配到适合的子类别中。因此，‘存在’似乎是谓词，但并不是一个概念的谓词，而是混杂的类别中某些成员的谓词，对于该类别中的其他成员并不适用”。[2]

为了澄清以上观点，斯特劳森采用了一种启发式方法，即通过图示法进行属性归属。假如画一个圈代表一类事物，如果该类别中某些事物具有特定属性，就将圆圈的一部分涂黑，如果说该类别的所有事物都具有特定属性，就将整个圆圈涂黑。那么，通过将该圆圈大小不同的部分涂黑，我们就能够理解所使用的量化形容词的意义。在断言某事物存在之前，该圆圈根本不存在；如果说“至少存在 1 个 x”，就画一个尽可能小的圆圈；如果说“存在一些 x”，就画一个大一点的圆圈，等等。[3]但是，如果通过“存在”这个词将某个事物划分到以上类别的子类中，我们所做的就与前一种说法更相似，即将圆圈的某一部分或全部涂黑，而不是画多大的一个圆圈。在这种情况下，“存在”是谓词性的。

关于以上说法，我们首先应该注意到的是，预设的概念已经被扩展了，从预设主语表达的指称物存在到预设整个类别的存在。而且，这种扩展并不是通过单数表达，而是通过讨论的语境实现的。这种方式是不同寻常的，而且会带来问题。从扩展了的预设的意义上来看，被预设的内容，即被谈论的事物的类别，需要进行区分。因为，并不是所有的，或者说大多数可

1 同上，第 196 页。

2 同上，第 196—197 页。

3 同上，第 194 页。

以想象的预设类别都能很容易地确定外延。更重要的是，我们如何确定何时在主语词项后面加上“存在”（将主语的指称对象划归到适合的子类中），这个问题仍然悬而未决。因为，关于某个事物是否是一个子类的成员而非另一个子类的成员，这个问题必须在该事物被选入某个子类之前解决。这说明，我们知道何时能够合理地断言“存在”，无须借助语境和该事物预设的类别。

如果从另一个角度分析也会出现类似的问题。如何通过使用“存在”这个词区分出实在或存在的实体，这个问题可以表述成实在或存在的实体这个子类别是通过外延确定还是通过内涵确定。如果是在外延上确定，那么子类别就由无限个单称陈述组成，如“x 存在”“y 存在”等等。如此一来，如何理解“x 存在”这种形式的陈述的逻辑，这个问题就会再次出现。如果通过内涵确定，问题似乎更难解决。因为这样我们就需要考虑“存在”是否是初始的、未定义的概念，以及它是否需要定义。然而，无论哪一种方案，将“存在”应用到子类别中和应用到单个成员上，我们的理解是相同的，而且对该词项的谓词性使用的问题没有任何启发作用。

不管是外延性解读还是内涵性解读，借助预设类别的概念实际上拖延了问题的解决，并未对其进行澄清。待解决的问题包括确定“存在”如何作为逻辑谓词使用，何时使用，以及如果使用的话，对于斯特劳森在其先前著述中提到的“谬误”问题又会有什么样的影响。在先前的文章中，斯特劳森认为，“x 存在”这个陈述在形式上并不是主－谓结构，因为“x 存在”中的主语 x 预设了 x 的存在这种说法显然是荒谬的，因为“x 存在”预设的内容是该陈述作为一个整体所断言的内容，x 只是其中的一部分。因此，x 可以没有特定的指称功能，这也是“x 存在”在形式上不是主－谓结构的原因。此处，斯特劳森发现，“x 存在”这种形式最好还是按照奎因建议的方式通过量化语言来处理。他提出了相同的论点，只是换了一种说法，大意如下：如果有人将“x 存在”与四类传统的直言命题等同，“或者将此形式看作是主－谓陈述，就会得出荒谬的结果，即陈述只有为真的时候才具有真值，换言之，如果陈述为假，那么根本不可能出现陈述为真还是假的问题”。[1]

斯特劳森预设类别的解决方式有一个前提，即对于每一个主－谓陈述的单称结构来说，如果主语具有或似乎具有某种所指功能，那么该主语就预设了其指称物的存在。有人认为，如果某个陈述明确断言其主语指称物的存在，那么拒绝接受上述前提条件，便可彻底消除争论了。我们可以认为，如果“存在”在语句中占据着谓词的位置，就会阻止预设。从而可以得到这样一条规则，除了断言存在之外的所有主－谓陈述，都包含关于对主语指称物的预设。如此一来，我们可以从这个角度解释存在断言，不会得出谬误的结论。[2]

以上只是对学说内容进行概述，但可以起到两种作用：一是可以避免借助由会话语境预设的混杂的实体类别，二是可以更接近前理论的直觉，即说某些事物比如阿克尔存在，说另外一些事物比如珀伽索斯不存在，这样的说法是有实质意义的。这并不是否定预设这个概念的价值，只是我们有时候需要从本体论的角度来讨论，并对所应用的本体论学说进行解释。

G·埃文斯（Gareth Evans）提出了一个见解，某些方面与斯特劳森的观点相似但细节上不同。埃文斯主要是考虑否定存在句，也就是否认某事物存在，比如“珀伽索斯不存在”，就如同在假扮游戏中所说的话一样，除非有人特意想显示他所参与的事情就是一场假扮游戏。如果说“珀伽索斯不存在”，是假装使用“珀伽索斯”这个名字，来指称某个存在的物体，但谓词“……不存在”却暴露了这一企图。如埃文斯所说，“我建议，将单数否定存在句看成是严肃的假扮游戏，也就是说，言说否定存在句的人和

1　斯特劳森，《逻辑理论导论》，第 191 页。

2　参考穆尼茨“存在和预设”，载于穆尼茨（编）《逻辑与本体论》，第 85 页及后文诸页。

假装做动作的人一样，都是表明假装这个概念”。[1] 如果你在剧院中跳到舞台上，指着扮演尤利乌斯·凯撒的演员说：“尤利乌斯·凯撒只是一个演员”，那么你的做法就构成了一种假装的行为。（但如果你跳到舞台上，指着演员说“这只是一个演员”，就不会构成假装的行为，因为你没用虚构的说法来表明这是虚构的场景。）

以上说明，我们认为“珀伽索斯存在”和“珀伽索斯”不存在等语句中隐含着一个算子“真的”，因此上述两个对珀伽索斯存在的断言和否定分别可以变成“珀伽索斯真的存在”和“珀伽索斯不是真的存在”两种形式。为了解释含有隐含算子的语句的真值，我们必须引入一种为虚拟会话场景赋予真值条件的方法。比如说语句“艾玛嫁给了奈特利先生”，这句话在小说《艾玛》中就为真，或者按照埃文斯的说法，该语句在给定的虚拟情境中为真，“为真”。所以，如果小说《艾玛》中告诉我们艾玛嫁给了奈特莉先生，那么语句“艾玛嫁给了奈特利先生”就为“真”，否则就为“假”。也就是说，小说规定了该语句的“真值条件”。我们可以说下列任何一个隐含“真的”的语句 S：

（1）S 有“真值条件”

（2）S 有真值条件

（3）S 为真（并不仅仅“为真”）

很少有语句既有“真值条件”又有为真的条件。也许将真正历史人物的生活小说化后，可以发现这种情形，比如将他们在现实生活中所具有的属性赋予小说中的对应形象。[2] 在小说《名利场》中，萨克雷暗示乔治四世所具备的某些特征，在他的真正生活中也可以找得到。因此，呈现上述属性的语句既具有“真值条件”，又有为真的条件，而且部分语句既“为真”

1 埃文斯，《所指的多样性》，牛津大学出版社，1982 年，第 10 章各处，特别参阅第 369—372 页；并参阅塞恩斯伯里“哲学逻辑”，载于格雷林（编）《哲学》，第 89—91 页。

2 塞恩斯伯里，“哲学逻辑”，第 90 页。

又为真。

按照埃文斯的建议，我们可以通过以下方式处理类似“珀伽索斯不存在”这样的语句：只有“珀伽索斯存在”具备真值条件，“珀伽索斯真的存在”才能为真；但前者不具备真值条件，因此后者为假，由此“珀伽索斯不存在”为真。

上述建议的作用在于，它使得“存在”真正成为个体的谓词。而这一点在皮尔斯等人的分析中是不允许的。如前文所言，皮尔斯等人认为，肯定或否定某个个体存在会（以上提出的例外情况除外）导致重言式或自我矛盾。而且按照皮尔斯等人的观点，很难对单称否定存在句作出令人满意的解释。问题在于，此类存在句似乎结构完善，而且通常具备真值，比如“珀伽索斯不存在”。埃文斯的方式却可以对此类语句做出完美的解释。

还可以做出另外两点评论。第一，以上建议需要进一步调整，将假设的实体纳入考虑范畴。假设两个量子物理学家争论“线体”是否存在，“线体”指的是构成基本粒子的实体。塞恩斯伯里（Sainsbury）建议，我们应该采用“未写明的虚构”这个概念，把说话者言说的内容违背现实情况但并非有意为之的情况考虑在内。[1] 由此，如果不存在线体，那么语句“存在线体”只在未写明的虚拟层面上具备“真值条件”，但实际缺乏为真的条件。在这种情形中，“线体不存在”就为真。

另外一点是，埃文斯的建议与斯特劳森的建议有一定相似之处，不仅在于前者提倡将某些事物以类比的方式归入后者的子类中，而且要依靠特别引入的概念——斯特劳森的预设和埃文斯的“真值条件”——才能做到。埃文斯所提出例子的作用在于，它与其他合理的解释一样都有助于理解虚构话语的本质。二人都允许“存在”作为个体的谓词。以上见解对于将“存在”视为“真正的”谓词来说是不是必不可少的，这个问题尚有待思考。

1 同上。

摹状词理论

现在我们来讨论罗素的限定摹状词理论。前文借助罗素的理论对“存在”问题的讨论已经清楚地表明了二者之间的关系。这一理论最好放在一般性的哲学问题语境中进行讨论。下面将结合该理论在认识论上的推断结果进行讨论。

罗素区分了两类知识：“亲知的知识”和“摹状的知识”。这组区别在第一章中已经提到过。二者之间的区别在于：亲知的知识指的是感知的主体和直接关注的对象之间的双向关系。“当我与一个对象形成直接的认知关系时，即我直接关注该对象时，就可以说我亲知了该对象。”[1]罗素认为“直接关注”的意思是“无须借助任何推理的过程或真理的知识”。[2]我们可以亲知的事物，即可以亲知的对象，可以是具有特殊性的，比如感觉资料，记忆或我们对对象的认识；也可以一般性的，比如红色或圆的。罗素将我们对对象的认识称为“想象”，将人所共知的情形称为“概念”。罗素将关系也视为亲知的对象。[3]特殊性与一般性构成了从认识论上划分的我们可以亲知的范围。

---

1 B. 罗素，《神秘主义与逻辑》，第 209 页，及《哲学问题》，第 25 页。

2 B. 罗素，《神秘主义与逻辑》，第 212—213 页。

3 罗素对这些问题的讨论载于 R. C. 马什（编）“逻辑原子论讲座 5”，《逻辑与知识》，伦敦出版社，1956 年。

根据以上说法，物体和其他的思想不属于亲知的对象。相反，它们只能通过摹状来理解。罗素认为，“摹状”指的是“一个某某物”形式的短语，或“这个某某物”形式的短语。罗素认为第一个短语“一个某某物”是模糊的摹状词。[1]第二个“这个某某物”是单数形式的限定摹状词。它之所以能够引起罗素的注意，是因为定冠词“这个（the）”让摹状词变成在认识论上可以做出承诺的指称工具。“当我们知道一个对象是‘这个某某物’时（也就是说，我们知道存在一个对象，且具备某个属性），我们就说这个对象是‘通过摹状的方式被认识的’，且通常认为我们对同一个对象没有任何亲知的知识”。对于罗素来说，“普通名称，甚至是专有名称”都是摹状的，因为“只有将专有名称用摹状词代替，才能明确表达正确使用专有名称的人的心里所想”。[2]（这是摹状词理论存在争议的地方。有些人认为，罗素不能认为名称是隐含的摹状词，也不能认为每个名称都有唯一的识别性摹状词，或一组摹状词。以上观点在第七章讨论所指时会再次出现。）

罗素形成摹状词理论的基础是其关于哲学本质的认识。他认为，哲学的主要任务之一就是语言分析。正确的分析语言可以展示语句真正表达的内容，或者换言之，我们使用语句时真正想表达的内容。罗素认为，分析是必要的，因为日常语言在认识论上来说是具有误导性的，并不是因为人们对其所说的内容没有充足的根据，而是因为语言的语法形式和逻辑形式通常是不一致的。语言真正表达的内容是由语言的逻辑形式决定的，而非由语法形式决定。罗素认为，对于逻辑和语法相背离的地方，如果不加以关注，那么就有将语法范畴和逻辑范畴，进而将本体论范畴等同的风险，这样会产生极为糟糕的结果，比如必须假定实际存在的实体存在。

摹状词理论的来源就是罗素在这一问题上对迈农的立场的反对意见、对理想主义的反对意见以及其早期对逻辑学的研究。

1　B. 罗素，《哲学问题》，第 29 页。

2　同上。

和迈农及其他哲学家一样，罗素也认同意义的指称理论。简单来说，这个理论的意思是，一个词语的意义是其指称的对象。例如，语句“现在的法国国王很明智”很显然是有意义的，尽管语句的语法主语并没有所指意义。这是意义指称理论的一个严重的问题。为了解决这一问题，迈农接受了抽象的存在这个概念。这个概念由来已久。巴门尼德（Parmenides）曾说（重新阐述奎因的解释）：“认为某事物不是某事物，其实在某种意义上必须是某事物，否则何来某事物不是某事物之说呢？”罗素一度接受了迈农的观点，但很快发现这个概念简直令人难以忍受。因为它与罗素所信奉的“生动的现实感”是相违背的。之所以提出摹状词理论一方面是为了避免出现迈农式的结果，但同时又能够保留意义的指称理论。对于罗素来说，摹状词理论是正确的。他的解决方式是，将绝大多数普通名称和专有名称都视为隐蔽的摹状词，而且根本就不是“逻辑上的专有”名称。只有逻辑上的专有名称才能在真正的主谓结构中占据主语的位置。因为（也是很关键的一点）摹状词本身不是指称性的表达。关于这一点，罗素通过解读含有摹状词的语句的逻辑形式，对摹状词进行分析。

罗素认为，只有逻辑上的专有名称才能直接且明确地指称世界上的事物。将摹状词视为名称会陷入巴门尼德或迈农的圈套，只能接受如下观点：因为命题的每个组成成分都与世界上的事物有关系，那么像“独角兽不存在”这样的命题就会迫使人承认，在某种意义上来说必须得存在独角兽，才能让我们有意义地否认其存在。罗素的理论主要是将摹状词变成“不完整的符号”，本身并无意义，只能在语境中才能获得意义。这些“不完整的符号”在以下分析中也可见到，即将原来意在描述实体存在和独特性的摹状词变成非摹状的断言。这样既可以保留语句在语境中的意义，又不至于削弱奥卡姆剃刀原则。“在对命题进行分析的过程中，摹状词被分解，最终消失”。因此摹状词就不再具有指称理论所蕴含的本体论上的隐含意义了。[1]

1 罗素，《逻辑与哲学》，第 247—248 页。

罗素给出了以下几个含有限定摹状词的语句做例子：

1. 司各特是《威弗利》的作者。

2. 现任法国国王很明智。

3. –1 的平方根是 –4 的平方根的一半。

在上述例子中，摹状短语分别是“《威弗利》的作者”“现任法国国王”“–1 的平方根”和“–4 的平方根”。该如何对以上含有摹状词的语句进行正确分析？最明显（且自然）的回复应该是，这些摹状短语是复合名称且起复合名称的作用。但根据上文指出的理由，这种解释方式不成立。罗素又进一步指出为什么这种方式不成立，理由如下。第一，试想同一性陈述“司各特是《威弗利》的作者”。（为了方便，我将句子用符号表示，即“*a* 是 *D*”，“*D*”代表摹状词。）如果 *D* 是司各特的另一个名字，那么“*a* 是 *D*”=“司各特是司各特”，而后者是重言式。但是，如果用“司各特”之外的名字替换 *D*，比如“基茨”，那么得到的断言就为假。因此，无论用什么名字替换 *D*，语句“*a* 是 *D*”要么是重言式，要么就为假。因为“*a* 是 *D*”既不是重言式也不为假，*D* 不是名称。

第二，名称是任意的。所以，如果 *D* 与“司各特”是同义词，那么将司各特与《威弗利》的作者等同就是一种命名决定。但是，罗素认为，我们并不能通过选择名称解释司各特是不是《威弗利》的作者这个问题。[1]

因此，摹状词不可能是名称。罗素认为，含有摹状短语的语句的正确分析方式为：将含有摹状词的语句分解成一系列不含摹状词的语句的集合，这样可以弄清语句的逻辑结构，明白断言的内容。针对上述语句 2，我们可以这样分析：

2a. 存在法国国王，

2b. 存在不止一个法国国王，且

2c. 任何一个是法国国王的对象是英明的；

或者，更准确的形式为：

1　同上，第 245 页。

$(\exists x)[[Kx\cdot(y)(Ky\rightarrow y=x)]\cdot Wx]$。

因为 2a 为假，所以 2 为假。

在形式主义中，语句 2a 可以用存在推广规则加以概括。2b 是唯一性条件，体现在定冠词“the（那个）”中。2c 表示断言，即唯一存在物 x 具有某种属性，此处的属性是英明。将含有摹状词的语句用形式化的符号代替所得出的是其本身，而不是以上语句 2a-c，且其本身就是没有歧义的，是“精确的语言”。

罗素所说的语言的表面形式会让人产生误解就是这个意思。在语句 2 中，摹状词似乎有指称的功能，但是在对整个语句进行形式化的表述中，并未出现单数词项，只有量词约束的变量、谓词和同一性的标志。这就消除了无意义的摹状词（没有对象与之相符的摹状词）带来的困难，说明它们并非逻辑上的专有名称，而是具有指称功能的名称，因此可以作为谓词的逻辑主语。

需要指出的是，以上观点对于罗素来说是非常重要的一点，因为他认同二值原理，也就是说每一个有意义的句子都一定有真值，为“真”或“假”。因此，如果“现任法国国王”是逻辑上和语法上的主语表达，那么它要么必须指称某个东西——比如迈农式的抽象存在的实体，要么它所出现的语句没有任何意义。但罗素对这两种选择都不感兴趣。他的摹状词理论对此问题提出了一种巧妙的解决方式。根据摹状词理论，主语位置含有摹状词的语句不是逻辑上的主－谓语句，而且摹状词在形式语言中不能被表示为单数词项。摹状词实际上是隐蔽的存在和唯一性断定。如上文所述，如果隐蔽的存在和唯一性断定为假，那么原语句也为假。

奎因的本体论承诺是在罗素的策略的基础上直接发展而来的。但奎因并不赞成罗素有关逻辑专名的学说，也未采纳认亲知与摹状的识论概念。罗素认为，逻辑上的专有名称指的是像“这个”和“那个”等表达，也就是说挑选出亲知对象的指示词。而奎因的认识论是整体性的，与这种彻底的原子主义截然相反，后者在很大程度上受到罗素逻辑形式学说的影响。

罗素的主要观点是，限定性摹状词不是指称工具。对摹状词理论最主要的批评在于，摹状词实际上是指称工具，或者说可以作为指称工具来应用。

斯特劳森论摹状词

斯特劳森对摹状词理论的批评主要在于他不认可该理论的基础意义理论，这实际上是从根源上否定摹状词理论。斯特劳森的主要观点是，没有任何一个词语或表达可以用某个被指称的对象作为其意义。在斯特劳森看来，意义取决于语言使用者的活动。如果意义不是指称性的，那么就不存在“逻辑上的专有名称”，也不存在罗素意义上的摹状词。因为斯特劳森认为，即便有人说“现任法国国王很英明”这样的句子，但没人会认为这是在肯定法国国王的存在。他认为，罗素没能分清使用某个表达进行唯一性指称和断言存在唯一一个具有某种特点的对象之间的区别。[1]

斯特劳森认为，罗素之所以提出摹状词理论是想回避如下两种论证的结果：（1）短语“法国国王”是语句 S 的主语。如果 S 有意义，那么 S 就是关于法国国王的。如果法国国王不存在，那么 S 就无关于任何事，当然也无关于法国国王。但是语句 S 恰恰是关于法国国王的，而且有意义，那么在某种意义上必须存在（存在或潜存）法国国王；或（2）如果 S 有意义，那么它或者为真或者为假。如果法国国王很英明为真，那么他不英明就为假。但是只有在某种意义上存在某个事物，而这个事物是法国国王时，

1 斯特劳森，“论所指”，《心灵》，1950 年，第 320—344 页；重载于费格尔等《逻辑分析文选》，第 35—50 页。

语句“法国国王很英明”和“法国国王不英明”才具有真值。因此在某种意义上必须存在（存在或潜存）法国国王。

斯劳特森称赞了罗素想要回避以上论证的愿望（因为论证的结果都不理想），但是他认为，在回避的过程中，罗素接受了以上论证借以立足的错误假设，即意义就是指称，如果主－谓结构的主语是逻辑上的专有主语，也就是不仅仅是语法上的主语，而且语句有意义，那么就存在主语词项的指称物。斯特劳森指出，那些根据语法形式似乎是关于某个人、某个对象或某件事的语句，罗素只承认两种方式使语句有意义，即是。其一，如果语句的语法或逻辑形式不符，那么应按照特殊的存在句对其进行分析。其二，这样一个语句的语法主语的意义应该是其指称的个体，也就是逻辑专有名称。

为了阐述自己的主张，斯特劳森对语句、语句的使用和语句的言说三者作了区分。[1] 我们可以设想语句“法国国王很英明”（称为 K），是历任法国国王在任期间言说的，而且 K 是同一个语句。但是，很显然，每次使用语句 K 的情形都有不同之处。K 的使用者说的可能是不同的国王，而且根据每次所提及的国王的本质，语句 K 有时候可能为真，有时候可能为假。这是语句 K 在使用上的不同。同理，如果两个人在同一个国王任期期间使用语句 K，那么他们的使用方式是相同的。

在斯特劳森看来，由以上区分可以得出，并非语句为真或为假，而是通过语句所表达的陈述或命题为真或为假。

由此说来，我们可以做另外一组区分，即表达，表达的使用和表达的言说。此处的表达指的是摹状词“法国国王”，称为 D。跟 K 的情形一样，我们不能说 D 指称或提及法国国王，而应该说 D 在某个言说的情境中可以用于指称或提及法国国王。“提及”或“指称”并不是表达的作为，而是我

1　同上，第 38 页。

们通过使用表达的作为……［这是］使用表达的一个特征，就像“关于某件事情”或真理－谬误也是使用语句的特征一样。[1]

斯特劳森并不是说，存在语句及摹状词，存在对语句和摹状词的使用以及对二者的言说，就如同存在船只、鞋子和密封蜡一样。他的意思是，语言形式、语言形式的使用和语言形式的言说不可能是同样的东西。但罗素的意见与之相反。斯特劳森认为这就是罗素的观点的错误之处，因为“给出表达的意义，……就是给出其用于指称的大方向……给出语句的意义，就是给出其用于做出真假判断的大方向……表达的意义不能与其在特定场合下所指称的对象等同。语句的意义不能与它在特定场合下所作的断言等同”。但罗素却认为，如果出现指称的情形，那么指称就是意义。另外，他还将摹状词和摹状词在特定情境下的使用弄混了。斯特劳森写道：“关键是，语句是否有意义与语句的特定使用方式，即是正确使用还是错误使用的问题并无太大关系。”[2]

在斯特劳森看来，罗素对语句 K 的看法有两点是正确的，两点是错误的。两个正确的观点是，K 是有意义的，以及如果只存在一个法国国王且是明智的，那么 K 就为真。两个错误的观点是，言说语句 K 的人会做出真或假的判断，且 K 所判断的部分内容是仅存在一个法国国王。

两个错误的观点之所以错误是基于以下理由。如果有人很严肃地言说语句 K，我们不会回答：“这是错的。”我们会指出现在没有法国国王这个人，所以也就不存在语句 K 整体是对还是错的问题。K 是不具有真值的。第二，以“只存在一个某某物”为形式的唯一存在句和像 D 一样含有在特定语境下可以指称或提及某个特定的人或物的表达的语句之间有明显的差别。当使用 K 时，并不是断言存在某个人且该人是唯一的法国国王，也不蕴含存在某个人且该人是唯一的法国国王（尽管如此，如果郑重其事地

1 同上，第 39 页。

2 同上，第 41 页。

使用语句 K，就预设了存在这样一个人）。正如斯特劳森所说，“当我们以‘这个某某物’开始一个句子时，定冠词‘这个’说明（但并不是规定）我们正在或者想要指称一个特定的……‘某某物’”。[1] 罗素混淆了可以用于特定指称的语句和唯一存在语句，这个错误是由他的意义指称理论导致的。

斯特劳森提出的另外一种分析方式的重要特征是，他坚持认为陈述和语句之间应该作出区分。如上文所说，陈述指的是在特定的情境中使用语句。语句有意义，但语句或其组成部分并不能指称；给定的语句只有应用在特定的情形中作出陈述时才具备指称功能。因此，“法国国王”这个表达是有意义的，但在实际使用中，它不能指称任何事物。由此所作出的陈述是不具有真值的，即既不为真也不为假。因此，斯特劳森承认，对于没有所指的陈述来说，会出现“真值空缺”的情况。

以上解释中仍有一些观点需要澄清。斯特劳森的主张是使用以上讨论的语句不能作出陈述还是可以作出陈述但是没有真值，这一点尚不清楚。对于这个问题的解答与对另一个疑问的解答是相关联的。另一个疑问是，斯特劳森的主张是存在法国国王的预设是语句的言说者所认可的观点，还是言说者所做的陈述和另外一个断言存在法国国王的陈述之间的关系。斯特劳森的想法是，预设不应该被解释为第一类认识论上的关系，而应该解释为第二类逻辑关系，这一点在他后期发表的文章中得到说明。由此，根据上述观点，预设是一种关系，即当且仅当预设陈述 B 为真时，给定陈述 A 具备真值。[2] 这个解释也回答了第一个问题：使用语句可以作出陈述，但使用类似 K 的语句，所作出的陈述是不具有真值的。

这样一来又出现了另外一个问题。不具有真值这个概念本身存在争议。

1 同上，第 42 页。

2 参考斯特劳森“对塞拉斯先生的回复”，《哲学评论》，1954 年；重载于费格尔等《逻辑分析文选》，第 51—54 页；及“同一指称及真值”，《理论》，30，1964 年；重载于《逻辑－语言学文集》。

斯特劳森的批评者们都力图维护二值原则。如上文所述，二值原则指的是，只存在两个真值，即真和假，且所有的陈述必定符合其中之一。不具有真值违背了二值原则，因为它构成了第三种真值。另外，二值原则是语义学上的原则，相当于句法学上的排中律原则，意思是“所有事物要么是*A*要么不是*A*”。该“定律”是亚里士多德的三大“思维定律”之一（另外两个定律分别为同一律和不矛盾律，意思是“A是A”和“不可能是A又不是A”），是不证自明的。但是，从直觉主义逻辑和反实在论者对实在主义意义理论的批评来看（参见第八章），二值原则被否定，同时被否定的还有排中律原则。[1]简言之，放弃二值原则会影响对哲学上其他重要的问题的处理。

斯特劳森的观点是对弗雷格观点的回应。与罗素的主张不同，弗雷格不承认存在逻辑上的专有名称，但是，通过意义和所指之间的区分，他承认含有无所指的表达的语句有意义。根据弗雷格的理论，认为语句有意义，就等同于认为语句表达了一个“思想”（命题）。语句的所指，也就是真值，取决于语句组成部分的所指。因此，如果给定语句的一个组成部分没有所指，那么整个语句也无所指，即不具备真值。[2]根据以上内容，弗雷格的观点与斯特劳森的预设理论有些相似。二人都认为，只有当组成词项的指称物存在时，语句才具有真值。

弗雷格的观点导致无意义的单数词项（无所指的单数词项）成了自然语言中让人头疼的问题。弗雷格认为，在完美的语言中，即类似逻辑这样完全可以详细描述的形式语言中，所有的单数词项都应有指称物，如果有必要的话，人为指定一个也可以。他建议，数字0可以作为没有指称物的或者指称物难以确定的表达所指称的对象。为解决这一问题，卡尔纳普也

1 问题远比我这里描述的复杂得多；参考后文第八章更宽泛的讨论。注意，达米特抨击预设的概念和二值原则，参考《真理之谜》。

2 参考上文第二章。

曾进行系统研究。[1]

在这里，有必要提出对斯特劳森的主张持一些保留意见。相对于罗素的意义理论而言，他个人更倾向的意义理论认为，赋予一个表达意义也就是为该表达的所指或提及给定“大范围”；赋予一个语句意义也就是为使用该语句进行真假判断给定“大范围”。话虽如此，但意义理论绝对不是不证自明的。“给定范围”的意思是什么？可能包括给出信息，甚至是明示的信息。如此一来，意义理论又与它意图取代的指称理论非常相似。因为如果范围太宽泛，涵盖所有提及或指称表达，那么该范围对“猪圈里的那只猪”和“法国国王”等表达同样适用。如果对以上两个表达同样适用的话，就无法解释二者之间的区别。使用词语进行指称的范围实际上可能包括解释词语的意义，与意义的指称理论非常相似，没有再论证的必要。

斯特劳森指出，使用摹状的短语只能在语境中暗示唯一性。假设一对夫妻同他们的孩子生活在一栋公寓楼中，同时该公寓楼也住着其他夫妻和他们的孩子。如果这对夫妻说“这个小孩”，很显然并不是说世界上只有一个这样的小孩。对此，罗素回应说：语境指定了谁是这对夫妻唯一关注的孩子。由此，所有“这个某某物”的表达都可以被认为是限定在某个域中的。那么，接下来就需要系统地划定域的界限了。

1　参考 R. 卡尔纳普《逻辑语义学和形式化导论》。

摹状词的所指性用法与归属性用法

以上我们讨论了在摹状词没有意义的情况下，应采取什么样的形式对摹状词进行分析。唐纳兰（Donnellan）认为，罗素和斯特劳森的分析都是不尽如人意的，因为他们没有意识到，摹状词可能有两个功能。根据摹状词所在的语句的使用情境，它可能具有任何一种功能。[1]

唐纳兰将摹状词的两种使用方法分别称为“所指性的”和“归属性的”。当以归属性的方式使用摹状词时，说话者是在断言与某人或某事有关的东西是“这个某某物”；摹状词是必不可少的，因为说话者将某个属性分配给符合摹状词的某人或某事。在此情形中，存在这个某某物非常重要。

与此相反，当说话者以所指的方式使用摹状词时，他的听众可以挑选出或识别出说话者所谈论的人或事。在这里，摹状词只是实现指称的工具。这一任务也可以通过其他指称工具来实现，比如名称或其他摹状词。[2]

通过举例说明二者之间的区别。比如，语句“杀害史密斯的凶手有精神病”，如果有一位名叫史密斯的人被残忍地杀害了，那么我们可能会说

1 K. S. 唐纳兰，“所指与限定摹状词”，《哲学逻辑》，LXXV，1966 年，第 281—304 页；重载于 S. P. 施瓦茨（编）《命名，必然性和自然种类》，第 42—65 页。以下所引唐纳兰上述文章均出自次版本。本章中“摹状词”的意思都是“限定摹状词”。

2 同上，第 46 页。

这句话。即使不知道凶手是谁，我仍然可以把精神病这个属性归于他。但是，如果某个特定的人，比如琼斯被指控为罪犯，那在我说这句话的时候，所使用的摹状词是指所指性的，目的是指认琼斯。再比如，史密斯没有被杀害而是遭遇了事故（但不为我们所知）。在这种情形下，使用摹状词“杀害史密斯的凶手”就预设或暗指存在一个凶手，根据对摹状词的使用方式不同就会产生不同的结果。[1] 如果以归属性的方式使用摹状词，谓词“……有精神病”就不适用于任何人，因为精神病这个属性找不到适当的归属人选。如果以所指性的方式使用摹状词，我们仍旧可以指认出某个人（比如说，被错误指控的琼斯——在这种情形下是“错误指控”），即便摹状词“杀害史密斯的凶手”并不适用于他或其他任何人。即便有人知道或相信琼斯是无辜的，他仍然可以判断出摹状词所指称的是谁。[2]

换一个例子来说。如果以所指的方式使用摹状词，我们很容易能够找出“喝香槟的男人”，即便这个摹状词不太适用于他，因为他喝的是水，不是香槟。但如果禁酒协会的主席被告知聚会上有人在喝香槟，并问“哪个人在喝香槟？”，这就是以归属性的方式使用摹状词，那么就找不出问题中提到的那个男人。[3]

唐纳兰的区分所导致的一个重要结果是，对摹状词所带的存在预设或蕴含有一定影响。一般来说，有这样一种预设，即一个所指方式使用摹状词的人相信，存在某人或某事，且该摹状词适用于某人或某事。错误的摹状词会让人产生误解；但是，即便事实上没有任何东西适用于以所指的方式使用的摹状词，但该摹状词仍能够成功地挑选出说话者意图指认的东西。

相反，在以归属方式使用摹状词时，如果使用错误，就会产生不同的

1 使用这个析取式，使得罗素和斯特劳森之间有关摹状词是否预设或暗含存在凶手的争论悬而未决。

2 同上，第 47—48 页。

3 同上，第 48 页。

结果。以归属的方式使用“杀害史密斯的凶手”不可能出现描述错误的情况，因为并非想通过它指认琼斯或任何人，而是想找出恰好符合描述的人，即便不知道这个人是谁。以归属方式使用摹状词会带有预设或蕴含，因为如果没有任何东西符合描述，那么使用该摹状词的言语行为的目的就会受到阻碍。因此，该摹状词可能会出现在陈述或命令或问题中，如果不适用于任何人或任何事，那么说话者就不能做出陈述，或命令某人做某事，或提出问题。[1]

唐纳兰认为，以上论述说明了罗素和斯特劳森观点的错误之处。罗素认为“这个 ϕ 是 Y”蕴含“仅存在一个 ϕ”。这种说法在归属性的使用方式中适用，但在所指使用的情形中不适用。在这种情形中，有一个假设建立在对摹状词进行所指性使用成立的基础上，即存在某物 ϕ，但这并不意味着含有该摹状词的语句蕴含对某物存在和唯一性的断定。由此，罗素的分析只适用于归属使用的情形。

罗素对指称的定义是，如果存在一个实体且被某个词项指出，那么就说该词项有指称。这个定义适用于摹状词的两种使用方式。由此，唐纳兰认为，指称（两种摹状词都具有）和所指（只有一种摹状词具有）是有区别的。罗素只认识到了前者。唐纳兰认为，指称和所指之间的区别是很有意义的，它可以帮助处理以下情形。我们不可能预先知道公元 3000 年时的首相是谁。假设有人说，“公元 3000 年时首相是一位工党政治家”。如果当年的首相真的是一位工党政治家，那么该摹状词指称的是那位工党政治家，但该摹状词是以归属的方式使用，它的所指不能——也无法——是那位工党政治家。指称 - 所指的区别让我们弄明白，通过以上方式使用摹状词时到底发生了什么。[2]

唐纳兰对斯特劳森的批评主要是认为，斯特劳森的理论过于关注摹状

1 同上，第 52—53 页。

2 同上，第 54—55 页。

词的所指功能，忽略了归属功能。按照唐纳兰的看法，斯特劳森的理论主要包括以下命题：

1. 如果某人断言 ϕ 是 Y，那么在 ϕ 不存在的情况下，他的陈述既不为真也不为假。

2. 如果不存在 ϕ，那么说话者就没有指称任何事物。

3. 他所说的内容之所以既不为真也不为假是因为他的陈述无所指。[1]

第一个命题在归属用法的情形下可能为真。因为，如果史密斯并非被人杀害，那么“杀害史密斯的凶手是精神病”的说法就不为真。但如果摹状词是以所指的用法指出了琼斯，那么即便琼斯是无辜的，他仍然可能有精神病，由此上述说法就部分为真。[2] 同理，命题 2 为假；可能不存在 ϕ，也就是不存在“杀害史密斯的凶手”，但仍然可以指称琼斯。[3]

命题 3 的情形更为复杂一些。斯特劳森认为，3 与 1 和 2 是联系在一起的。但是，至少对于归属用法的情形，3 不能作为因为预设错误就不具有真值的理由。因为 3 给出的理由是没有所指，这并不能解释为什么如果没有符合摹状词的东西，那么以归属方式使用摹状词的说话者的陈述就不为真也不为假。[4] 在所指用法中，似乎只有在极端的情形下，比如感知错误或认识错误时，说话者才无法进行指称。比如，有人受到光线的影响，说“拿着纸巾的那个人是形而上学理论的教授韦恩弗利特吗？”，但实际上根本就没有人，因此无法说说话者打算指称的是谁或指称什么。

唐纳兰总结说，“罗素和斯特劳森的理论都不能作为对限定性摹状词的正确解释。之所以这样说，是因为罗素的理论完全忽视了摹状词的指称用法，斯特劳森的理论忽视了所指用法和归属用法的区别，混淆了有关两种

1 同上，第 55—56 页。

2 同上，第 56 页。

3 同上。

4 同上，第 56—57 页。

用法的正确说法（以及一些错误说法）”。[1]

但唐纳兰的解释也存在问题，主要是有关所指的概念的问题，以及说话者所指和语义所指之间的区别问题。比如，格赖斯提出，我们应该区分说话者所使用的词语的意义和说话者通过这些词语所表达的意义。假设有人说“警察来了”的意思是“我们快走”。说话者通过使用前者来表达后者。在这种情形下，构成前者的词语本身根本就不是说话者希望表达的意思。[2]（参见后文第八章）

克里普克采用了一个相似的概念，对唐纳兰的解释提出挑战。[3]克里普克认为，一个指称表达的语义指称物是由说话者的一般意图来表达的，即在特定的情境下指示特定的对象。如果说话者认为他希望谈论的对象与他使用的词语表达的语义指称物相符合，那么他就相信，他的一般意图和特定意图之间没有冲突。克里普克认为，唐纳兰的观点应该从上述角度来考虑，因为有两种方式可以让说话者相信他的一般意图和特定意图一致。第一种是比较“简单的”情形，即说话者的特定意图就是他的一般意图，比如他使用“琼斯”这个词作为琼斯的名称；第二种情形比较“复杂”，即他的特定意图与一般意图不同，但他相信二者是吻合的，比如他想指称“那边那个男人”，同时相信那个男人是琼斯。[4]

克里普克认为，唐纳兰对摹状词的归属用法不过是“简单的”情形，所指用法是“复杂的”情形。由此，唐纳兰将摹状词的所指用法和对专有名称的所指用法等同是错误的。因为简单－复杂情形的区分同样适用于专

1 同上，第 58 页。

2 H. P. 格赖斯，“说话者意义，语句意义和词语意义”，《语言基础》，4，1968 年，第 225—242 页。

3 S. 克里普克，“说话者所指和语义所指”，载于弗兰奇等人（编）《语言哲学的当代发展展望》。

4 同上，第 15 页。

有名称。[1]克里普克作出以上论证，除了考察唐纳兰论证过程中采用的语言形式（即英语），还考察了其他语言，目的是弄清楚唐纳兰所认为的所指－归属之间的模糊性是否在英语中也会出现。克里普克总结认为，唐纳兰的结论不一定适用于英语，因为在英语的多个变体中，模糊性会消失，因此罗素对摹状词的整体解释方式更可取一些。[2]以上论证的细节与所指本质的一些观点有关，因为后续章节会讨论所指的问题，所以此处暂时将这个问题搁置不谈。

根据罗素的观点，处理唐纳兰的问题的一种方式是借助关于语言使用的语用学观点，而不是注重说明话语真值条件的语义学观点。摹状词理论属于语义学理论，但很明显，摹状词也可以通过语用学的方式使用，这是罗素的理论所认可的观点。[3]

1　同上。

2　同上，第16—18页。

3　其他讨论参考C. A. B. 皮科克，“专有名称，所指和严格指称”，载于S. 布莱克本（编）《意义、所指、必然性：新语义学研究》；M. 塞恩斯伯里，“哲学逻辑”，载于A. C. 格雷林《哲学》，以及特别参阅S. 尼尔《摹状词》，该书对当前的争论所做的贡献最大。

第五章 实用主义真理观，融贯论真理观，符合论真理观

引 言

在哲学上，如果不能提出正确的问题，在理解概念上就不可能有任何进展。这是很常见的事情。对于真理来说，错误的提问方式是“什么是真理？”，原因如下：

试想“什么是海藻？”和“什么是理性？”两个问题之间的区别。第一个问题似乎比较容易回答，正确的回答应该是“是一种海草”。第二个问题难度较大，需要深思熟虑后才能回答。这个问题要求对一个复杂的概念做出解释，最好从探究一个人对这个概念的掌握程度上着手，至少要了解如何使用以及什么时候使用这个概念。因此，要回答第二个问题，最好将问题重述为“对于某个人来说，做出理性的决定或选择是什么意思？”虽然这是迂回的方式，但最终却能够提供更多信息。总体上来说，通过这种方式回答问题是我们理解理性的概念的第一步。

同理，有关真理的问题最好也以这种间接的方式回答。“什么是真理？”这个问题就好比光滑陡峭的悬崖一样，让人无从下手。从表面来看，这个问题似乎是从一种广泛且又有些神秘的层面上寻求真理（“真理”）的终极意义。但很显然，即便有这个层面上的真理，我们也必须从较低的目标着手。由此，先回答“一个命题（陈述、语句或信念）为真是什么意思？”会容易一些。本章及其后一章的目的是探讨可以回答上述问题的主要理论。

“真理论”有好多种，或者更准确来说，甚至可以组成有关真理的理论族。下面对几种主要的真理论作初步描述。实用主义认为，为真的信念就是有用的信念，就是从经验的角度有“兑换价值”的信念。融贯论认为，真理指的是集合中信念或命题之间存在的融贯性关系，比如说如果某个命题与集合中其他彼此一致的命题不相符，那么该命题为假。符合论认为，当一个命题与事实相符时，该命题为真。该理论涉及的是命题与事物在世界中的状态之间的关系。收缩论认为，真理的概念除了（如果有的话）特定的观点之外，再无其他。收缩论有几种不同的形式，比如冗余论，认为“*p* 为真”与“*p*”意思相同，所以“为真”是多余的；还有极小理论，比冗余论的强度弱，认为“*p* 为真”和“*p*”是等效的。在语义论中，真理是语句的属性，按照“满足”这个递推的概念来看，可以解释为某种语言中的语句和某个域中的对象之间的关系。每一种理论都有变体，也有其复杂性，相互之间各有重叠。下文对这些特征进行分析。

第二章讨论了命题和语句之间的区别。本章中这组区别的作用得到凸显。传统符合论中一个重要的观点是，命题（而非语句）和事态之间存在符合关系，但在语义论中，真理被视为语句的属性。另外，将融贯论视为语句之间的融贯性关系，将语用论视为某些语句的效用——认为语句是语法形式完善的声音或符号串（因此不具有时间和空间特征），既不是使用者在某些情境下的使用，也不是（用于表达）的内容，这种观点也存在问题。

有关真理的问题可以总结为两个主要方面：第一方面与词语“真”有关，第二方面与真值可被视为真值载体的标准有关。[1] 理解这组区别非常重要，因为虽然某一个真理论可能给出“真”的定义，但另一个理论提供的可能是对某些真值载体所具有的真值进行检测的方法。比如，从意义上来说，“真”是具有评估功能的词项，与“好”类似，但判断是否为真理的标准是其效用，这个观点是由实用主义者席勒（Schiller）提出的。布拉德雷（Bradley）认为，“真”是符合的一种形式，“真理之所以为真理肯定是某些方面为真”，而符合是真理的标准也是真理的检验方法。[2] 绝大多数实用主义者将真理的标准和定义等同，认为我们是通过给出“真”的使用标准从而对它进行定义的。这种观点和维特根斯坦后期观点类似，也与意义“使用”论是有关联的。[3] 包括布兰夏德（Blanshard）在内的部分融贯论者认为，在这种情形下，定义和标准是相互关联的，因为（在他看来）真理是具有融贯性的，因此融贯性这个概念就是真理和“真”的定义的检验方式。[4]

本章中，我对哲学上一直受人关注的三种真理观进行了探讨，分别为实用主义真理观、融贯论真理观和符合论真理观。

1　参考 B. 罗素“詹姆斯的真理概念”，《哲学论文集》；J. L 以及麦基，《真理，概率和悖论》。

2　F. H. 布拉德雷，《真理与实在论文集》，第 325 页。

3　参考后文第七章。

4　B. 布兰夏德，《思想的本质》，第 268 页。

实用主义真理观

实用主义真理观最初是由19世纪末20世纪初美国哲学领域中三位重要的哲学家提出，分别为皮尔斯（Pierce）、詹姆斯（James）和杜威（Dewey）。因为三人在哲学上有共同的见解，所以将其统称为“实用主义者”，其理论（或者更准确来说是理论变体）称为实用主义真理观。三人的影响力在奎因、戴维森和其他多名近代哲学家的作品中有所体现。[1]

实用主义者认为，一个概念的意义是通过了解该概念应用的实际或实验（也就是“语用的”）的结果而获知的。詹姆斯认为，“所有的区别都会产生一定的影响”，[2] 这个近似于格言式的观点直接回应了皮尔斯的观点，即“意义上的区别不可能只在于实际上的区别”。[3] 这说明，正确理解真理需要探究信念为真会产生怎样的影响。

皮尔斯认为，真理指的是科学家（指的是广义上的“使用科学方法的人”）经过足够多的讨论后最终会同意的观点。鉴于预先对此事已经有了一定的看法，皮尔斯认为讨论的过程也就是心理探究的过程。对于他而言，信念为行为提供证言，而怀疑会在一定程度上否定证言。怀疑源自于难以

1 参考哈克《逻辑哲学》中的图示和相关论述，第87页。

2 W. 詹姆斯，《实用主义》，特别参阅其中的演讲部分，vi，第197页及后续诸页。

3 C. S. 皮尔斯，“如何使我们的观念清晰”，哈茨霍恩等编《论文选集》。

驾驭的经验、足以颠覆理论的经验或是与我们认识世界时所展示的一般模式不符合的经验。皮尔斯认为，这样的怀疑促使我们去探究，因为它会让我们产生一种非常不舒服的心理，必须通过获得稳定的信念加以克服。而要获得这样的信念，需要通过科学方法。因为在所有的信念获知方法中，只有科学方法会受到事物实际状态（即现实）的制约，且事物的实际状态与任何人的信念无关，所以这种制约最终会使得所有探究者的观点趋于一致。最终达成的一致就是真理。真理是可以令所有人满意的信念，因为它不受任何怀疑的困扰，而且是与现实相符合的。如此说来，皮尔斯的实用主义体现了符合论观点。

从某些方面来说，詹姆斯的观点是对皮尔斯观点的细化，二人观点又存在不同。詹姆斯认为，为真的信念的价值在于，它们不受难以驾驭的经验的影响。为真的信念指的是长久以来已经被经验证明的信念，也就是可以验证的信念。詹姆斯认为，我们尽最大努力调整信念体系，以囊括不合适的经验，既能保留体系的内在融贯性，同时为不合群的经验找寻一席之地。这个观点是奎因的“信念网络”的基础，并结合了融贯论的观点。[1]

皮尔斯是实在论者，但詹姆斯却有唯名论的倾向。可验证性要求承认存在未验证的真理，也就是说存在可能的但不为人所知的验证，这一点让詹姆斯颇受困扰，也会让唯名论处于尴尬的境地。因此，詹姆斯的作品中有时候会暗示，真理是由验证信念的过程生产出来的。这个观点被席勒采纳，也被近代哲学家包括费耶阿本德（Feyerabend）和（通常是出于同样的相对主义原因）某些“后现代”思想家所接受。[2]但是，真理是由探究所创造出来的这个观点与信念是通过验证的过程而渐渐趋于真理的观点是不一致的。因此，在这个方面，詹姆斯的理论存在问题。

詹姆斯的理论招致批评的其中一个原因是，他习惯上将真理视为“好

1　参考奎因“经验主义的两个教条”，载于费格尔等《哲学分析文集》。

2　参考 P. 费耶阿本德《反对方法》。

的”“有用的”或者“有益处的”东西。比如，他认为，“真只不过是一种临时的思维方式，与正确是一种临时的行为方式是一个道理”。[1]罗素和摩尔对这个观点提出批评，认为詹姆斯将真理与适合的信念等同只不过是提出了一个非常粗劣，甚至完全可以否定的观点。但是詹姆斯的拥护者认为，詹姆斯力图证明，真信念之所以比假信念优越在于它们是不能证伪的。既然经验证据本身通常不能帮助我们判定各种对立的理论，那么可以，也应该考虑借助效用来做出决定。[2]

杜威认可皮尔斯将真理定义为“信念的绝对固定性”的做法。他与皮尔斯都认为，要想理解我们的观点，就必须将其放在使用语境中进行考虑。[3]如果这些观点可以顺利地在语境中使用，并可解答怀疑或问题（也就是说在实践中得到确证），那么我们在断言这些观点时就有了依据，也就是说在承认这些观点为真时有了依据。因此，杜威更倾向于将真理视为我们有理由断言的观点所附带的属性。

如果真理看作是信念通过实践验证进而拥有的属性，这种观点很显然会产生非直观的结果。假设怀特周二谋杀了布朗，侦探周四确认怀特有罪。如此说来，命题“怀特谋杀了布朗”似乎在周四变为真，而之前一直为假。但是，“怀特谋杀了布朗”自怀特谋杀布朗那一刻起就为真。如果杜威的观点是正确的，那么我们可能根本无法将怀特定罪，因为布朗被杀后的一段时间之内，“怀特谋杀了布朗”这种说法不为真。这说明，确认和真理这两个概念之间存在重要的区别，虽然确认似乎可以推测发生的时间（侦探周四确认怀特有罪），但按照对真理的正确的理解，命题并不因为被验证或被理解而变为真，只能说为真或不为真，甚至可以说，并不因为有人认为它为真而变真（这种观点通常被称为“实在论”）。

1 詹姆斯，《实用主义》，第 222 页。

2 参考哈克“实用论真理观”，《不列颠科学哲学杂志》，27，1976 年，第 234—235 页。

3 参考杜威“有关真理的简要问答”，载于《达尔文对哲学的影响》，又载于《经验与本质》。

以上观点可以就是二值原则的支持者所提出的批评意见，也就是说，将“真”定义为“被证实的”违反了二值原则。如果“真”意味着“被证实的”，那么根据二值原则，如果一个命题（无论是命题本身还是其否定形式，但不可能是二者同时）为真，就说明该命题或其否定形式得到证实。这显然不成立。因为不管命题“公元前 1 万年牛津郡下了雪”为真，或者“公元前 1 万年牛津郡没有下雪”为真，根据二值原则，其中一个命题得到证实这种说法都不成立。

自罗素、摩尔和卡尔纳普等人发起对实用主义的抨击之后，出现了一些对其他相关的真理论的误解，主要是将“真”简单视为“起作用的东西”。这种观点完全是错误的，因为显然很多谬误也“起作用”（此处只以柏拉图的观点为例，即广大人民应从宗教信仰中获得鼓励，尽管这些信仰是假的，但能敦促人们行为规范），而很多真理，比如“亚里士多德的父亲是名物理学家”却不能起任何实际“作用”（如俗话所说的，它们“烤不出面包来”）。从前述内容来看，与“真 = 起作用的东西”这种假定的等同关系比起来，实用论要巧妙得多。这一点已然很清楚了。

詹姆斯的辩解

且更详细地考虑一下詹姆斯的观点。在所有的实用主义者中，詹姆斯对针对实用论的误解发起了猛烈的抨击，并经常就此撰文。[1]要阐述詹姆斯的观点，没有什么能比他自己的描述更为清楚的了，值得详加引述：

真理是我们部分观点的一种属性。这说明它们与现实之间具有融贯性，与谬误说明它们与现实之间不一致是一个道理。实用主义通常会提出下面的问题："假设某个观点或信念为真，那么它为真会对某个人的实际生活造成什么实际影响呢？由此所获得的经验与信念为假时所获得的经验（可能）有什么区别？简单来说，用经验的角度来看，真理的兑换价值是什么？"实用主义提出这一问题的时候，就已经预料到了答案：为真的观点是我们可以吸收、可以验证、可以证实且可以核实的观点。为假的观点则不可以。这就是拥有为真的观点所给我们带来的实际的差异，也是真理的意义，因为人们所知的真理就是如此。

某个观点为真并不是其固有的、一成不变的属性。只能说，一个观点恰好为真，通过实践变为真。它的真实性就是一个实践，一个过程，一个核实自身、自我验证的过程……任何可以帮助我们处理现实的观点（无论是在实践中

1 参考詹姆斯《实用主义》，其中收录了他所撰写的有关真理的文章。

还是在思想上），任何不致使我们的进步受到牵绊的观点，任何实际上让我们的生活符合与适应整个现实情境的观点，都符合要求。这个观点对于所在的现实来说为真。简单来说，为真只不过是一种临时的思想方式，就如同正确是一种临时的行为方式一样。在任何形式下都是临时的，当然从长远来说以及在整体上来说也是临时的，因为满足当前所有经验的观点不一定同样满足以后的经验。如我们所知，经验会失去控制，使得我们不得不改变现有的公式。[1]

如上所述，摩尔和罗素认为这个观点是直接将真理等同于效用。并根据某些谬误也有用处，某些真理并非临时的等原因，拒绝接受这个观点。摩尔提出，“我们的确拥有为真的观点，有时候虽然派不上用场，但仍然为真，这一点不是很清楚吗？”[2]但摩尔的批评遗漏了一点，考虑到我们如何将后来的经验吸纳进我们关于事物图式的理论，詹姆斯认为真理是令人满意的或有用的信念，这个观点将真理等同于“从长远来看”安全的信念，防止被推翻。[3]如果说摩尔和罗素的批评触及了要害，那么只是在詹姆斯有关宗教信仰是临时的（从该词语的常规意义上来说）这一点上如此，因为宗教信仰最大限度地扩大了一个人的经验与价值观之间的融贯性。[4]

当理解了临时性或功效（按照詹姆斯的定义）与全部经验最大融贯性的概念之间的联系，功效与可验证性之间的关系也就清楚了。摩尔和罗素并没有注意到二者之间的关系，但是他们拒绝将真理视同为可验证性，也不同意将真理视为功效。这两种做法的理由是相似的，即存在非临时的但仍然是真理的真理，同理也存在并未验证的但仍然是真理的真理。如果詹姆斯将真理等同于验证，那么摩尔和罗素反对意见是有说服力的。但实际上，詹姆斯以一种巧妙的方式将真理等同于可验证性，从而容许未验证的真理存

1 同上，第 v—vii 页。

2 G. E. 摩尔，“詹姆斯教授的实用主义”，《亚里士多德学会论文集》，1980 年，第 110 页。

3 哈克，“实用主义真理观”，第 234 页。

4 参考詹姆斯“信仰的意志”，载于《哲学论文选》，各处。

在（因为它们是可验证的，所以属于真理）。[1]然而，如上所述，这种处理方式仍然会给詹姆斯的观点带来问题，到底真理是由单个信念连接起来的集合，每个信念经过验证都可成为集合中的成员，还是真理在验证之前一直为真，因为它们在验证过程之前就是可验证的。詹姆斯并未解决这个冲突。

实用主义真理观属于认识论上的理论。如果真理和有理由将信念视为真理二者等同或至少关系紧密时，通常会引出一个问题，即这个观点涉及怎样的形而上学理论？皮尔斯最终接受了关于感知对象的易谬现实论，但詹姆斯主张的反现实论（以上概念在后文第8、9章中进行大篇幅的讨论）给他带来了一些问题。因为不同意"超验"现实（即独立于或者可能无法接触经验的现实域）的说法，所以在解决以上提到的冲突时就尤为困难。[2]

但是，以上论述并不能解释另外一个常见的对实用主义的批评，即从真理依赖于认识主体的观点这个意义上来说，实用主义是主观主义的。实用主义者有义务提出一个行得通的客观性的概念，可结果并不尽如人意，但他们仍然坚定地认为客观性部分上指的是某个信念如果就现实相符合就为真。詹姆斯认为，"无论是否存在超验现实，唯一可以真正保证我们不会胡思乱想的就是来自于现实本身的压力，使我们不致犯实质性的错误"[3]。这并不是说，信念为真是因为它们在认识论且唯我论上与信念的拥有者相符合，而是因为它们与经验相符合，并且能够帮助信念拥有者处理经验。那么，我们需要进一步解释一个与之相关的问题，即什么是经验范围内的现实。无论如何，像摩尔和罗素那样，根据对现实本质的假设（尤其是该假设在何种意义上来说是"实在的"还有待讨论），就直接否认真理的实用主义概念的做法是行不通的。因为实在论本身对真理所固有的倾向与詹姆斯等人所主张的反实在论的观点恰好相反。

1　詹姆斯，"实用主义的真理概念"，载于《实用主义》，第197页及后续诸页。

2　参考哈克"实用主义真理观"，第242—244页。

3　詹姆斯，"人文主义与真理"，《真理的意义》及《实用主义》，演讲部分，vii，第239页及后续诸页。

融贯论真理观

融贯论真理观和符合论真理观通常被视为传统上主要的真理学说。如果从时间上来讲，符合论的历史最为久远。柏拉图在《智者篇》中就曾对此进行讨论。而融贯论成为一个公认学说的时间要晚许多，可以溯源到康德对“思想表象与事实符合”（即知与物的符合或适合）这个概念的批判。在康德看来，因为本体的现实（即自在之物，或詹姆斯认为的“超验现实”）是人类直觉所不及的，那么思想对事物的理解与事物自身之间是否符合，这一点是值得怀疑的。[1]

一般来说，融贯论真理观源自唯理论者的观点，比如17世纪末18世纪初的斯宾诺莎和莱布尼茨，19世纪初的黑格尔（Hegel）和19世纪末期的布拉德雷。此外，在20世纪的逻辑实证主义者中，也有部分认同融贯论，尤其是纽拉特（Neurath）和亨普尔（Hempel），他们的动机也出奇地相似，下文将介绍。近代哲学家蕾切尔和沃克（Walker）也对该理论进行了讨论。[2]

融贯论的基本观点很简单，即一个命题如果与系统中的其他命题一致，就为真，否则就为假。这个说法也可表述为：真理存在于信念集合成员之

1 参考G. E. 摩尔“真理”，收录于鲍德温的词典。

2 N. 雷舍尔，《融贯论真理观》；R. C. S. 沃克，《融贯论真理观：现实论、反现实论、唯心主义》。

间的融贯性关系。

将该理论置于形而上学或认识论的情境中可以更好地解释，且该理论的提出恰好是为形而上学和认识论服务的。比如，布拉德雷认为现实是一个统一的、连贯的整体，他称之为“绝对真理”，任何不是整体的现实都不完全为真，因此可以说，整体的任何部分充其量只能部分为真。如果我们只考虑整体的其中一部分，就只能获得一定程度上的真理。但是，既然无论在任何情况下我们只能通过表象理解整体的其中某些部分（与现实或者说绝对真理不同，表象充满了矛盾），这种对真理的部分理解是不尽如人意的。值得我们注意的一点是，如果布拉德雷认为表象因其矛盾性进而从某种程度上来说是具有欺骗性的观点是正确的，那么知识（由此为真理）就不可能作为对感知进行判断的可靠基础。这是布拉德雷在方法上是唯理论者的原因。如果否认感知经验是知识的基础，转而认为仅凭谋划——理性推理就可帮助我们发现真理（柏拉图、莱布尼茨、斯宾诺莎、黑格尔及布拉德雷等人都认同这个观点），那么融贯论真理观对一个人的认识论就至关重要。因为在经由理性推理所得的信念体系中，对某个信念是否为真理进行检验的唯一方法是该信念是否与信念体系一致。从唯理论的认识论观点来看，不能参考任何与我们的思想相违背的互不关联的事实，因此也就无法通过符合关系非常详尽地对信念的真值进行解释。

融贯论的理论基础在于体系的概念。布拉德雷概括了融贯性和体系之间的关系，认为“真理是整体最完美的表达，是一致的，是无所不包的。它不能与其自身相矛盾，也不存在不被其包含的情况。简言之，完美的真理必须是系统的整体。”[1]这说明，对于一个具有融贯性的信念集合来说，其中所包含的信念必须相互符合，并与集合中的其他信念相互依存。后一个观点有待于进一步说明。

1 布拉德雷，《真理与现实文集》，第 223 页。

融贯性为依赖性

相互符合是最低要求，也是毋庸置疑的要求。主要的困难在于说明集合中包含的信念或表述信念的判断之间存在怎样的相互依存关系。其中一个说法是，任何判断都必须蕴含其他的判断同时也被其他的判断所蕴含。布兰夏德认同这个观点，他认为几何学是最贴近这种规范体系范式的例子。[1] 他说："在一个绝对完美的体系中……没有一个命题是随意的。每一个命题都被其他几个、甚至是一个命题蕴含。没有一个命题是处在体系之外的。"[2] 但这种解释方法行不通。因为它提出的关系过于绝对，使得融贯论变成了一个相当冗余的理论，体系中的每一个判断所说的内容与其他的判断都一样。[3] 该观点暗含着，"亚历山大是马其顿的国王"这个为真的陈述蕴含类似"我隔壁的邻居今天穿了一件白衬衫"等陈述，同时也被后者蕴含。不仅如此，更糟糕的该观点是还暗含着两个陈述在内涵上等同。按照绝对的唯心主义者的观点，所有陈述都是对绝对真理的隐蔽断定，即"绝对真理是**亚历山大之马其顿国王性**"和"绝对真理是**邻居之白色衬衫性**"是对

1　布兰夏德，《思想的本质》，第 264 页。并参考另一位主张较强类型的融贯论者 H. H. 约阿希姆，《逻辑研究》。

2　布兰夏德，《思想的本质》，第 265—266 页。

3　雷舍尔，《融贯论真理观》，第 35 页。

彼此的重复。这种说法无论从哪个角度来说都是难以接受的。

相比较之下，尤因（Ewing）的观点更有说服力。他认为，融贯性应该理解为在集合中的命题之间广泛分布的逻辑关系，具体来说，“如果集合中的命题都为真，那么其中任何一个命题都具有逻辑必然性”，且“整体集合中的任何一个命题子集在逻辑上都无法独立于集合中的其他命题”[1]。这个观点保留了集合成员之间的相互关联性的特点，又不至于陷入断言冗余的境地。但是，这种描述是模糊的，而且要求集合是完整的。这样一来，任何加入集合中的命题都会导致集合不一致，包括集合成员本身之间出现的逻辑后乘的结果。这种结果是我们所不希望见到的。另外一个同样重要的问题是，我们如何知道一个命题集合是否完整，这一点是不明确的，考虑整体的命题集合时尤其如此，以至于“集合”这个概念是否有意义都是不确定的。如果在形式体系中的话，情况就大不一样了。

1 A. C. 伊文，《唯心主义：关键研究》，第 229—230 页。

实证主义和融贯性

融贯论认为，真理是通过检验确定的，具体说来，是通过检验一个命题的值相对于集合中其他命题确定的。如此说来，语境或体系的概念起着关键的作用，而体系又是通过融贯性、关联性和完整性进行定义的。其中一个可为以上论述提供可靠的基础的观点是整体论。从知识论的角度来说，整体论认为，我们的信念体系紧密联系在一起，较小的信念单位（比如单个的理论或个别的判断）只能根据适合或不适合背景体系，确认或推翻其在体系中的地位。根据其他章节的阐述，奎因的观点恰好可以作为以上承诺的例证。在这一点上，奎因的观点符合某些逻辑实证主义者的预期，并受到戴维森的追捧。

针对真理的辩论划分了不同的实证主义流派，且该辩论是非常具有启发性的。首先，实证主义者认同一种符合论，即表达即时感知经验的陈述（又称作“基本”或“规约”陈述）是确定的，是不可更改的，因为它们直接与事实相符合。而另一类（非规约的）陈述是通过它们与基本陈述之间的逻辑关系判定是否为真理。卡尔纳普在一篇非常有影响力的文章中写道，科学陈述有赖于规约性陈述，从本质上来讲不需要进一步进行验证。[1] 同样，

1　参考 R. 卡尔纳普《科学的统一》，第 47 页及其后。

石里克（Schlick）认为，规约陈述构成了“知识与现实之间不可动摇的联结点”，并且“我们是一个个地了解这些绝对固定的联结点，以及对这些联结点的证实。它们是仅有的、非假设的综合陈述”。[1]

以上观点与传统的符合论不同。因为以上观点表明，只有一类特定的陈述通过与事实相符合进而为真，而其余陈述根据它们与其他陈述之间的关系而为真，这是一种带有融贯论性质的学说。这使得某些实证主义者（比如纽拉特）只需迈出一小步就可变为彻底的融贯论主义者。纽拉特认为，规约陈述不可能是不可更改的，主要是因为哪个命题可以被视为基本陈述顶多就是惯例的问题，所以直接核实规约陈述和“事实”之间是否符合是不可能的。[2] 由此，他提出了检验真理的方法，即是否为真理取决于陈述本身之间的关系。这种做法背离了以石里克为首的实证主义者的正统学说，因此，纽拉特与他们就这个问题展开了争论。

纽拉特的观点是，没有陈述是不可被更改的，因为所有的陈述都是“要经过验证的，也就是说……可能被抛弃的”。[3] 他认为，“我们不可以将最终确定的纯粹的规约陈述作为科学的起点。不存在纯洁质朴的思想状态。我们就像是水手，必须在一望无际的大海上重建我们的船只”，[4] 这句话的意思是，我们开始探究时并不是一块没有任何污点、不带任何偏见的白板，相反，我们已经有了理论工具和众多假设限制着探究过程，因此我们必须在不断进步的过程中一点一点地改变或改善它们。鉴于我们的目标是建立一个包括观察陈述和理论陈述（也就是规约陈述和非规约陈述）的融贯体系，对于新的陈述来说，唯一一个可以验证它们是否为体系成员的方式就是“与体系做比较……然后确定是否与体系相矛盾。如果语句与体系

1 M. 石里克，“知识的基础”，载于艾耶尔《逻辑实证主义》，第 209—227 页。

2 O. 纽拉特，“基本语句”，载于艾耶尔《逻辑实证主义》，第 201—204 页。

3 同上。

4 同上。

矛盾，我们就可以抛弃它，因为它没有用处（或为假）……或者也可以接受它，那么就需要改变体系，但体系整体仍然保持一致……这样的语句就为‘真’”。[1] 这就是彻底的符合论了。

对于纽拉特而言，正如之前提到的唯理论形而上学主义者一样，采纳符合论的主要动机是，我们很显然不可能超过思维或语言的范围，在不受到思维或语言的限制的情况下达到现实。他的观点是，我们无法放弃让我们可以对判断和判断所应用的现实进行比较的便利条件（在某种程度来说是如此）。既然不存在词语 – 世界之间的对应关系可以作为真理的基础，那么真理就必须存在于陈述之间的融贯性关系。这些陈述被视为一个体系或信念集合，从整体上来说符合以上所说的融贯性、关联性和完整性的标准。

1 同上。卡尔纳普的观点最终战胜了纽拉特的观点。奎因很显然采纳了卡尔纳普的主张。当然，实用主义也对此也表示响应。有关实证主义者对这些问题的讨论，参考 G. C. 亨普尔，“论逻辑实证主义真理观”，《分析》，2，1935 年，第 49—59 页，以及 I. 谢弗勒，《科学和主观性》，尤其参阅第五章各处。

融贯性的标准

如上所说，融贯性体系的标准非常重要。因为只有说清楚融贯性的标准，才能消除理论本身模糊不清的地方。雷舍尔对解决这个问题做出了尝试。[1]

我们需要一种方式，帮助我们从大量现有的数据中选择出一个保证为真的信念集合。既然数据中有不止一个融贯的信念子集，而且不能借助任何外部的标准帮助从中选择，蕾切尔建议，我们可以利用“合理性过滤器”减少符合条件的子集的数量，也就是挑选出表面看起来合理的数据的过程。但即便是这样一个过程可能都不足以挑选出唯一的最大融贯性信念子集，蕾切尔因此提议，我们可以利用通过过滤器的所有子集的析取来构建我们的信念体系。

之所以需要类似过滤器似的东西是因为融贯论的反对者所提出的批评，即因为从逻辑上来说可能存在无数个内在融贯的信念体系，但是不存在可以帮助从体系中进行选择的外部标准，因此我们不可能知道哪一个体系是“正确的”。罗素将这个批评重述为，融贯论不能区分真理和一致的童话故事。[2] 实证主义融贯论者回答说，“我们文化圈内的科学家所接受的信念体系

1　雷舍尔，《融贯论真理观》，特别参阅第 iv 章，第 3 节，第 78 页及其后。

2　罗素，《哲学的问题》，第 190 页。

的体系”是正确的，但这个答案显然不尽如人意，因为它借助了外部标准（借助了关于信念体系的事实，只能从外部判断是否为真），这样就背离了融贯论的本意。

问题及异议

对于认同融贯论的人而言，他们的哲学观都体现出因为敬畏数学而产生的影响。这绝对不是偶然的。17 世纪的唯理论者，以及在此之前的柏拉图对感知经验在传达世界中的真理的作用持怀疑态度，由此对数学、几何学等形式演绎的作用印象深刻，二者均可以通过有限的不证自明的假设得出知识。斯宾诺莎的主要作品《伦理学》的拉丁文题目为《用几何方法证明的伦理学》，就能很清楚地显示他自己的理论主张及其基本态度。

融贯性是数学和逻辑等形式体系中判断真理的标准，这样说似乎是合理的。如果说某个陈述“在一个体系内为真”就意味着它是该体系内的命题，通过该体系的公理和规则是可以证明的。但这种解释方式是有误导性的，尤其是将其简单地概括为真理的时候。因为如前文所述，从广义上来说“融贯性”必须既从否定层面上解释，即集合中的陈述之间不存在不融贯性，也要从肯定层面解释，即集合中的陈述之间存在确证的关系。如果从否定的角度对理解“融贯性”这个概念没有任何帮助。如果从肯定的角度来理解，仍然不足以作为真理的充分条件，因为无论陈述集合如何一致，仍然有可能无法正确描述世界。为了解决后一个问题，需要对融贯论进行补充，大意为不存在独立于陈述集合之外的世界，即便存在这样一个或多个世界，也是人所不及的。这种说法与融贯论实证主义者和唯心主义者的观点类似。

另外，我们不能认为任何一个陈述集合都可以是无所不包的。有什么理由认为现有的陈述表达了关于世界的所有事情，或者是部分事情呢？可以说，无所不包理论上不能用于描述任何一个集合。如果事实果真如此，仅凭不矛盾这一点是无法做出任何保证的。

另外值得注意的一点是，虽然从否定层面解释融贯性是真理的一个必要（但不充分）条件，但从肯定层面解释无论如何都做不到这一点。首先，（从肯定层面解释要求的）陈述之间的“确证关系”这个概念是有问题的，因为蕴含关系过强。那么有什么其他可选方案呢？另外，一个陈述与相关集合中其他部分（更不用说全部）陈述的逻辑关系或仅仅是美学关系对我们来说是难以理解的，但我们仍然可以自然而然地说该命题为真。融贯论对这个问题的解释还不如不解释。

关于以上反对意见，有些融贯论的批评者是这样说的：他们认为融贯论的错误之处在于，虽然融贯性可以作为检验先验命题是否为真的方法，但前提是（错误的）只有当关于世界的命题都为先验的时，才能促使我们将融贯性作为总体上检验真理的方法。因为某些唯理论者认为，所有的命题都和数学命题一样是先验的，所以他们自然采纳了以上关于真理的看法。（这种批评有一个假设，即存在后验命题，从单个来说不仅是关于世界的某些事情或某些经验，还可以根据这些经验进行检验，换言之，通过符合性判断真理。这样的假设与纽拉特的批评是矛盾的，即辩证逻辑。）

其他对融贯论的批评还有，融贯性不能作为对真理的描述，因为对融贯性概念的组成部分以及陈述或判断之间相互依存性的理解依赖于逻辑，也就是依赖对真理有预先的理解。[1] 对此，融贯论者可以回答，逻辑是规则性的系统，它并不在于将陈述或判断理解成真理，而在于推理的规则或原则。而后者又需要借助语用学的考虑进行判断，并非借助真理。[2]

1 参考尤因《唯心主义》，第 237、241 页。

2 参考雷舍尔《融贯论真理观》，第 45 页。

或许更合理的回答是，融贯性为逻辑之外的事实和值提供验真的方法，而融贯性是否为真是通过其他的方式确定的，且构成了融贯论的部分基础。这为融贯论提供了更实质性的基础，但同时也使融贯论丧失了普遍适用性，不再是基本理论，而且从新的基本理论的角度来说，到底什么是真理也成了悬而未决的问题。

无论是哪种情形，这些论述所起的一个共同作用是反驳以上倒数第三段所表达的一个观点，即融贯性是先验陈述自然而然具有的属性。从当前来看，融贯性似乎被视为检验实证真理的主要方法。如果事实如此，那么前文所述的批评意见，即存在多个具有融贯性，但各不相同或许互相矛盾的信念或命题集合，会让融贯论者尤为尴尬。

最后一个值得一提的批评意见也与融贯性的概念模糊有关，但是从不同的角度进行阐述。据此提出的问题是："与什么具有融贯性？"[1] 认为一个命题如果与所有其他陈述都具有融贯性，就说命题为真，这种说法是很荒谬的，因为有意义的陈述的类别必然包含着融贯性，因为绝大多数有意义的陈述的否定形式也是同样有意义的。因此，所有有意义的陈述类别既包含"相信存在神是合理的"也包含"相信存在神是不合理的"。从另外一方面来说，认为一个陈述必须与某些其他命题具有融贯性才为真，这样传达的信息有限。任何陈述都可能与其他某些命题具有融贯性；比如，可以说占星术是由真理组成的，《指环王》也是。所以，如果说一个陈述与其他真理具有融贯性就为真，这种说法是行不通的，因为这属于回避问题。

融贯论者回答问题时可能进一步说明陈述的"目标域"（按照雷舍尔的说法），而融贯性作为检验真理的方法在这个情境下应用。[2] 其中一个可以充当目标域的选择是，描述或说明经验的陈述集合。但这样也存在问题，因为存在不止一个具有融贯性的且描述经验的陈述集合。奎因在论述翻译

1 参考同上，第 49 页。

2 同上，第 50 页。

的不确定性学说时始终坚持这个观点。无论怎样，从融贯论本身来说如何选择“正确的”集合这一点是不确定的。但是，如果真理不仅仅是在相对意义上存在的话，就必须找到一种方法能够选择正确的集合。

融贯性的概念之所以模糊的其中一个原因是，它不是逻辑学概念，而是认识论概念，甚至是需要利用策略才能理解的概念。因此，“融贯性”这个概念的模糊性或许并非源自蕴含（过强）和不存在不具有融贯性（过弱）之间不确定的区域，而是因为被视为融贯性体系的东西与被视为合理体系的东西是相同的（以适应黑格尔哲学的口号：“真即合理”）。如果这种说法是正确的，既然什么可以被视为合理的信念体系完全取决于与该体系相关的假设和对象，那么确实可以认为融贯性是必需的检验方式。这种说法是有合理性的。将融贯性检验（尤其是在唯理论和与之相关的典型的形而上学的情境中）作为一种策略是有解释力的。但这样一来，真理这个概念的内容就由真理观来确定，而不是由可以判断陈述是否为真的检验来确定了。

符合论真理观

根据上文所述，可以看出符合论的历史非常悠久，也可以反映出该理论的生命力非常强劲。柏拉图在《智者篇》中讨论过这个理论之后，亚里士多德将真理定义为“某事物是其所是的东西，或者说不是其所不是的东西（of what is that it is，or of what is not that is not）”。[1]亚里士多德的真理观与现代符合论真理观是何其相似，从《范畴篇》中的其中一段可见一斑。“某人存在这个事实包含着他存在这个命题为真……因为如果他存在，那么我们据此断言他存在的命题也为真……某人存在的事实似乎可以作为命题为真的原因，因为命题为真或为假取决于某人是否存在的事实。”[2]这种说法抓住了符合论的基础，即真理在于命题和事物在世界中的状态之间的关系。如果事实确实如此，那么表述事实确实如此的命题就为真。当命题与事实相符合时，就说命题成功地表述了事实确实如此。

符合论从直觉上来说是很有说服力的。简单来说，如果一个命题说明实际情形，或者按照曾经非常流行的说法来说是“实事求是地说”，那么该命题就为真，这一点似乎是很显然的。但是，如果考虑到该理论涉及的三个关键术语，最开始表现出来的合理性就消失了。这三个术语分别为“命

1 亚里士多德，《形而上学》，1011b 26。

2 亚里士多德，《范畴篇》，14b 14-21。

题”“符合”和“事实”（或它们的同源词）。第一章曾探讨过命题这个概念引起的一系列问题。“符合”和“事实”这两个术语也是存在争议的。将命题与事实结合在一起的“符合”关系到底是什么？“事实”又是什么？

符合和原子论

传统形式的符合论具有经验主义的特征，这一点非常重要。如果经验是偶然知识的来源和 / 或检验方法，那么很自然将真理视为我们所说的话和我们所谈论的内容之间的符合关系。洛克在其学说中曾解释说："在我看来，真理只是恰当地借用词语表征符号的结合或分离，由符号所表示的事物彼此之间一致或者不一致。"[1] 按照洛克的理论，词语"表示"观点，观点又表示"事物"。观点相互结合，形成"思想命题"（词语相互结合，形成"口头命题"。口头命题实际上表述思想命题。这里涉及一些复杂因素，无须过多考虑）。如果思想命题为真，就说明其与命题所表示事物的合方式相符合。无论怎么说，洛克所陈述的观点是存在问题的。词语是否因为是"思想的符号"才"有意义"呢？符号"结合"形成命题，如果命题为真，那么命题就与组成命题的词语所表示的事物"一致"，这种说法是什么意思？

罗素给出了更为系统的解释。另外，维特根斯坦也间接对此进行解释，与罗素的观点存在差异。但二人的主张相互重叠，形成了逻辑原子论。

在《逻辑哲学论》中，维特根斯坦认为，命题是由基本命题组成的且

1 洛克，《人类理智论》，iv，v，§2。

具备真值的复合体，而基本命题又是由不同的名称排列组成。这种结构反映了世界的排列方式。比如说，事实由事物状态构成，而事物状态又是不同的对象按照一定的排列组成。名称直接指称对象，并且因为构成基本命题的名称的排列方式与事物状态所涉及对象的排列方式相同，所以基本命题可以“描绘”事物状态。因此，由基本命题构成的命题与由事物状态构成的事实相符合。按照逻辑分解的方式，以上情形可以用以下图示表示：

命题 — 事实
| |
基本命题 — 事物状态
| |
名称 — 对象

在《逻辑哲学论》中，维特根斯坦的目标是阐明语言的结构（按照上述图示的方式）及其功能，按照他自己的说法，也就是描述世界。因为不牵涉认识论问题，所以维特根斯坦并未举出任何与名称和对象以及基本命题和事情状态的例子。第一次世界大战前，维特根斯坦和罗素曾有过短期的接触。随后二人分别提出了各自的原子论主张。罗素的理论更注重认识论问题，因此他的符合论更具有启发性。

对于罗素来说，逻辑原子或单一体（也就是《逻辑哲学论》中所谓的“对象”）是感觉材料，比如视觉领域中的色块。这是直接亲知的对象。用于构建命题的名称指的是亲知的简单对象：命题是通过其组成成分与（我们通过感知直接了解的）原子单一体之间的关系获得意义。摹状的知识是根据亲知的片段推理所得，或者可以合理地还原为亲知的片段。设想一个简单的情形。如“这个绿色的”或者“这个现在绿色的”直接与片段中呈现出的事态有关。

罗素与维特根斯坦的观点的核心在于，符合是命题和事实之间的结构同构关系。相关的结构被认为是承载着关于被关系者的信息，就好比一张被撕掉一半的纸的外观可以通过另外半张纸进行重构。

话虽如此，如果将符合理解为结构同构关系，符合这个概念是否就清楚了，这一点仍然是存在疑义的。因为无论是命题结构和事实，还是二者之间推定的同构关系都是含糊的。后文将对此进行分析。无论怎么说，同构这个概念本身就需要从结构和符合的角度进行解释。因为我们会像字典一样很自然地将它定义为“对两个或多个词项成立并使它们相互联系的、保持信息相似性或信息符合的结构”。这会使我们陷入无法摆脱的循环论证。

考虑一个熟悉的例子，由“猫坐在席子上”表述的命题。这个命题似乎至少由三个成分构成：猫、席子和二者之间的关系。但是，在世界中，只存在两个事物，即猫和席子。如果二者之间所形成的空间关系是第三个事物，那么这个事物与前两种事物不属于同一个类别。我们是否肯定命题结构与事实结构是同构的？实际上，很难说清楚一个命题到底有多少组成部分，因为在除了英语之外的其他语言中，很可能一个命题用一个词语就可以表示，但表达的意思与“猫坐在席子上”相同。在这种情况下，我们如何计算“成分”的个数，使其与猫坐在席子上这个对应事态的推定成分相匹配？

这个例子很简单，但是它所体现的问题却让我们感到相当困惑。而若要具体说明命题“天气很糟糕”或者“政治形势很复杂”与各自相关的事态之间的结构同构关系，难度就更大了。

奥斯汀与约定

符合是命题结构和事实之间的一种同构，该观点受到原子论形而上学的影响，也是追求理想化的、表达清楚的语言的推动力。这正是逻辑原子论的特点。尝试说明符合论又未借助上述观点的人有奥斯汀。[1] 他希望通过词语和世界之间的约定关系解释符合论。他认为词语和世界可以通过两种方式相互联系：（a）通过“描述性”的约定，将词语（=语句）与世界中能发现的各种类别的情形相联系，和（b）“指示性的约定”，将词语（=语句，即实际说出的语句）与在特定情况下实际发现的情形相联系。

假设某人 s 在时间 t 说“我在吃东西”。那么描述性的约定将词语与人吃东西的情形相联系，而指示性的约定将词语与 s 在 t 时所做出的实际行为相联系。如果实际情况与 s 通过指示性约定说出的词语相关联，且与通过描述性约定说出的词语的类型相同，那么 s 在 t 时所说的内容为真。奥斯汀使用“约定”这个词是有目的的。任意一个词语都可能与任何一个情形相联系，只要二者之间的联系是不矛盾的，能够成功进行交流就可以。这说明，相互关联性绝对不可能代替同构这样的关系，且与同构之间也不具有任何相似性。

1 J. L. 奥斯汀，“真理”，载于 G. 皮彻《真理》，第 18 页及后续诸页。

奥斯汀的主张直接引起了一个问题，即他的观点似乎只适用于指称性陈述，也就是特定的言说者在特定的时间所说的陈述。鉴于此类陈述与一般陈述或不明确陈述不同，具有明确的指称，因此不能用于多种不同情形，进而描述性约定在判断其真值方面起不到任何作用。但奥斯汀的主张又必须要依赖描述性和指称性两种关系。奥斯汀可能会说，虽然这些陈述不能按照上述两类约定判断，但它们的真值可以依靠另外一个更基本的陈述的真值来判定，而后者的真值是通过描述性和指称性约定来判断的。

另外一个针对奥斯汀的主张提出的批评更为严厉。该批评意见认为，奥斯汀的主张暗示着，在宣称一个陈述为真时，其实（按照艾耶尔的说法）是“对该陈述有意义的条件进行语义学上的探究”。[1] 当然，如果按照奥斯汀所描述的方式，一个陈述为真，它就必然具有它所表述的意义。但是，这又不同于说某个陈述为真是（按斯特劳森的说法[2]）“利用了给出语义规则的情形”，也不等于说该陈述的言说者在做出陈述的时候是正确使用了词语。因此，尽管在符合奥斯汀所描述的语义规则的条件下我们“所使用的词语‘为真’……但我们使用这个词语时并不说明语义规则得到满足”。[3] 如果去掉奥斯汀的理论中的（艾耶尔称之为）“语义累积”的部分，那么所剩下的内容就无法对符合论进行辩护，更称不上是对符合论进行的颇具启发性的重述了。

以上批评意见主要是由斯特劳森提出来的。他认为，奥斯汀将两个根本问题弄混了，即陈述 S_1 声称另一个陈述 S_2 为真时，陈述 S_1 为真需要满足什么语义条件，以及当 S_1 声称 S_2 为真时，S_1 断言了什么内容。奥斯汀认为，说某个陈述为真就说明满足了指称性和描述性条件。如果这个说法正确的话，就说明断言某个陈述为真时，我们可能是在谈论说话者所使用

1　A. J. 艾耶尔，《人的概念》，第 184 页。

2　P. F. 斯特劳森，“真理”，载于皮彻《真理》，第 44 页。

3　同上。

的词语的意义，也可能是在谈论说话者恰当地使用了词语。但是，斯特劳森说，“认为我们是在做上述两件事情之一的观点显然是错误的”，因为我们所谈论的并不是使用的词语，而是确认或者同意所说的内容。[1] 斯特劳森写道：“如果提出的问题是：我们什么时候‘为真的’使用词语？而不是：我们如何‘为真的’使用词语？就已经犯了错误了。”[2]

---

1 同上，第 43—44 页。

2 同上，第 47—48 页；并参考 G. J. 沃诺克“有关真理的一个问题”，载于皮彻《真理》，第 55 页及后续诸页。

相关性与适合

“符合”这个重要的概念本身是什么意思？皮彻在《真理》一书的引言中提到了两个对符合这个概念的解释，并分别对其进行讨论。此处我仅借用他的部分观点。

两种解释方式分别为：将符合解释为“弱”关系，即相关性，以及“强”关系即适合。通过将事物进行一对一的配对可以说明什么是相关性。假设我们将一系列整数按照一对一的方式与偶数进行对应，如下所示：

整数：	1	2	3	4	5	…	n
偶数：	2	4	6	8	10	…	$2n$

整数列中的 1 与偶数列中的 2 对应，整数列中的 4 与偶数列中的 8 对应，以此类推。很显然，我们需要说明对应的规则或原则，因为如果没有语境和规则的话，只说“5 对应 10”是没有意义的。

另外，就适合这个词而言，最好将其理解为“吻合”或“匹配”，就像我们说将撕开的纸的边缘重新对起来是吻合的或匹配的。“相关性”和“适合”可以用于区分不同的有关符合的概念。比如，虽然我们可以说两半撕开的纸再重新拼到一起时，可以精确地或完美地吻合（符合），但不能说整数列中的 3 与 6 精确或完美地符合，也不能说 3 与 6 不完美地符合。这样的描述完全是不恰当的。

怀特将以上差异理解为“与……符合”和“相当于”之间的区别。前者将符合理解为适应，后者将符合理解为相关性。[1] 因此我们可以说“钥匙可能与它所对应的钥匙孔相符合，一半邮票可能与另一半相符合，账本上的条目相当于售出记录，陆军中的一个等级相当于海军中的某个等级”。[2]

那么现在问题是，以上哪种说法能更好地解释符合论中涉及的关系。以往均采用“与……相符”的说法，也就是适应。维特根斯坦和罗素认为，事实和命题成分之间的符合是“吻合”。维特根斯坦提出的有关“描述”基本命题和事态之间的关系的说法可以解释上述观点。但是，通过这种方式解释符合关系，存在以下严重的问题。

第一个问题，如上所述，如何确定一个命题有几个成分。即便存在确定命题成分的规则，每个命题的构成成分的个数是否与其所符合的事实相同，这一点是不明确的。在讨论命题成分的同时，还有另外一个问题，即“事实”。假设有人说，猫坐在席子上的例子实际上有三个成分：猫、席子以及二者所处的空间关系。这种说法将关系具体化，即将关系变成与猫和席子一样的实际成分。这也是一种形而上学的说法，需要加以论证。那么符合是否有意义这个问题就不仅仅涉及什么算是思想成分、什么算是事实成分，而且涉及如何将思想和事实变为可以计数的命题成分。

第二个问题可以通过一元述谓结构来解释，比如“车是蓝色的”。如果按照适合来解释，为了让事实成分与“车”和“蓝色的”相吻合，我们应该承认，诸如蓝色等属性可以与用于说明该属性的事物分开。一些有影响力的观点提出了从认识论上可以分离的属性，比如柏拉图所说的存在。当然，我们不必考虑这么多。我们能够在思想中将车与其颜色“分离”，并以唯名论的方式考虑这个事实的结构。如果这种分割的行为不是由世界做出的，而是由我们主动实施的，那么又是什么支配着这种行为呢？事实和命题之间的关系（前者是由后者言说的）没那么令人感兴趣。

1 A. R. 怀特，《真理》，第 105 页。

2 同上。

以上批评意见是针对最简单的情形，考虑非常直白的命题中的关系，比如“猫在席子上”和“车是蓝色的”被认为与猫在席子上和车是蓝色的事实相符。如果有人问真阴性陈述、条件句或析取陈述中适合式的符合关系如何存在，或者是什么让三类陈述为真，那么问题就复杂得多了。换句话说，陈述“如果猫在席子上，那么他很暖和”与什么相符合？或者“猫不在席子上”与什么相符合？[1]

1 同上，第106—107页。

意义和真理

总而言之，将符合解释为适合主要的问题在于将命题“结构化”以及“事实”本质上的争议性。这种失败的尝试或许会引导我们重新考虑弱“相关性”的解释，这种策略得到了一些哲学家的支持。[1] 其中一个非常有说服力的建议源自上文提到的将整数和偶数关联起来的例子，由此表明根据某个规则，语言中的表述方式与世界中的情形是可以配对的。因此，奥斯汀的主张是将符合解释为相关性。这种方式的一个优点是，它遵循以下事实，即词语 – 世界之间的关系是任意的，任何符号或标记都是经过人们同意后才能代表世界上的某些事物。并且，这种方式也利用了一个事实，即相关性以及支配相关性的约定都可以被直接理解为在它们在应用情境中的适合性。但是，再强调一下，对此观点持批评意见的人认为，当我们讨论真理的时候，我们并非在谈论意义，也并不是讨论说话者是否恰当地使用了词语。马克斯·布莱克（Max Black）认为，通过意义的概念解释真理是行不通的，这就相当于用一个模糊的概念来解释另一个模糊的概念，最终结果不可能有任何进步。[2] 对于符合论来说，以上论述并不全面。第六章将讨论符合论的另外一种形式。

1　参考 G. E. 摩尔《哲学的一些主要问题》，第 14 章各处，以及怀特《真理》，第 108—109 页。

2　M. 布莱克，“真理的语义学定义”，《分析》，8，1948 年，第 52 页。

第六章

语义论真理观，收缩论真理观：模糊性与评估

引 言

真理观可分为两类。其中一类真理观认为，真是真值载体的实体属性。这种属性可能是一种关系属性，主要体现为符合或融贯性关系;也可能是功能属性，比如实用论中所提到的认识论功效。另外，此类真理观还将真视为一种重要的但无法定义的属性。这也是戴维森所认可的观点。

另一类真理观认为，真不是实体概念。对于真来说，除了出于某些逻辑或修辞的目的使用谓词结构“……为真”之外，就没有其他的作用了。很显然，此类观点可被称为“收缩论”真理观。

本章讨论了收缩论，以及前一章内容之外的其他重要的真理观。但首先，我们先来探讨一个理论，虽然不同于其他的真理观（严格来说，这个理论只在形式语言上对谓词结构“……为真”进行定义），但因其在哲学上应用广泛，所以非常有影响力。这就是阿尔弗雷德·塔尔斯基提出的语义论真理观。[1]

---

1 A. 塔尔斯基，“形式语言中的真理的概念”，载于《逻辑、语义学和元数学》，第 152—278 页，A.（这是一本非常好的导论）；塔尔斯基，“真理的语义学概念”，载于费格尔等《哲学分析文选》，第 52—84 页。在下面的引用中，我将二者分别称为 1 和 2。

语义论真理观

塔尔斯基为自己设定了目标，即给出令人满意的真的定义。“令人满意的”意思是，定义在实质上是充分的，在形式上是正确的。[1]这个概念使直觉的价值（塔尔斯基称之为“经典的亚里士多德式的真的概念”）得到充分发挥，[2]即“声称某事物是其所不是的东西，或不是其所是的东西，这种做法是错误的；声称某事物是其所是的东西，或不是其所不是的东西，这种做法是正确的”。之前的章节曾介绍过这个观点，用现代的术语来说就是符合论。[3]但是，在塔尔斯基看来，无论是亚里士多德的论述还是现代符合论的说法都是不准确的，都会引起误解。因此，他希望通过一系列具体的要求，提出一种更为准确的表达直觉的方式。“我们必须确定，是什么决定了定义在形式上的正确性。因此，必须详细说明在定义真理这个概念的时候我们希望使用的词语或概念。另外，还必须给出定义应遵从的形式规则。一般来说，我们必须描述定义所用的语言的形式结构。”[4]

阐述塔尔斯基的主张的其中一种方式与说谎者悖论提出的解决方案有

1　A. 塔尔斯基，2，第 52 页。

2　同上，第 53—54 页；1，第 155 页。

3　亚里士多德，《形而上学》，1011 b 26；比之前列出的翻译版本好。

4　A. 塔尔斯基，2，第 54 页；参考 1，第 155 页。

关。[1] 该方案主要关注语言中一个语句所表达的内容以及“元语言”中关于这个语句所表达的内容。元语言指的是比语言更高阶的语言，语言是元语言的“对象语言”，并在元语言中进行讨论。考虑下列说谎者悖论：

本页中画线的语句为假。

以上语句存在的悖论是，如果写在线上的语句为假，那么语句为真。如果前者为真，那么后者就为假。塔尔斯基认为，悖论源自语句的自我指称，也就是说它谈论的是其本身。严格说来，语句为假是因为它属于“语义封闭的”语句，即不仅包括众多正常的表达，还包括这些表达的名称以及指称整个语句的语义术语，比如“真”。另外，还存在默认的假设，即所有决定“真”的使用的语句都可以通过语句本身来断定。[2] 塔尔斯基区分了对象语言和元语言，防止出现此类自我指称现象，并认为将真理和谬误归属于不同的语句是元语言的行为：因此“‘纽约是个大城市’为真”是对语句“纽约是个大城市”进行元语言的断定。真可以被解释为元语言的述谓结构，可以用于对象语言的语句。它是对象语言中语句的语义属性。元语言认为，对象语言中的语句说明实际的情形。

语句只有作为某种语言的成分才有真假之分。可能存在一种语言，比如 Anglish，其中语句“雪是黑色的”意思与英语表达“雪是白色的”意思相同。因为 Anglish 中“黑色的”所指称的东西与英语中“白色的”所指称的东西相同。“黑色的”的外延与英语中“白色的”相同，且雪是白色的，所以“雪是黑色的”在 Anglish 中为真。也就是说，语句 S 为真的意思是，语句 S 在语言 L 中为真。但是，“S 在 L 中为真”不可能是 L 本身的语句（会产生悖论），而是将 L 视为对象语言的元语言中的语句。L 中的语句在元语言中并不是被使用，而是被提及和讨论。如此说来，区分使用和提及非常必要。

1 A. 塔尔斯基，1，第 157—165 页；2，第 58—59 页。

2 参考 A. 塔尔斯基 2，第 59 页。

塔尔斯基希望对给定语言 L（语言 L 处于元语言 M 中）中的“真语句”表达进行定义。这蕴含着 M 中所有以“S 是 L 的真语句，当且仅当 p”形式的语句，其中 S 是 L 中某个语句的名字或者结构描述，“p”是将语句翻译为 M 中的形式。[1] 因为，L 可能是 M 中的一部分，那么 L 中的语句翻译为 M 中的形式就是其本身。蕴含此种形式的语句这个要求就构成了令人满意的真的定义的实质性充分的标准。这个要求被称为“约定（T）”。

如果说约定（T）为真的定义提供了充分性的标准，就等于说明任何可接受的真理的定义都应该包括以下公式所衍生出的所有形式：

（T）S 在 L 中为真，当且仅当 p。

比如说，以上形式可以写成：

“雪是白色的”在英语中为真，当且仅当雪是白色的。

句左边“雪是白色的”是句右边雪是白色的表达的“名称”。注意，约定（T）并不是真的定义，而是实质性充分的条件，要求如果真的定义在最低限度上令人满意的话，就应该蕴含约定（T）所有衍生出的形式。因此（T）图式并不决定真这个概念的内涵（词语“真”的意义），而是其外延，即真的范围。

为了给出真的定义，必须在充分性条件中加入某些因素，即定义真的语言结构和定义时所使用的概念在形式上正确的证明。真的定义用 L 的元语言 M 给出，所以 L 必须包含在 M 中或被翻译为 M。因为按照充分性条件的要求，所有等效于（T）的形式都必须隐含在真的定义中。M 不仅要包含 L 或所有 L- 语句翻译为 M 的形式，还要包含指称 L- 语句的工具。所有（T）形式都包含 L- 语句以及句左侧和右侧分别指称 L- 语句的表达。另外，塔尔斯基要求，M 和 L 都应该是“形式上可以说明的”。我们必须能够说明 L 中形式规范的公式（“合适的公式”），才能定义 L- 中的 -

1　A. 塔尔斯基，2，第 60 页；1，第 162—165 页。

真，因为这些公式都是谓词“L－中－为真”所描述的对象。因为自然语言（比如英语、斯瓦西里语、日语等）在形式上都是不能明确规定的，所以塔尔斯基将这个要求视为排除了在自然语言中定义“真”的可能性。对于部分认为塔尔斯基的理论可以扩展，或至少可以部分扩展到自然语言中的哲学家来说，这一点就会引起分歧。下文将继续予以评述。

借助“满足”这个概念，塔尔斯基将真定义为，对象与“命题函项”比如“x 是白色的”或“x 比 y 大”之间的关系。这些表达属于命题函项，而不是语句，因为它们都包含自由变量，必须嵌入适合的词语才能得到恰当的语句。命题函项的定义牵涉到“递归程序”的概念。首先，描述最简单的命题函项，然后通过一定的运算可以得出复合函项。这种运算的例子有通过“或（or）”或“和（and）”对任意两个函项进行逻辑析取或合取。

语句可以被定义为不包含自由变量的命题函项。为了以启发性的方式解释“满足”这个概念，我们可以说，如果将命题函项中的自由变量用给定对象的名称替换后得出真正的语句，那么就说给定的对象满足给定的命题函项。比如，雪（不是“雪”的名称而是实际的雪）满足“x 是白色的”，因为语句“雪是白色的”为真。这仅仅是以启发性的方式解释满足，因为这里用到了“真”，而要定义“真”，就需要找到一种不牵涉“真”的解释方式。

如此一来，就需要以递归的方式，首先说明哪些对象满足最简单的命题函项，然后说明在什么条件下给定对象满足由简单命题函项构成的复合函项。比如，我们说，如果某些对象满足函项“x 比 y 大”或者“x 与 y 相等”，那么它们就满足析取式“x 比 y 大或 x 与 y 相等”。

如此，以上定义的满足的概念自然适用于不包含自由变量的命题函项，即语句。再进一步探究形式细节会发现，对于语句来说，只有两种情形：要么对所有的对象都满足，要么对任何对象都不满足。语句在第一种情况

下为真，在第二种情况下为假。[1]（9）

以上是以非形式的方式对塔尔斯基在定义真时所用到的关键概念进行解释。下面以形式的方式再次对其进行描述。对于专业术语不感兴趣的读者可以忽略下面一节的内容。[2]

1　这种非形式化的展示紧跟着塔尔斯基的做法，参考 2，第 63 页。

2　奎因通过顺序和递归对满足的概念做出形式的解释。参考奎因《逻辑哲学》，第 3 章各处，特别参考第 35—40 页。后文是对塔尔斯基的讨论，第 40 页及后续诸页；另参考哈克《逻辑哲学》，第 106—108 页。我的展示采用哈克的形式。

形式描述

开命题如 Fx 等不具有真值，但是可以为对象序列满足或不满足。对象序列指的是对象二元组、三元组，甚至是次序 n 元组。因此，"x 是一个男人"可以为苏格拉底所满足，"x 是 y 的老师"可以为 < 苏格拉底，柏拉图 > 所满足（但二元组的顺序不能调换，因此 n 元组次序这个概念非常重要），"x 教过 y，y 教过 z"可以为 < 苏格拉底，柏拉图，亚里士多德 > 所满足。由此可见，满足是开命题和次序对象 n 元组之间的关系。

因为 n 可以是任何数目，所以塔尔斯基将满足定义为开命题和无穷序列在特定约定之下的关系，即 $F(x_1, x_2, \cdots x_n)$ 为序列 $<O_1 \cdots O_2 \cdots O_n + \cdots>$ 所满足（O 指的是任何对象）。在这种情形下，$F(x_1, x_2, \cdots x_n)$ 只为序列前几个对象所满足即可，序列中的其余对象可以忽略。开命题 S_1 的否定形式可以被任何不满足 S_1 的序列所满足。S_1 和 S_2 的合取式可以被既满足 S_1 又满足 S_2 的序列满足。开命题的存在量化式可以被一个对象序列在这样的条件下满足：存在另外一个序列，与第一个序列最多在第 1 位上不同（第 1 位是量词约束的变量），且满足去掉量词之后所得到的语句。比如，$(\exists x)$（x 是 y 和 z 之间的国家）为序列（a）< 伦敦，荷兰，西班牙 > 所满足，因为序列（b）< 法国，荷兰，西班牙 > 满足"x 是 y 和 z 之间的国家"。两个序列之间的区别［序列（a）中的"伦敦"和（b）中的"法国"］仅在于约束变量 x 的位置，序列（b）满足去掉"x 是 y 和 z 之间的国家”前面的存在量化式后所得到的开命题。

不存在自由变量的语句，也就是所有变量都由量词约束的语句，就是“闭合”语句。闭合语句其实是开命题的特殊形式——它们是没有空位的开命题（它们是 0 元开语句）。由此，塔尔斯基将为任何序列所满足的语句定义为真，将任何序列都不满足的语句定义为假。比如，二元组开命题“*x* 是 *y* 的老师”为所有的 < 苏格拉底，柏拉图……> 的序列满足，不论第三位、第四位或后续的元素是什么都无关紧要。一元组开命题“*x* 是一名老师”为所有的 < 苏格拉底，……> 序列所满足，无论第二位及后续元素是什么。0 元开命题，也就是闭合语句（∃*x*）（*x* 是一名老师）为所有 <…，…，…> 所满足，无论第一位及后续的元素是什么，因为任何一个序列（比如 < 苏格拉底，……>）顶多只能与其他序列在第一位上存在不同，并且满足（去掉量词之后的）语句“*x* 是一名老师”。闭合语句不能只为部分序列满足，其他的不满足，它们要么为所有的序列满足，要么为任何序列都不满足。

因此，塔尔斯基的定义是“真 $=_{df}$ 为所有序列所满足”，“假 $=_{df}$ 为所有序列都不满足”。为了弄明白原因，我们再来考虑一下闭合语句（∃*x*）（*x* 是一名老师）的例子。假设存在对象序列 *A*。如上文所述，该语句为所有对象序列满足，当且仅当存在另一个序列 *B*，最多只在第 1 位置上与 *A* 不同，且满足去掉量词之后的语句“*x* 是一名老师”。这个语句可以为对象“*O*”满足，其中 *O* 是一名老师。因此，如果某个对象是一名老师的话，就存在这样一个对象序列。由此，如果某物是一名老师，那么（∃*x*）（*x* 是一名老师）就可以为所有序列所满足。

我们可以进行如下形式描述。塔尔斯基利用形式化的元语言通过类演算对真进行定义。但是，根据奎因和哈克的观点，将这个流程看作是标准的一元谓词演算可能更容易一些。[1] 我们有常用的变量和谓词符号，两个构

1　奎因，《逻辑哲学》，第 40—42 页；哈克，《逻辑哲学》，第 108—109 页。我采用哈克的形式。

成语句的算子～和·，存在量词和括号。这就是全部的句法。原子语句是由 n 元谓词加上 n 个变量构成的字符串。除了原子语句 A 和 B……，利用～或·通过 A、B 构成的语句，以及（∃…）之外，其他的都算不上是符合语法规则的公式，因此～A 是一个公式，（A·B）是个公式，（∃x）A 也是公式。

递归性的定义如下。假设 A 和 B 覆盖数量有限的一阶语言中的语句，X 和 Y 覆盖所有的对象序列，表达“Xi”指称任何序列 X 中第 1 个元素。那么满足就可以通过以下原子语句进行定义。

1.i. 对于所有的 i 和 X 来说：

X 满足“Fxi”，当且仅当 Xi 是 F。

这是一元谓词从句。

1.ii. 对于所有的 i 和 X 来说：

X 满足“Fxi”，当且仅当 Xi 和 Xj 处于关系 G 之中。

以上是二元谓词从句。当然，所有的谓词都可以此类推。下面讨论否定形式、合取式和量化式。

2. 对于所有的 X 和 A 来说：

X 满足“～A”，当且仅当 X 不满足“A”。

3. 对于所有的 X，A 和 B 来说：

X 满足“A 和 B”，当且仅当 X 满足 A 且 X 满足 B。

4. 对于所有的 X，A 和 i 来说：

X 满足（∃xi）A，当且仅当存在序列 Y，使得 $Xi=Yj$，$j \neq i$，且 Y 满足 A。

闭合语句，即不含自由变量的符合语法规则的公式为所有的序列满足，或不为任何序列满足。由此，“真”可以通过数量有限的一阶语言 L 进行定义：L 中的闭合语句为真，当且仅当它为所有的序列满足。从本质上来说，这就是塔尔斯基定义“真”的方式。

塔尔斯基，中立性和物理主义

如上所言，塔尔斯基认为，他提出的形式正确的条件导致在任何语义闭合的语言（也就是包含“真”和“指的是”等语义词项且在形式上不能详细说明的语言）中都无法对真进行充分的定义。由此说来就无法对自然语言中的真进行充分的定义，因为只有形式语言才具有语义开放性和形式上可说明性的特征。

简单来说，自然语言有自己的元语言。塔尔斯基认为，这就是自然语言中存在悖论的原因。并且，自然语言是有生命的，一直处于变化和发展之中，有模糊性、指称性和含混性的特征。出于上述原因，塔尔斯基相信，自然语言经不起真的定义的检验。[1] 他还认为，他的理论只适用于形式语言，因此对于传统的形而上学和认识论的争议来说，他的理论是中立的。我们可以认可语义论真理观，同时保留先前形成的哲学观点。[2]

但是，塔尔斯基对其理论的影响及应用的分析并未得到认可。有人认为他的理论会产生重要的哲学后果，且该理论有赖于几个重要的哲学假设。首先考虑几个事实。（a）塔尔斯基的解释利用了量词的对象性解读——（$\exists x$）Fx 为真，如果存在 F 这个对象。（b）变量所取值的对象处在世界中，

1　参考 A. 塔尔斯基，1，第 153 页；2，第 54 页。

2　A. 塔尔斯基，2，第 70—74 页。

不在模型域或可能世界中，那么选用塔尔斯基的例子，“x 是白色的”就为雪所满足（雪这种事物不同于“雪”这个名称）。（c）实质充分性条件排除了所有的二值真理理论，比如，如果“‘p’为真当且仅当 p”中的‘p’无真值，那么“‘p’为真”就为假，那么“‘p’为真当且仅当 p”这个整体如果不为假的话，那至少也不为真。根据（a）到（c），我们可以得出结论，塔尔斯基的理论似乎认可并提倡一个形而上学观点，即“物理主义”。[1]

以上观点是菲尔德（Field）提出来的。[2] 他认为，对真理进行定义时不能借助语义基元，因为借助语义基元会导致语义模糊不清，并且“难以与科学和物理主义统一性的基本原理相协调”。[3] 塔尔斯基希望语义学从科学的角度成为受人尊重的学科。[4] 因为统一科学（也就是塔尔斯基所说的“物理主义”）的一个假设是，所有现象都可简化，进而认可物理定律的假设，所以塔尔斯基认为他的任务是对“真”从物理学方面进行适当的描述。

菲尔德首先指出塔尔斯基的目标是非中立性的，又说明他并未完成这些非中立性的目标。菲尔德认为，他并未对语义基元这个概念用适合的物理学词汇进行描述，因为他的定义实际上是依赖语义基元的。塔尔斯基展示了如何将真还原为满足关系，又如何将满足关系还原为初始的指称，但这种做法相当于将语义概念简化成其他语义概念，并不等同于用物理学词汇进行定义。为了实现上述还原过程，用非语义词汇定义目标概念，我们必须借助与目标概念使用情形有关的事实。由此，菲尔德对塔尔斯基的理论进行修改，主要是围绕着以下说法：外延上的等效不足以实现从语义词

1 “物理主义”指的是“1. 所有的时间都是物理时间，即具有物理描述；2. 在物理描述下，所有作用者都可以按照物理定律进行标准化的解释”。J. 麦克道威尔，“菲尔德关于塔尔斯基所作的论述中的物理主义和指示”，载于 M. 普拉茨（编）《指称，真理和实在》，第 128 页。

2 H. 菲尔德，“塔尔斯基的真理观”，《哲学杂志》，lxix，13，1972 年，重载于 M. 普拉茨（编）《指称，真理和实在》，第 83—110 页；特别参考 Siii，第 91—94 页。

3 A. 塔尔斯基，1，第 406 页。

4 同上，并参考 2，第 56—57 页。

汇到物理词汇的还原，我们需要更强有力的根据。菲尔德的建议是，通过将指称定义为物理事实和物理事实维持的语义事实之间的因果关系，可以实现真正的还原。（第七章讨论指称的因果关系理论。）[1]

1　菲尔德，“塔尔斯基的真理观”。特别参考第84—90、94—103页；以及麦克道威尔的回复，“菲尔德关于塔尔斯基所作的论述中的物理主义和指示”。

塔尔斯基的理论是符合论吗?

语义论真理观从哪些方面支持符合论真理观？或者说保留了符合论的本质直观？甚至是构成了符合论的一部分？波普尔对塔尔斯基理论热切的回应提供了符合论迄今为止缺少的东西，也就是对符合关系进行恰如其分的描述，也就暗示了以上第三种可能性。[1] 但是，塔尔斯基自己的说法只能说明存在前两种可能性。[2] 波普尔的说法很有力度。正是因为如此，塔尔斯基“修改了符合论有关绝对真理或客观真理的说法”，并“证明了将真视同于与事实符合的直觉看法是正确的”。[3] 这种说法值得探究。

考察（T）图式的例子（比如“‘雪是白色的’为真当且仅当雪是白色的”）的其中一种方式是，将左边的部分看作是语言学词汇，也就是一个语句，将右边的部分看成是语言学之外的成分，也就是事实或事态。这样一来，（T）图式本身——“‘p’为真当且仅当 p”——说明了语言学词汇和语言学之外的成分之间符合的方法。但是塔尔斯基认为这一点实际是行不通的。因为（T）图式充其量构成了某一个真理论的充分条件，并不能说明符合论一定正确，但与其他真理论是符合的。比如说，冗余论［形式为

1 K. 波普尔，《猜想与反驳》，第 223 页。另参考波普尔，《客观知识》，第 320 页。

2 A. 塔尔斯基，1，第 155 页；2，第 53—54 页。

3 波普尔，《猜想与反驳》，第 224 页。

“(p)(p 为真当且仅当 p)”] 在实质上是充分的。并且，按照哈克的观点，冗余论与其他各种能够想象出来的理论（根据如果“‘p’为真”被定义为“‘p’由哲学家所断言”我们所能够得到的理论）相协调。于是“‘雪是白色的’由哲学家所断言，当且仅当雪是白色的”从以上所说的意义上来看（任何接受定义“‘p’为真”的人如果接受或拒绝右边的说法，相应地也会接受或拒绝左边的说法。）成为（T）图式的例子。[1]

如果我们考察塔尔斯基对真的定义的话，事情似乎更乐观一些。真的定义似乎包括可以支持符合解释的内容。该定义从满足的角度来阐述，满足是语句和对象序列之间的关系。但问题是，塔尔斯基的定义说明，真假语句分别为所有序列满足，或不为任何序列满足，无须借助具体的序列。[2] 另外，正如哈克所指出的，“塔尔斯基的理论包含分析真理和综合真理，这是有迹可循的，但是如果认为分析真理存在于‘与事实的符合关系’就不如认为综合真理在于与事实的符合关系更合理一些”。[3]

引起以上问题的部分原因在于，因为不存在令人满意的符合论，所以很难说明塔尔斯基的理论必须展示出怎样的特征才可以被视为符合论。比如，奥斯汀对符合的解释与塔尔斯基对符合的解释之间存在巨大差异。奥斯汀的解释被视为可以代替罗素的“融贯性”观点，并对“融贯性”观点的缺点进行了改进。按照奥斯汀的解释，指示性陈述（不是语句）占据中间地位，而塔尔斯基则完全忽略了指示性，而是将语句（不是陈述）看作真值载体。塔尔斯基之所以选择语句作为真值载体，是因为利用语句的句法结构从满足的角度可以对真进行定义。而奥斯汀认为，描述性约定（也就是将表达与世界上的各种情形类型关联起来的约定）纯粹是约定性的，

1 S. 哈克，“关于塔尔斯基的看法是正确的吗？”，《哲学》，51，1976 年，第 25 页。

2 同上。另参考哈克《哲学逻辑》，第 113 页。

3 同上。

任何词语都可以做到，不论句法结构如何。[1]

如果奥斯汀的理论更适合作为符合论的例子，那塔尔斯基的理论就与符合论相去甚远。如果塔尔斯基的理论因依赖结构而与罗素的理论有相似性故被视为符合论，那么一方面来说，塔尔斯基的理论与一个不成功的符合论类似，从另外一方面来说，借助“结构”的概念使得二者之间的相似性很弱，因为它要么借助同构的关系，要么借助对象语言中的语句的句法结构。

其中一个针对塔尔斯基的理论提出的问题是，“它是否支持，或者说至少保留了符合论的直观？”。要回答这个问题，我们可以说，即便塔尔斯基的理论做到了其中任何一点的话，因为它与其他的真理论是兼容的（也就是说至少塔尔斯基的真理论不质疑其他真理论的直观），它所做的事情并没有实质性的贡献。到目前为止，塔尔斯基学说中的一个因素——他的定义是中立的——经证明是正确的，但承认这一点就相当于与他的另外一个观点矛盾，即该理论准确说明了符合这个概念具有直观性。

这样就使得塔尔斯基理论中有关客观性的说法遭到质疑。从表面上来看，将塔尔斯基的真理论描述为“绝对的和客观的”是不恰当的，因为该理论将真视为在本质上是与语言相关的。真的定义并不是绝对“为真”，而是“在 -L 中 - 为真”。“这个概念的外延还有待于进一步说明，”塔尔斯基认为，“且在本质上来说取决于某一种特定的语言。在一种语言中，一个表达可以为真，但在另外一种语言中，同样的表达可能为假或者无意义。那就，就不存在给出真的一般性定义这个问题了。”[2] 塔尔斯基之所以持上述观点，有两点原因：定义本质上取决于句法结构，以及必须存在语言相对性才能避免悖论。

塔尔斯基的一位批评者曾抱怨，语义理论使自身陷入了一种“缺乏批

1　同上，第 326—327 页。

2　A. 塔尔斯基，1，第 153 页。

判力的实在论”，因为像“雪是白色的”等语句为真，当且仅当“雪事实上是白色的”。[1]塔尔斯基反对这种“事实上”的说法，他认为“真”的定义无法暗示任何可以判定“雪是白色的”的条件，只能说明我们无论何时判定或否定“雪是白色的”，必须同时判定或否定相关语句“语句‘雪是白色的’为真”。[2]塔尔斯基随后说明，“因此，我们可以接受‘真’的语义概念，同时不必放弃我们预先可能存在的任何认识论态度。我们仍然可以保持原来的身份不变，无论是朴素实在论者，批判实在论者或唯心主义者，还是经验主义者或形而上学者。语义概念针对上述问题完全是中立的”。[3]

因为塔尔斯基的定义与其他对立的（既是在真的定义上对立，也是在判断或检验真的标准上对立）真理论是兼容的，所以塔尔斯基有关语义理论独立于特定的哲学承诺的看法似乎是无懈可击的。但这种说法与上文提出的塔尔斯基观点所具有的物理主义特征是相互矛盾的。抛开塔尔斯基自己的主张不谈，对于塔尔斯基的观点具有实在论的特征这种质疑是否是有根据的呢？

有两个观点可以支持以上可能性。第一是否定存在不同的语言。如果确实如此，那么塔尔斯基的理论就不再是纯粹相对的了，而是具有普适性。戴维森认为，真正不同的语言（在互相不可理解或不可接受的意义上来说）这个观点是没有意义的，因为成为语言的标准就是“可以翻译为熟悉的习语”（参阅第九章关于相对主义的讨论）。[4]波普尔的观点中也有类似的说法，即如果 p 是 L 中的真语句，且在另外一种语言 L_1 中存在对 p 的翻译 p_1，

---

1 A. 塔尔斯基，2，第 71 页。对此提出批评的是贡赛斯，在 1938 年出版的《托马斯评论集》，xliv 中有相关论述。

2 同上。

3 同上。

4 D. 戴维森，“论概念图式”，《美国哲学协会学报》，1974 年；载于《真理与解释探究》。

那么 p 和 p_1 具有相同的真值。[1]

但是，即便上述说法正确，也只能用于论证塔尔斯基的理论是“绝对的”（即普遍适用的）这个观点，因为要证明以上说法如何蕴含塔尔斯基的理论是客观的，这是另外一个问题。我们顶多可以说，一个观点是绝对的是该观点是客观性的必要条件。如果要说明二者之间的充分性关系的话，还需要进一步解释。

另外一个观点是因为塔尔斯基的观点支持真理的二值理论。二值理论与实在论密切相关，认为如果语句确定地为真或假，那么一定是某些不依赖于我们自身或我们所拥有的知识的事情使得该语句如此。（第八章中对此观点进行讨论）。这是达米特理论的宗旨。要想在真理方面做一个实在论者，实际上就是将真理视为客观的东西。如果这些观点正确，就可以支持上文菲尔德对塔尔斯基理论的解释。

1 波普尔，《客观知识》，第 45 页。

形式与自然

但是如上文所言，塔尔斯基的批评使得语义论不能用于理解自然语言语境下的“真”的概念。这个问题不能通过将自然语言合理化使其适用于塔尔斯基的理论来解决。在日常会话中，所说的内容的真值很大程度上取决于说话人、说话时间和话语语境等因素，因此仅凭言说的语句似乎不足以承载真值，而且整个指称复合体过于复杂，无法仅凭约定（T）按照蕴含关系来解释。从这个角度来说，塔尔斯基的悲观主义观点似乎是有理由的。而且，此观点只提及指称性，实际情形其实要复杂得多，因为自然语言本身就具有模糊性、含混性、省略、讽刺和其他一系列复杂的特征。

塔尔斯基对真理的定义并不适用于自然语言，并不等于说无法对自然语言中的真进行解释，更不是说自然语言中不存在真理，或无法表述真理。这样说只是表明，塔尔斯基式的真是针对形式语境的，所以应该说是在形式语境中的真，与真理存在巨大差别，因此与真理（如果存在真理的话）完全无关（塔尔斯基考虑了以下可能性，即许多不同的事情错误地归在“真理”这个标签之下）。塔尔斯基接受以上观点，并提出是否有必要将他对真的解释称之为对“fruth”的解释，其中“frue”的意思大概是“在形式列明的语言为真”。这种说法不应该具有误导性，但是如果它暗示着真理是相对于自然语言的，与 fruth 是相对于形式语言是一个道理，这就会产生误导作用。也就是说，我们需要审这种类比，因为实际上并不存在可以与 fruth 论进行形式上类比的真理论。

另外，如斯特劳森所言，很有可能即便是塔尔斯基式的理论可以扩展到自然语言，也不能真正解释"真"是什么意思，最多能解释"真，当且仅当"，因为像"'纽约是个大城市'为真，当且仅当纽约是个大城市"这样的等值式可以理解为等值退化的例子，我们只能将"意思是"理解为"为真，如果"，正如"'纽约 est une grande cite'为真，如果纽约是个大城市"。下文我们将看到，戴维森认为这一点根本就不是批评，而是对它的优点的详细说明（参阅第八章）。

很显然，一般相关性（与严格形式相对的）和（如果相关的话）塔尔斯基真理观的重要性只能通过将其运用在自然语言语境中（类似于戴维森的做法）才能确定。塔尔斯基所做的研究在形式的语境中有巨大的优越性。而真值条件语义论如果成功的话，就可以将上述优越性扩展到一般的哲学中去。

冗余论真理观

在上一章介绍斯特劳森对奥斯汀的批评中，斯特劳森提出了另外一种真理观，大意是说一个陈述为真实际上是支持或默许该陈述，与说“是”或点头表示同意是一样的。因此，这种观点有时被称为真理“行为”理论。斯特劳森认为，有关真理所提的正确的问题应该是，“‘真’是如何使用的？”，那么我们的回答暗含的内容是，除了表示同意、默许或强调之外，真不能表示其他任何东西。这个观点与拉姆齐提出的“冗余论”有密切关系。[1]

在对判定进行讨论的过程中，拉姆齐（Ramsey）提出了一些有关真理的看法，“以表明真理并不是一个单独的问题，而是语言学上令人困惑的现象”。[2] 拉姆齐的观点如下。真理和谬误主要归因于命题，命题既可以明确给出也可以描述。如果是明确给出的命题，比如“凯撒是被谋杀的”，那么按照拉姆齐的观点，很显然“凯撒是被谋杀的为真”与“凯撒是被谋杀的”意思完全相同，“凯撒是被谋杀的为假”与“凯撒不是被谋杀的”意思完全相同。由此，在这种情况下，判定真理或谬误就是多余的，最多能起

1　F. P. 拉姆齐，“事实与命题”，《亚里士多德学会论文集》，副刊，1927年；作为摘录重载于皮彻，第16—17页，

2　同上，第16页。

到强调作用，或表明命题在论述中的位置，或只是出于格式原因。[1]同时，我们也可以说“凯撒是被谋杀的是事实”或“凯撒是被谋杀的与事实相反”。但是借助“事实”的概念与借助真理和谬误的概念一样都属于冗余的现象。

同理，“为真”或“为假”在描述的命题中也是冗余的，但这种情况要更复杂一些。如果我说“他总是对的”，我的意思是“他所断言的命题总是为真”。从表面上来看，在表达这个观点的时候无法省掉“真”这个词。但是，拉姆齐提出了一种可以省略“真”这个词的分析方式。第一步是将“他所断言的命题总是为真”重述为“对于所有 p，如果他断言 p，那么 p 为真”，由此我们可以看出命题函数“p 为真”与 p 相同，正如上文凯撒的例子。那么“对于所有 p，如果他断言 p，那么 p”。[2]

拉姆齐认为，我们在英语中加入“为真”两个字，赋予语句一个动词，忘记“p”已经包含一个动词了。如果我们考虑命题的关系形式，aRb，这一点就更明显了。“他总是对的”就可以表述为“对于所有的 a、R、b，如果他断言 aRb，那么 aRb”。再加上“为真”很显然是多余的。

从总体上来说，拉姆齐认为，我们真正关注的并不是真理和谬误的本质，而是判断或断言的本质。以上例子的问题在于如何分析“他断言 aRb”。

那么，说到底，冗余论的意思是，“真”和“假”都是谓词，如果去掉的话不会有任何语义上的损失，二者只具备格式上或是语用上的功能。这个观点有一定的优势。其一，它避免了符合论遇到的问题，因为三个与符合相关的术语，即事实的被关系者，命题和符合关系本身，不会出现问题。“……是事实”与“……为真”一样都是多余的，且与事实本身无关。因为“为真”是可以去掉的谓词，并不能对断言的内容添加任何实质属性，

1 同上。

2 同上，第 17 页。

因此不必引入命题作为真值载体。既然不存在需要承载的真理，也就不需要真值载体。而且，如果不存在实质意义上的事实或命题，那么就不需要说明事实或命题之间的关系。由此，符合论所遇到的问题就可以避免了。

拉姆齐的建议表面看起来虽然简单，但仍然存在一些问题。他的观点要求在描述命题（断言的内容并不是明确给出，而是以间接方式引入的命题）的情形中对二阶量化进行恰当的处理。拉姆齐的建议是，用“对于所有 p，如果他断言 p，那么 p”作为对此类情形的分析，并未使用“真”这个词。但现在问题是，全称量词“对于所有……”应该按照客观方式理解还是按照替代性来理解？[1]

如果按照客观方式理解，那么似乎在对对象进行量化之后，命题必须被保留下来。如果约束变量“p”要具备单数词项的句法功能（按照客观方式解释，这一点是必需的），那么“对于所有 p 来说，如果他断言 p，那么 p”中最后一个“p”应该被视为“p 为真”的省略形式，因为它足以承担语句的功能，作为条件句的结论。如此，“为真”就不是冗余的。

如果对量词进行替代性解读，那么“对于所有 p，如果他断言 p，那么 p”就变成了“所有‘如果他断言 p，那么 p’的替代形式都为真”。按照这种解释，“真”是不可缺少的。

1　参考第 4 章。

代词形式和冗余

因为在上述两种对量词的解释中，“真”都不是冗余的，我们需要寻找另外一种方式。格罗弗（Grover）提出了一种巧妙的方式。[1]通常认为，有些词语和表达，和其他语法范畴比较起来，与可以代替名词或描述的代词［比如“他（he）”或“它（it）”等］起相同的作用，都作为混合词。因此，动词“做（do）”可以成为最活跃的动词，“好（nice）”是表达积极意义的混合形容词。如果与代词类比的话，这些词也可以分别被称为代词动词和代词形容词。格罗弗提出了代词形式的一个大类别，里边包含代名词、代动词、代形容词等。该类别的特征是，类别中所有的成员必须具有照应前项的功能，也就是说可以做相互对照使用，比如“汤姆希望购买它，但他钱不够”或者“如果炸弹落下来，那么躲开它掉落的方位”中代词的用法。

格罗弗希望引入的主要代词形式是代词语句的概念“that*t*”，可以以照应前项的方式用于任何语句。这个概念的意思是说，“对于所有 p，如果他断言 p，那么 p”可以重述为“对于任何命题，如果他断言 that*t*，那么 that*t*”。拉姆齐的观点所遇到的困难只是因为，不存在可以代替语句的词

1　参考 D. L. 格罗弗“命题量词”，《哲学逻辑杂志》，1，1973 年。

语或词组，类似于代词代替名词，因此无法对量词进行进一步的深入解读。引入代词语句的概念就解决了这个问题。这种方式的一个优势是，从纯形式的角度来看，这种解读方式与对量词的客观解读和代入性解读是兼容的。

格罗弗的策略也有两个问题。第一，用格罗弗的方式在英语中进行替换必须有充足的理由，或至少必须存在一定的空间（通过代词语句与语言中已经存在的照应前项的工具之间具有一定的类比相似性）允许用代词形式进行补充。空间并不是自然存在的（没有代词语句，英语照样发展），那么问题就变成了，有没有什么东西能帮助我们找到这样的空间？提出代词语句的主要动机是让我们无须在实质上借助“为真”和“为假”的表达。但我们是否一定要通过这种方式才能达到目标？至少在表面看来，拉姆齐的观点本身不能说明，真理和谬误的概念纯粹是多余的，更称不上是（按照拉姆齐的说法）有误导性的。如果 that*t* 的作用只是让我们按照拉姆齐的观点对量词进行解读，那么为什么要接受这个新词呢？

原因是，正如格罗弗和在格罗弗之前的哲学家普赖尔（Prior）所指出，如果没有适合二阶量词的表达，我们似乎只能使用类似于名词的习语，比如“所有事（everything）”和“有些事（something）”。这种做法会产生客观性的结果。[1] 普赖尔建议将“whether（是否）”作为恰当的解读，因此（$\exists p$）就代表“somewhether（有些是否）”，（p）代表“anywhether（任何是否）”，那么字符串“（p）（$p \rightarrow p$）”就可读作“if anywhether, then whether（如果任何是否，那么就是）”。[2] 格罗弗的观点是在以上建议的基础上的进一步改进。拉姆齐认为，如果我们能够找到一种恰当的方式对命题量化进行解释，那么“真”和“假”的断定就被视为是多余的，正如“凯撒是被谋杀的为真”所说的内容与“凯撒是被谋杀的”完全相同。普赖尔和格罗弗所作出的创新性解释为拉姆齐的观点提

1 参考 A. N. 普赖尔《思想的对象》，第 37 页及后续诸页。

2 同上，第 37 页。

供了基础。

虽然如此，还存在另一个问题，甚至更严重。格罗弗和其他哲学家将代词语句的概念运用到冗余论中，提出“那为真（that is true）”本身就可视为一个代词语句。[1] 将“它为真（it is true）”视为原子代词语句就无须再进行为真的判定。“为真”是代词语句不可缺少的一部分。但是，这种说法行得通吗？哈克不这样认为：“为真”是可以去掉的，但不是从英语中去掉，而是从英语［+］“that*t*”中去掉。可是我们该如何理解“that*t*”？英语中不存在与 that*t* 完全相同的东西，但是它的功能与“那为真”相同，它是原子的形式，而不是复合的形式，也可以保留“为真”的说法。[2]

1 D. L. 格罗弗，J. 坎普和 N. D. 贝尔纳普，“真理的代词语句理论”，《哲学研究》，27，1973 年。参考 D. L. 格罗弗《真理的代词语句理论》，特别参考第 3—45 页。

2 哈克，《逻辑哲学》，第 133 页。其他讨论参考 B. 洛尔“拉姆齐有关信念和真理”的理论，载于 D. H. 梅勒《语用主义》，第 49 页及后续诸页。

收缩论和极小理论

但保留下来的真到底是什么？并非所有的收缩论都是冗余论。收缩论中为真的概念保留了一席之地，但认为它的地位只是极小的。收缩论否认真理是实质属性。拉姆齐的理论（以及斯特劳森的真理行为理论）在某种意义上来说收缩性过强，因为这两种理论让真这个概念失去了推断的重要功能。按照冗余论，“p 为真”和“p”意义相同。但这种说法让我们无法从“S 说了 p”和“S 说的内容为真”中推断出“p 为真”的结论。推断需要借助莱布尼茨法则——如果 x 和 y 完全相同，它们就具有完全相同的属性。要进行推断必须首先承认真是一种属性。但根据霍里奇（Horwich）的收缩论（他称之为极小理论），真的确是一个属性（也是命题的属性），但不是实质性的。然而，除了上文提到的逻辑作用外，这种观点并未对真做出更多的解释。因此，最好弱化收缩论的解释，即“p 为真”和“p”是等效的。[1]

霍里奇认为，真谓词存在的唯一的理由是满足上述例子的逻辑需求。下文对这个观点进行更全面的解释。我们偶尔需要对命题采取这样一种态度，比如相信或承认命题，但我们并不能确定命题是什么（或许我们并没

1 保罗·霍里奇，《真理》，特别参考第 1 章。

有听清楚某人说话的时候到底表达了什么）。也许，我们只知道这是“奥斯卡所认为的”。霍里奇认为，“在这种情况下，真的概念没有任何价值。因为它可以构建另外一个命题，与我们无法识别的命题密切相关，完全可以作为代替我们态度的对象。考虑以下例子：

（1）奥斯卡所说的是真的。

我们可以将以上例子写成如下形式

（2）x 是 F

如果进一步给出有关 x 身份的信息——进一步给出上述形式的前提，即

（3）x = 命题 p

我们就可以推断出

（4）p

正是由于真的推断属性，含有真理的命题才能获得其功能。[1]

真的概念能承担这种角色是因为对于任何陈述性语句 p 而言，我们可以给出等效语句“命题 p 为真”，其中语句“p”被名词短语“命题 p”代替，而应用真谓词“为真”的目的仅是保留语句结构（按照霍里奇的说法，“它只是起到名词转动词的作用”）。[2] 我们无须再假定任何有关真的内容，以上说法已经详尽阐述了这个概念。但霍里奇认为并试图证明，极小理论并没有明显到或弱化到具有重要的哲学蕴含的程度。就包含真的一般原则（比如证实就表明真，为真的信念会形成正确的行为）而言，并考虑到解决比如模糊性和科学实在论等问题的方法，他认为极小理论可以满足上述两个要求。[3] 总而言之，真的概念所包含的内容不过是下面这个不存在任何争议的等效图示：

1 同上，第 3 页。

2 同上，第 5 页。

3 同上，第 7 页。

（∃）p 为真当且仅当 p。

以上理论就称为“极小理论”。至于对该理论的动机、结果和论证的解释，霍里奇称之为“极小概念”。正是这些极小概念为模糊性和科学实在论等问题的讨论提供了材料，而不是该理论本身。

收缩论面临着多种反对意见。其中一个是，以上等效图示（∃）存在明显错误的情形。霍里奇举出了一个例子“THE PROPOSITION EXPRESSED BY THE SENTENCE IN CAPITAL LETTERS IS NOT TRUE（由大写字母组成的语句表述的命题为假）”。将这个语句写为（∃）的形式，就生成了说谎者悖论：“由大写字母组成的语句表述的命题为假这个命题为真，当且仅当由大写字母组成的语句表述的命题为假”很容易自相矛盾。所以，并非（∃）中所有的情形都能涵盖在真理论中，但又很难指明是哪些情形不能。为了为自己的理论辩护，霍里奇认为并非只有收缩论面临这种两难的困境。[1]

另一个反对意见是，虽然可以对收缩论进行描述，但却不能明确地用公式表达，因为该理论有无限个公理。霍里奇认为，若对以上说法做出解释（以理论构建的形式，说明命题的真值是如何由其构成成分的指称属性推导出来的），也面临两个问题：我们不能确定，是否所有命题都是通过这种方式获得其真值的，另外，目前还没有令人满意的、确定的指称理论。[2]

霍里奇的一些批评者之所以反对他将命题作为真值载体，均是因为命题的特点是无法令人满意的。他们借助收缩论对语句进行解释：其中一个图示可能为：“‘s’为真，当且仅当 s”。按照这种解释，冗余论又可称为“去引号理论”。因为，正如奎因所言，“判定‘雪是白色的’为真只需要去掉引号，直接说雪是白色的。真理就是去引号化”。[3]霍里奇认为，去

1 霍里奇，“真理理论”，载于 J. 丹西和 E. 索萨《认识论的伙伴》，第 513 页。

2 同上。

3 奎因，“真理”，载于《本质》，第 213 页；并参考《追求真理》各处。

引号理论不能处理使用情景不同、所指也不同的词项，比如索引词（“现在”，“这里”）和指示词（“那个”）。比如，“我很疲倦”的每个情形都为真，当且仅当我很疲倦。对去引号图式进行调整以囊括上述所有个例是很困难的。霍里奇坚持使用命题。他认为，这样做的好处包括既忠于日常语言，同时可以对信念作出合理的解释。[1]

包括极小理论在内的所有收缩理论所面临的主要问题或者说一系列问题是，有些理论固执地认为真是一个实质性概念，在思想中起到解释作用。拉姆齐和后来的斯特劳森一样，引用了众多例子，其中“为真”只是发挥了确定这项功能，并指出表示同意或默许的方式有很多，不仅限于说“那个为真”或在所说的内容后面重复“为真”。根据以上观点，他认为借助于真是多余的。“为真”的用法可能的确如此，但是在其他典型应用中可能会具有实质性属性。它在某些情境下的用法可能与霍里奇的描述一致，但能够引入实质性属性。也可能通过去引号的方式抓住一些无关紧要的内容，比如“s”为真，当且仅当 s，或者在其他典型应用中引入某种实质属性。简言之，收缩论主义者关于真的任何看法都可以为真，除了一点，即真的内容除了其使用外再无其他。这是收缩论最根本的观点，也是某些关于真理的顽固思想所抵制的观点。

无论某个命题是否为真，都有其重要性。这是顽固思想的来源。假设，汤姆告知迪克在迪克的生命中非常重要的东西，比如自由或房产。迪克非常希望知道汤姆所说的内容是否的确如此，于是与哈里就此进行确认。如果哈里说“汤姆所说的是真的”，那么对迪克来说最关键的是，哈里的意思是“事情确实正如汤姆所说的”。因为，如果哈里的意思是“我同意或默许汤姆所说的内容”，对于汤姆来说就没什么意思了。实际上，“情况就是这样”和“我同意，同意”之间还是有区别的。正是这一点让真理既有

1　霍里奇，《真理》。

趣又令人困惑。无论是以上哪种情形，有人认为，证实和同意这两个概念在一定程度上都围绕着“认为为真”的说法，由此再一次涉及“真”的概念。拉姆齐认为，真理与形而上学或语义学的观点是密不可分的，从这个意义上来说，有可能“真理不是单独考虑的问题”。但这一点是否蕴含某种形式的收缩，仍然不甚明了。

因此，对收缩论进行检验主要是考察在真似乎扮演实质性角色的情境下，收缩论是否能满足我们的要求。实质性角色指的是真作为探究的目标，具有解释力，是理论在实证研究上可行的原因，是支持实在论者在真理和验证之间进行区分的必要因素，在解释有效推理中发挥作用，等等。霍里奇也考虑了上述观点，但他认为他的观点足以对其进行解释。如果确实如此，认为真具有一种隐含的结构（如果我们能够发现这种结构，就能够解释基本哲学原理并解决众多问题）是错误的做法。[1] 他对这种错误观点的来源进行判断，并认为它起源于语言学上一种容易引人误会的类比：“谓词‘是有磁力的’指明了世界上的一种特性，即磁性（其结构可以通过量子物理学说明），‘患糖尿病的’也描述了一组现象，即糖尿病，可以从生物学上进行描述。因此，‘为真’也被认为是一种复杂的属性，即真理。它是现实中必不可少的因素，其潜在的本质某一天会通过哲学或科学分析得以显示。”以上对真理的描述会使人产生另外一种误解，即真是其载体的实质属性到底是什么意思。下文将对此进行探讨。首先考虑真理是初始实质属性，因此是无法进行定义的。

1 同上，第2页。

真理和无法定义性

“真”是无法定义的实质属性这个观点是戴维森提出来的。在戴维森的意义论和其他理论（见第八章和第九章）中，“真”发挥着重要作用。因此，可以说，非常基本且重要的概念无须定义或分析就可以使用，这个观点是非常具有诱惑力的。根据这个观点，我们所面临的问题重点就不在于“真”的概念本身，而在于它的不可定义性这种说法。以下对此进行讨论。

戴维森认为，“跟信念和融贯性相比，真是透明的，我将其视为初始的”。[1]之所以进行这种比较，是因为虽然信念和融贯性被视为定义真时必要的概念，即真是信念之间的融贯性，但戴维森却无意于以这种方式对真进行定义。将真视为初始的相当于认为它是无法定义的。对于戴维森来说，这种策略是解决众多哲学中重要概念的方式。

戴维森在文章《试图定义真理的蠢事》[2]中的引言部分提出如何解决“真”这个概念，并认为可以通过扩展到其他主要概念，比如信念、记忆、感知和因果关系等来加以解决。这种建议实际上等于推荐了一种哲学方法。戴维森的建议是，我们应避免寻求某一个特定的概念的定义，而应采取斯特劳森式的策略（这并不是戴维森所用的术语），即寻求概念之间的关系。

1 D. 戴维森，“融贯论真理观和知识”，载于莱波雷（编）《真理和解释》，第 308 页。

2 戴维森，“试图定义真理的蠢事”，《哲学杂志》，第 xciii 卷，1996 年，第 263—278 页。

文章开头，戴维森讲了一则寓言故事，讲的是苏格拉底并未实现最初与柏拉图对话时所追求的目标，即对美、勇气、公正和其他重要的概念进行定义。他的目标是注定会失败的，因为他希望为诸如“X样的是什么”或“是什么让X样的东西成为X”等问题（其中X代表公正或美或其他类似的东西）寻求一个明确的答案。且苏格拉底不接受通过外延范式所给出的定义，比如说美丽的人或公正的行为等。

戴维森认为，苏格拉底错误寻求的定义其实是将目标概念还原为“更为简单、明了且基本的其他概念”。[1] 另外，他将这种定义方式描述为“用更清楚、基础的词汇对成分进行公式化的表述”，且必须包含对某些概念的分析。[2] 戴维森认为，柏拉图并没有注意到某些哲学上很重要的概念并不适用于这种定义。在讨论某个概念（比如知识）时，哲学家通常认为他们理解了其他必要的概念（在这种情况下，至少需要理解真理和信念）。如果你认同这个事实，就会发现：用戴维森的话来说，“无论我们将多个基础概念相互关联这种尝试是多么无力或错误，但与我们用更明晰、更基础的概念构建正确的基本概念的定义的努力相比，这种尝试仍然不失为一种正确的选择，且能教会我们更多”。[3]

戴维森还认为，这只是一种希望，因为引起哲学关注的概念（比如真理、行为、知识、信念、原因、好的事和对的事）都是“我们所具有的基本概念”，如果没有这些概念，我们可能就没有其他概念了。因此，我们为什么要假定，它们在定义上可以简化成更简单、更基础的概念呢？他总结道：“我们应该接受以下事实，即使得这些概念重要的因素必须同时使这些概念无须在更深的层次上为自己寻求基础。”[4]

1 同上，第 263 页。

2 同上。

3 同上，第 264 页。

4 同上，第 264—265 页。

以上观点可以应用于“真”的概念：我们不能寄希望于“用某些更透明或更容易理解的东西来证实这个概念；它是无法定义的。[1]但是，认为“真”连同其他重要的概念都无法定义并不等于说这些概念没有任何启发性的内容，也不等于说它是“神秘的，模糊的，或者是不可信的”，因为从探寻此概念与其他概念（比如信念、欲望和行动）之间的关系所得到的结果来看，实际情况正与之相反。[2]

以上观点还有众多内容可谈。戴维森所倾向的策略，即探寻概念之间的关系，使人联想到斯特劳森在《个体》中所写的“摹状的形而上学”。戴维森将其观点与另外一种存在争议的策略，即试图从更明晰、更简单、更基础的角度来理解（这种策略应该称为罗素哲学的，而不是苏格拉底哲学的）这种方式进行对比。他的策略不能称为是苏格拉底哲学的，因为他将定义视为一种分析（按照罗素的观点，分析与定义是完全不同的）。苏格拉底的定义与柏拉图式的定义区别在于形式理论。苏格拉底对某事物的本质进行确切的描述，最典型的是对虔诚或善良等抽象实在进行描述。而柏拉图认为，形式理论可以对这些事物进行描述，这是苏格拉底的观点所缺少的，尽管苏格拉底的做法某些情况下也可以被解释为是对概念而非事物的定义，正如在《泰阿泰德篇》中他对知识的探讨一样。

戴维森对历史上的对立观点进行评述的原因在于，它们有助于我们理解戴维森的观点。他将定义等同于将概念分析成更明晰、更简单的概念这种罗素式的策略，并援引例子说明这种策略为何行不通，进而鼓励我们采用斯特劳森式的策略，即探寻概念之间的关系。我认为这两种策略并不具有排他性，下文给出原因。罗素式的策略努力争取做到排他性，但它并不属于陈述定义的策略（罗素曾特别说明，分析与定义完全不同）。斯特劳森式的策略不能完全符合戴维森的目的，且存在严重的局限性。下面进行

1 同上。

2 同上。

简要探讨。

戴维森认为，哲学上最重要的概念“都是我们所具有的最初等的概念”，这个观点引发众多评论。[1]回想一下，戴维森提出的例子是真理、行为、知识、信念、原因、好的事和对的事。这些概念在哲学上确实非常重要，这一点基本可以达成共识。但另外一种观点声称，这些概念是最基本的，或者将以上说法弱化一下，变成它们在某些方面或某个会话情景中是最基本的，正是这一点构成了哲学上的主要争论点，因为它以尚未解决的问题，即声称以上概念是最基础的，作为论据，这才招致疑义。举一个例子来说，某个真理论认为，真是个混成的概念，包括一系列具体的、由会话语境进行区别的概念。[2]这种说法就否定了真是个基本概念的说法，但承认了真的重要性，这一点与收缩论刚好相反。根据此说法，真并不是一个非实质性的东西，而是多个实质性的东西，每一个都要比真这个类属概念更为基本。这使得该理论有可能解释以下观点，即某个给定概念基本与否这个问题通常是没有意义的，声称它的确是基本概念需要进行论证，并不能构成其优势所在。

因为斯特劳森式的对概念之间相互依赖的次序关系的探究，使得我们能够说明哪些概念更基础一些，哪些不太基础。但是从探究最开始就已经假定了次序关系使得这种探究是没有意义的。

从这个意义上来说，斯特劳森式的策略（更具体来说，是斯特劳森自己的策略）似乎与戴维森的提议是不相符的。正如以上论述，对于斯特劳森来说，探寻概念之间的关系这项任务的主要工作在于识别概念之间相互依赖的次序关系，其目标或者至少是指导思想是，经过仔细审视，发现哪些占据逻辑空间的内容是其他内容的基础。自然，这个策略与认为先验论证是识别基本概念的实用工具的观点是相匹配的，因为先验论证的目的是

1 同上。

2 参考下文。

说明理解哪些概念是理解另外给定概念的条件。如果应用得当，这个策略可以为某些概念提供一个参照点（尽管这些概念可能并不比通过它们才能理解的概念更简单），通过论证成为更基本的概念，因此成为分析材料，甚至是非基本概念的定义。换言之，斯特劳森式的策略所隐含的一个观点是，探寻概念之间的联系会得出更基础的概念和没那么基础的概念之间的层级关系。正因为如此，才使得分析（或者戴维森所说的定义）成为可能。

概念基本与否这个问题与概念初始或简单与否这个问题是不一样的。基本概念也有可能很复杂，且很多基本概念都是如此。因此我们认为，此类概念需要分析，或阐明，甚至是需要定义。初始或简单的概念指的是在定义上无法再进一步分析的概念。但这个解释本身并不能说明这些概念是无法定义的。下文对这一点进行分析。如果将一个概念定为“初始的”是用于证实其不可定义性，这其实是在回避问题，因为初始的和不可定义的不是一回事。

将一个概念视为“初始的”是在某些概念系统中赋予其独特的结构性角色，实际上是一个基础性的角色。如果上文提到的基础是我们思想的基础，那么我们要求思想中的成分比结构中非初始的部分（也是就图示中非独立的概念）更确切明了。但很显然，这一点对于戴维森所说的初始的概念来说并不适用。

戴维森认为:“我们应该接受以下事实，即使得概念具有其重要性的因素必须同时无须进一步在更深的层次上探寻该概念的基础。”我们必须防范不同形式的“无效论证”。笛卡尔曾用这个术语说明有关心灵－身体的问题最好的解决方式就是忽略这个问题，因为它超越了人类的理解范畴。麦克金也提过这个观点，认为人类在本质上无法知晓大脑活动是如何生成意识的。但如果哲学家使用无效论证这个说法，就会招致异议：此种论证使得我们无须考虑所谓无法解决的问题，而我们应该做的就是解决这些问题。从目前看来，以上论述说明，戴维森将斯特劳森式的策略理解为在相同的认识论和逻辑层面探寻概念之间的关系，是一种反对基本概念的策略。这种理解方式似乎导致斯特劳森式的策略存在严重的局限性：它引入了相对主义的说法，这在戴维森其他著名的反相对论的论证中是无法想象的（参见第九章）。[1] 关于这一点，后文予以说明。

所谓的初始概念与所谓的无法定义的概念一样，最严重的问题在于它们可能过于宽泛。说明一个概念是初始的，是无法定义的，但并未说明概念使用的限制条件，这种做法存在风险。考虑以下对比：假设将全能的神这个概念纳入整个图式中。那么几乎任何事情都有可能发生。因为自然法则可能随时以任何方式停滞，因此至于什么能或可能发生，几乎没有什么事情可以被排除在外。我之所以说“几乎任何事情都有可能发生”，是因为我们不知道全能的神是否会做什么逻辑上不可能的事情，或者是否会把自己当早餐，等等。但是几乎任何事情都可能发生。因此，我们差不多相当于接受了一个矛盾的说法作为前提：任何事情绝对都有可能发生。简单或无法定义的概念如果没有限制，或不受使用条件的约束，就会过于宽泛，可以用于思考或推断任何事情，或者即便不是任何事情，至少也是范围过于宽泛。此处存在的风险是，如果某个概念可以运用于任何事情或太多事情，那么它其实没有任何用处或用处非常有限。这个观点的意思是说，如果一个理论可以解释一切事情，适用于所有情形，那么它其实什么都不能解释。

为了解决这个问题，戴维森认为，虽然真是无法定义的，但这并不等同于关于真的任何事情都是没有意义的，其意义在于探寻概念之间的关系。

但如上所言，这种策略存在严重的局限性。以下面的语句为例：“他正空当中是木星，射手座上升，第七宫是火星。”该语句引入一系列概念，一旦理解了概念之间的关系，就能起到相互说明的作用。但问题并不是天文学上的概念能否通过相互之间的关系对彼此进行阐明，而是是否存在某种

1　参考戴维森“论概念图式”，载于《真理和解释探究》，并参考“主观的神话”，载于 M. 克劳斯（编）《相对主义：解释和对抗》。

现实与这些概念相符合。或者换句话说，无论从内部层面上如何前后一致，它们是否能够经得起检验。

至此，戴维森可能会认为，以上说法忽略了一点，即这些概念必须在更大的会话语境中与其他的概念相互关联，我们对这些概念价值的判断是通过我们对更高层次的关系的理解得来的。比如，神学和科学在多个问题上发生争论，比如宇宙的来源或水是否无须葡萄也能变成葡萄酒。如果我们能够明白在更大语境下的概念是如何与其他概念相互关联，我们就能够理解哪些概念是可以接受的。

但以上回答只是提高了问题的难度。比较斯特劳森式的策略与以下似乎合理的想法，包括理解单个概念（这绝非小事，即便对于探究每个概念的本质是如何影响该概念与其他概念之间的关系来说也是如此），并根据事物在世界中、在有限经验中、在逻辑的约束中或至少在合理的条件下的样子，最大限度上寻求理解单个概念的稳定基础，这样做无非是为了确保客观性，或尽力接近于客观。对于这些想法，斯特劳森式的策略并未做出任何尝试。他的策略只是解释了概念之间的关系，因此适用于神学或天文学概念族的东西（除了概念族对自身的断言之外，斯特劳森式的策略并未对其合理性提出任何说明或指导）也同样适用于我们所有的概念族。[1]我们并不回避教区制度和相对主义的问题所在，我们认为整个图示就是教区。（也正是因为如此，罗蒂倾向于同意戴维森的观点，因而也面临类似的批评。）如果我们探寻的最终目标只是关系的内部映射，那么这样做到底解释清楚多少内容，这一点是有疑义的。

1　如果我们认真对待先验论证所能够表达的信息，就能够打破认识论循环。斯特劳森并不认为它们能够表达足够的信息。他认为先验论证最多只能起到排序的作用，不能为图示赋予客观性或其他近似的特征。在我看来，先验论证可以做到这一点：参考我的作品《驳斥怀疑论》以及本书第九章的相关讨论。

定义

有人可能认为，苏格拉底拒绝接受外延范式上的定义是一个严重的错误。外延范式上的定义主要是给出典型例子，理解了这些例子就能使智力正常的人继续使用这些概念，与其所拥有的其他概念生成器相符合。对于很多一般性的概念比如颜色而言，通过说明它们应用的充要条件进行定义经不起检验。这些概念是在对典型情形达成一致的基础上了解并使用的，对一些边缘化的例子都有不确定性。是否具有正确应用概念的能力，一旦遇到模糊的情形是否能按照与其他概念生成器相似的方式进行操作，以上两点是我们判断某人是否掌握了给定概念的方式。同样，这种方法也适用于判定是否掌握了指称给定概念的一般词项。

以上说法让我们回想起，定义有很多种类。此处不能进行详细的分类，但回忆一下定义的分类也是有好处的，虽然下列分类很显然是不完整的：按照摩尔的说法有“分析的定义”，其中“分析的”有其内涵（分析为成分或部分），而摩尔所认为的在哲学上恰当的定义从语义学上来说是分析性的。还有词汇定义，这一类在词典中比较常见，类似于意译的方式，与同义词的作用相同。有实指定义，实际上是通过说明、展示或阐释被下定义的词进行定义的一系列过程，其中外延性的定义是最典型的例子，比如在说出某个对象的名称的同时用手指指向该对象。还有使用中的定义、通过范式作出的定义（该类别与实指定义不同，因为如果掌握通过范式给出定义，使用者必须能够将范式扩展到相关的、类似的情形，该流程的复杂性从接受的角度上来说可见一斑）。还有约定的和省略的定义，后一种在罗素和怀特海（Whitehead）[1]的《数学原理》中有所体现。虽然以上类别之间都有紧密的联系，但必须与标准的罗素式的阐明、摹状和分析区分开来，也要与斯特劳森式的探寻概念之间的联系的策略区分开。

在上述所有定义类别中，戴维森只考虑了以下两种：外延范式上的定义和他称之为“定义还原”的策略——将目标概念还原成的更简单、明晰、基本的概念。如上所言，这种对定义进行定义的方式是有问题的。罗素坚持认为，定义和分析是不同的，在无法给出定义的情况下，通常可以且应该进行分析。[2]但是，上文也提到，罗素所认为的“分析”与戴维森所认为的“定义”完全相同。罗素将分析分别与他和怀特海在《数学原理》[3]中对分析所下的定义进行比对。对于那些更类似于处理形式语境之外的问题的情形来说，罗素还将分析与摩尔所理解的分析进行对比。前者是约定性的，表明以某种方式使用符号的决定。摩尔的解释主要关注概念。他拒绝接受令人困惑的“分析性定义”的说法，也就是通过事物的组成部分和排列对其进行定义的方法，他认为这个说法与哲学没有任何关系。至于概念，他要求它们的定义应该是分析的，如果定义项可以为我们提供我们所希望的被定义项的信息，那么二者应该是同义词。

但罗素认为，应该将分析的过程分解，消解被分析的目标，因此分析在被分析物中就不再起任何作用。石块消失在带电粒子云中；由限定摹状词占据语法主语位置的语句在完美的语言中与逻辑上占据恰当位置的约束

1 怀特海（Whitehead），1801-1947，英国数学家、哲学家。出生于英国的肯特郡，“过程哲学”的创始人。

2 参考罗素《逻辑原子论文集》。

3 罗素和怀特海，《数学原理》，卷 i，第 11 页。

变量形成三方联系；因此限定摹状词消失。[1]所以，罗素式的分析和摩尔式的定义存在很明显的差别。这种差别是否在于戴维森将摩尔提出的还原约束条件视同为对定义进行定义？我们既然提出这个问题，说明我们需要进一步对摩尔所认为的定义进行解释。否则，我们就无法判断，对于重要的概念来说，是否是我们先掌握定义，而后才能应用于概念。

话虽如此，定义和分析实则是紧密联系的。它们同属于一个概念族，其他成员包括阐明、描述、分类以及哲学家们惯称的“有意义”和“给出解释”。后两个是包含性的概念，与其他成员不同。如果追求詹姆斯所谓的“坚持不懈努力实现明晰性”，即便只利用以上概念，我们也不是毫无办法。因此，我们应该很容易就能发现，严格且精确的定义（在形式语境和自然科学中都适用）除了形式语境和自然科学语境之外一般是不存在的。当然，即便哲学上有任何重要的概念承认此类定义的存在，那么数量又应该是非常少的。无论戴维森对定义的理解的本质到底是什么，他的理解都是正确的。

但是，说此类概念无法严格或精确的定义并不等于说无法对它们进行定义。后一种观点的错误之处在于认为定义必须是确切的。从词源学上思考一下该词语：定义其实是寻找或（与前者同等重要）划定界限、标明边界、感受词语应用的范围。通常，我们不得不对上述任务进行一而再，再而三的探讨。边界虽然模糊，但它并不因为其模糊性而不成为边界。如上所言，如果事实如此，我们所拥有的一般概念的数量是非常有限的。

戴维森的论述会产生意料之外的结果，即对（无论是通过何种方式理解的）定义进行声明以及探寻概念之间的关系已经用尽了所有的哲学方法。但如上文所示，二者并非彼此独立的流程。除这两种方式以及分析和阐释之外，哲学中还有其他工具：比如证明和论证、理论构建、设置提示、说

1　参考后文关于将真视为“惰性”谓词进行评估的讨论。

服、分类和批判等。但以上工具并不用于限定范围，即便是在隐含的层面上也没有。因此，我们试图掌握哲学中的重要概念，尤其是“真”，并试图通过某种方式对其进行定义，这种想法似乎并不荒谬。

真理和客观性

在上文遗留的悬而未决的问题中，探寻概念之间的联系这个策略无法解释的客观性是什么意思？戴维森观点的一个特点，即“外在论”可能有助于解决这个问题。

戴维森认为，语言使用者通过翻译各自的话语，能够实现相互理解。简单来说，翻译就是两个说话者之间的共同活动，他们共享部分世界经验，且都认同这部分世界经验为真的信念（认为其他人的信念在很大程度上为真的翻译原则称为“宽容原则”）。两个说话者以及两个人共享的部分世界经验形成一个三角形。三者之间可以两两互译，被称为“三角形网”。正是这一点保证了斯特劳森式的策略无法提供的客观性。

从戴维森对三角形网的观点中，我们得知三角形网在本质上是翻译的关系条件，与世界在赋予信念以内容时的因果关系紧密相关。戴维森认为，世界上发生的事情通过感官刺激以一种“相当直接的”方式影响信念。我们必须根据信念的经验内容将其联系起来。真值和经验内容源自我们的知觉，或更准确来说源自我们知觉的情形。

到目前为止，以上论述的方式似乎熟悉且可靠。但实际来说，上文的目的并不是为我们的信念提供一种类似于传统理论中提出的精神以外的参照点。戴维森认为，“环境这种共享的远端刺激”对信念的形成起到一定影响，但这种观点并能将其视为为信念提供正当的理由。只有信念才能为信念证明；影响信念形成的因素不能。我们的概念和概念是关于什么的——即概念的内容之间形成的二元论遭到拒绝，因为内容不可能凭空存在，并且内容不是通过命题的形式言说的，因此无法实现经验主义者希望它能达到的目标，也就是为图示提供正当理由（参见第八章）。[1]这也就否定了经验主义者的说法，即感知是偶然知识的唯一且权威的来源。

三角形网的顶端与底端两角之间的关系也不能类比为一系列熟悉的关系：感知与感知的对象，关于事物的思想，真理与真理的制造者，指称与世界中被区别出来的对象。戴维森否认以上所有说法，或者对于指称来说，顶多接受极为收缩论意义上的指称，他认为以上均为受概念影响的图示－内容二元论或为此二元论的产物。[2]

由此得知，戴维森所说的“该世界”指的不是什么，且此种说法有一定的选择倾向性。我们关于戴维森所谓的“社会或现象论者的观点”的概念是客观的，这是翻译的相互性导致的结果。在提出此观点的同时，戴维森为环境赋予了“修正－错误”或“调节－偏差”的角色，但是“环境无法与我们对话”，因此环境本身并不能贡献任何意义。对于意义来说，我们必须依靠相互翻译，而翻译在本质上是社会性的。因此，对于戴维森来说，客观性其实是相互主观性的。这既与戴维森所说的“考察语句之外的东西是没有意义的”说法相符合，也与他赞同斯特劳森式策略的做法相符合。

戴维森写过一篇文章，名为《融贯论真理观与知识》。虽然如此，但他并不喜欢融贯这个字眼，因为它只能从内部为信念进行正当性辩护，这也是斯特劳森式的策略的一个缺陷。换句话说，我们不但需要理解信念之间的联系，还需要一个理由认为大部分信念都为真。同理，我们不需要为

1　戴维森，“论概念图式”，载于《真理与解释探究》。

2　参考戴维森“无指称的实在”“融贯论真理观与知识”“真理的内容”和“试图定义真理的蠢事”，载于《真理与解释探究》。

上述保证提供一个外部参照点，戴维森认为宽容原则中已经有参照点了。为了对其他人的行为进行翻译，我们必须认为他们的大多数信念都为真。那么，我们自身也可以享有这种便利，认为我们自己的图示中大多数信念为真。宽容原则的内容是："信念本质上是诚实的"。这是从翻译的角度得出客观性的结论。

以上观点面临两个主要批评。第一，有人会对下面的说法非常不满意，即我们可以认为"该世界"在判断信念的内容时承担因果关系的角色，认为"部分世界"是对指称的简要解释，与此同时又被告知以上关系与意义和认识论上的正当辩护一点关系都没有。当通过"远指""交流环境"或"该世界"的概念廓清理论（理论在以上概念中不承担实质性角色）的边界时，当我们希望——在与"该世界"或"交流环境"的关系中——弄清楚知识、真理和意义的概念是如何与我们对"该世界"的兴趣联系在一起时（这从直觉上来说绝不是无谓的思考），以上观点就无法满足我们的要求。毕竟，我们认为语言从一个独立存在的且由具有时间和空间性的事物组成的域中取值，比如事件，我们希望弄清楚（也就是通过某种识别方式）哪些关于该域的语句为真，由此就可得知我们能够了解什么事情：因为我们对这些问题有实际的关切。

以上所说的不满意主要是针对戴维森一个观点似乎涉及多个问题的现象。比如，《融贯论真理观和知识》开头段落中写道，"意义是由可以满足的、客观的真值条件给出的"（也就是通过独立于思想的世界），但若说信念和现实之间存在冲突又是荒谬的。我们可以是实在论者，"可以坚持认为，知识是独立于我们的思想和语言的客观世界"，但是图示 – 内容二元性这种说法又没有任何意义（思想和语言与客观世界之间的二元性）。[1]

第二，戴维森解决融贯论问题的方式也招来质疑。他的方式依赖于

1 "融贯论真理观与知识"，载于《真理与解释探究》，第 307 页。

"一致的信念在本质上是诚实的"这个原则。[1] 但是科学史已经证明，这种说法是错误的，除了作为假设用于激进的解释之外，以上这个指导原则并不总是可靠。因为在理解他人的时候，我们通常需要理解他人所说的是错的，或者至少能理解他们认为对的信念我们认为是错的，也许因为他们犯了错误或者是在说谎。以上两点需要综合来看。科学史告诉我们，真理和我们的信念（在限定范围内）的应用并不总是重合的，而且从历史上来看总是系统地相背离的。关于谬误的说法表明，错误的信念、无知、兴趣或者其他人的恶意都能够帮助我们判定他人的说法是否可靠，由此对其会话进行解释时必须留出充足的余地可以宣布解释无效。综合考虑，我们认为除了启发性的用途之外，宽容原则是值得怀疑的。

以上对客观性表示不满意的论述直接对其提出了挑战。戴维森倡导斯特劳森式的策略，并认同为了方便起见被称为融贯加宽容的观点（信念的内在真实性原则挽救了融贯论）。他还认为，世界在信念形成的过程中发挥着一定作用。但同时他又认为世界对我们的因果力并不能作为信念的正当理由，因此也就不成为客观性的来源。世界的因果力是社会性的。从融贯论的角度来看，意义是互相解释的函数。但是，世界为我们的信念贡献了经验主义内容，而感知信念是经验知识的基础。

以上观点似乎前后不符。如果相互符合，就必须在支持性论据的细节的基础上相互符合。

1 同上，第 309 页。

真理和评估

以下是对某个论点的简要描述：真既不是收缩的也不是无法定义的，而是存在于具有认知重要性的概念族。这个论点除了具备众多优势外，还能帮助我们判断为何传统真理观都无法令人满意，同时又指出了传统真理观的正确之处。它进一步指出，拉姆齐的真理论在某方面是正确的，即我们的重要任务是说明一个断言的理论。但这对他后来提出的冗余论没有任何帮助，因为该理论认为真理不是一个非实质性的东西，而是多个实质性的东西，其中没有一个是传统意义上所认为的“真”。

首先，我们得注意到某些表达运作的方式。考虑以下词语：事情、做、好。“事情”一般来说可起到任何名词的作用，“做”可用于任何或者说很多主动语态的动词，“好”可用于任何一个积极意义上的形容词。如果将以上三个词分别称为“代替”或“虚拟”名词 / 动词 / 形容词，似乎更具有启发性，因为每一个词语都标记语句中的一个位置，如果说话者不忙、不懒的话，便可以此为基础构建更精确的表达。实际上，如果认可“惰性代词”这种说法（虽然它们在本质上并不是照应前项的形式，但具备这种功能），我们可以将此类表达描述为“惰性的”，使之与功能更精准、更特别的“活跃表达”形成鲜明的对比。

由此，我们需要引入“惰性谓词”的概念，为更多准确指称属性的表达标记在语句中的位置。与“惰性表达”类似，惰性谓词表明替换表达的范围和种类：使用这种谓词就暗示无论谓词是什么，既然在谓词位置使用就必须遵守某种限制条件，或至少表明想要达到的目的。因此，惰性表达并不只是虚拟的。事实上，它们是一系列惰性谓词，在快速思考中占据重要位置。下文将对此进行详细探讨。在这里，我们的任务是利用惰性谓词的概念说明有关真理的学说，如下所示。

谓词“为真”就是一个惰性谓词。它所占据的位置可以由更多准确的谓词替换，指称适合会话语境的有价值的属性（在此语境中，拥有这些属性是很重要的）。这里所说的属性是完全受会话语境影响的属性。我们可以从相关的历史上的辩论中选取几个适合的例子：有关时间－空间域的会话语境的验证、某个数学观点的可构建性，以及伦理观点的普遍性。以上仅仅是一些具体属性的例子。根据以上例子所展开的知名辩论并不能让我们确信这些就是正确的属性。有人可能认为，对不同的次语境来说，评估（以及相关的评估流程）可能不同，由此用“……为真”来代替。这是对以上例子不满意的地方。要理解这一点，我们只需想一想谈论贵格会教徒和谈论夸克之间的区别。从某种意义上来说，二者都是我们所谓的解释上的连续域中的指称物。实际情况似乎更复杂：我们如何评估感知断言、时态断言、理论断言、有关社会对象（即其他事物）的断言，这完全是不一样的问题。从某种意义上来说，以上断言都与由时间性事物和时空性事物构成的统一世界有关系，这与以上评估和适用于纯形式域的评估以及不同价值域的评估三者之间的区别没有关系。

以上学说无须为特定会话语境的真值和评估流程进行论证。若要进行论证则需要进行适当的哲学探究。我们所要探究的问题概括来说是，找出并说明评估的约定条件，以便说明为什么相同的惰性谓词“为真”可以囊括所有谓词。

由此，真理论（a）总体而言是评估论，（b）具体来说是对某个会话语境的具体主语进行评估的理论。

在很多情况下，评估属于认识论的行为，但并不尽然，比如在美学和伦理学的情形中就不是如此。这个结论非常重要，因为评估是对价值的识别和衡量，所以很自然就会认为将“为真”的活跃代替形式与“好的”“美的”进行比较很有意义。但这种比较并不顺利，说明我们必须以析取的形式理解评估的约定条件，有些评估受到某个约定条件子集的限制，而其他评估也自有约束条件。其中，我们通常关注的一点在于考察子集之间是否有共同的成员。

评估的约定条件

有人认为，“为真”的活跃的代替形式是指示评估性属性的谓词。在恰当情况下，所指示的属性比验证、可构建性、普遍性（等此处未提到的会话语境中的属性）更明确。如上所说，我们的任务并不是制造出某个局部的评估理论，而是从总体上提出一些有关评估的想法。

我们希望能够评估命题、断言、信念和理论。我只从总体上谈论一下对命题的评估。评估某件事情，也就是估量某件事情的价值到底是什么意思？以牧羊犬为例。我们知道用牧羊犬干什么，也知道牧羊犬应该是什么样子。如果它能够满足我们的需求，按照我们的要求表现，那么我们就认为它有价值；否则，我们就认为它不能作为一只牧羊犬。我们希望它能照管羊群，不吃羊，也不吓唬羊。所以，我们要求牧羊犬应该温顺，对命令的响应积极，脾气适度。这些都是牧羊犬应该满足的事项。总而言之，我们希望它能够胜任我们希望它去做的工作。再来说命题，我们当然希望命题为真，因为这样我们在推断过程中就可以依靠瓶体，相信它们能表达有关事物的信息，利用命题对其他的断言进行检验，可以对命题表示赞同（至少最终命题能提供某些稳定的观点，我们可以就此达成一致）。因为命题具有理性权威，所以可以对合理性的标准进行检验。另外，我们也可以断言命题，它们远比错误的命题有用得多。

现在再来将真应具备的条件与我们理想中的评估进行比较。根据与论域匹配的评估流程，如果我们将某些主张赋予“价值”（反义词：轻视），就是说，我们要求这些主张至少应该：

1. 在推论上可信。

2. 与我们认为有价值的命题相符合。

3. 可用于评估其他命题。

4. 可以达成一致或促使达成一致。

5. 在论域中具有权威性。

6. 我们可以对其进行断言。

7. 接受它是一种合理性的标准。

8. 通过恰当的、经协商的有效性标准，帮助我们组织主语，比其他方法更有效。

以上列出的项目与对真的要求有些重叠，但涵盖的内容更广泛。其实，以上列表与对真的要求都有些多余。有些条款其实就是对其中一条或几条的重述。我用这种方式只是为了提出需要满足的方方面面的要求。以上列表中的第 6 项，即可断言性，是由其他项目构成的，作为价值的主要标记，包括将价值视为不可分析的真理。

有价值的命题，可以满足以上要求，由此具有以下属性：

（a）可接受性：通过经协商的方式，将证据、目标和语境三角关系网的融贯性最大化。该属性不仅仅是以上第 4 项，实际上是 1—7 项。

（b）充足性：在满足特定域的要求方面符合或适合；1，5 项。

（c）效用：可以提供信息，进行断言，进行推论，解决争论；1，3，5 项。

（d）稳定性：它构成了（在面对检验和其他要求时）有说服力的、稳定的、强有力的（论域中的）观点的一部分；2，6，7 项；也是论域的一个“事实”；1，5，6 项。

没有价值的命题指的是至少不具备属性（a）和（c）的命题，因为它们不满足必要条件（但是要注意，有时候有些新的观点也不符合第 4 项和第 8 项）。没有价值的命题会遭到拒绝。在日常会话中，我们将没有价值的命题称为“假”，但是如果我们用惰性谓词“真”，将没有价值的命题称为“不为真”来表明它们除了为假之外，还可以有不为真这种方式，这样似乎更恰当一些（比如，没有意义，对论域来说是不恰当的，既不为真也不为假等）。

我们可以谈论由真命题表述的信息。这与事实是一个道理。事实指的是真命题所“符合”的东西。此类信息的主要用处在于进行推论：可以让我们进一步获得其他信息。（知道这一点似乎就够了。）对于评估理论来说，不存在提及信息或事实。根据以上必要条件第 1、5、6 项，我们可以说，有价值的命题是事实，因为它具有对某一个论域来说确定的属性。

如果考虑时间－空间情形，或形式情形，或伦理、美学情形的子域，那么评估的内容和流程就具体涉及主语问题。我们可以对牧羊犬进行评估，可以对三角钢琴进行评估，我们可以从总体上对这些东西进行评估（不是第 1—8 项，因此我们评估的是事物，不是断言或理论），只是具体细节不一样。如果我们认为所有的评估都具备某项要求或导致某项要求，那么我们可能就在验证比如斯坦韦钢琴是否会咬羊这个问题。（虽然对于斯坦韦钢琴来说，它们肯定是不会咬羊的，但这并不是我们需要它们所做的事情。这样说与否认真是意义明确的概念的意思是一样的。）

如果“……为真”是“……可构建的”“……可验证的”等的替代说法，就等于说其实存在不同类别的真，并根据主语进行区分。塔尔斯基认为这种观点可能是对的。根据塔尔斯基的观点，这个理论与认为形式语言中的“真”应该单独考虑的说法是一致的。谈论形式语言的语义学其实是隐喻的，被称为“真”（或者“可构建性”等）的东西实际上是元语言的描述，是句法学属性的，这也是元语言所具有的唯一一种属性。

认为存在不同类别的真并不是要从相对主义的角度进行评论：以上讨论与相对主义没有任何关系。相对主义指的是，对同一个主语的不同看法会导致表达主语的命题具有不同的真值。这个观点是另外一场辩论的主题

（参考第九章）。

以上只是对理论进行简要描述，否认收缩论的观点（收缩论认为存在由“真”指称的且具有解释结构的属性是错误的）。该理论认为，存在很多类似的属性，可以统一使用“……为真”进行表述，因为根据这些属性的认识论角色，总体要求就可以用于所有属性。

第七章 意义，指称，证实和使用

引 言

本章和第八章讨论意义理论。阐明意义的概念是语言哲学的主要任务。前文曾多次提到，对语言的兴趣源自认为理解语言对理解思维和世界大有裨益的想法。因此，有关意义的问题在之前各个章节中以多种形式、直接或间接的方式出现，说明哲学问题所假定的、依赖的或源起的有关语言以及语言和心灵、语言和世界之间的关系的看法是很重要的。

通过区分对语言的哲学兴趣和对语言的其他两种兴趣，了解哲学兴趣的本质，这一点非常重要。其中一种兴趣与哲学完全无关，虽然它能够引起哲学问题。另一种虽然是哲学性的，但却是从某个哲学派别上而言，总体并不是哲学性的。第一种兴趣以语言学为代表，第二种以维特根斯坦对哲学本质的观点为代表。

首先考虑语言学。语言本身就很有趣。作为实证研究的主体，语言会导致无数微妙的困难。语言学的目标是对语言结构及功能进行解释。语言学理论最终可能是哲学性的。以诺姆·乔姆斯基（Noam Chomsky）的观点为例，他的观点促使我们再次思考关于“先天观念”的争论。这场争论涉及洛克、莱布尼茨以及17世纪剑桥柏拉图学派的学者。乔姆斯基指出，儿童在幼年时期就显示出对语言深层次结构的掌握，且通过接触语言中碎片化的、简化的例子就可以做到。实际上，他们不可能通过如此支离破碎的例子就能推导出语言的深层次结构。因此，他认为语言能力是先天的。将一个婴儿放在任何语言社区中，他们都会迅速学会该社区的语言，比如汉语、斯瓦西里语、希腊语或瑞典语，因此不但婴儿的语言能力是先天的，而且所有语言都必须拥有一系列源自先天能力的共同特性。[1]如果这个观点正确的话，就会引发一系列重要的哲学问题。

另外，有些哲学家从理论语言学的角度研究语义学。卡茨（Katz）和福多

1　参考 N. 乔姆斯基《笛卡尔的语言学》《语言与心灵》。

（Fodor）早期共同撰写的著作就是一个例子。[1] 其他哲学家虽然并未以这种方式研究语义学，但都认为这是研究语言的正确方式。阿德里安娜·莱勒（Adrienne Lehrer）和基斯·莱勒（Keith Lehrer）在另外一本共同作品中给出了例子。[2]

但是，光凭语言学不可能满足对语言的哲学兴趣。对结构、功能和语言历史进行描述不能回答在研究意义的过程中出现的形而上学和认识论的问题。哲学家们忙于研究从多个角度看待语言的哲学假设及结果，或者研究指称、真理和逻辑形式的问题，他们并不关心语音学、形态学，他们对语法和语法的兴趣也远远超过了句法和语法本身的范畴。[3] 语言学和语言哲学完全不是一回事。

其次，对语言的哲学兴趣并不能完全等同于通过关注日常会话语境中的语言交流解决，或者按照维特根斯坦的说法，“消解”哲学问题。维特根斯坦认为，哲学问题源于对语言的错误使用，或在不同的使用方式之间进行错误的类比，或者将不同类别的表达看成另外一类。据此，我们消解哲学问题并不是因为我们对语言进行修正，也不是因为用哲学用语对其重新解释，而是因为我们了解了语言实际的、不同的运作方式。这其实就是有关哲学方法的观点，即哲学是一种“治疗方法”，可以解决语言使用的混乱情形，并说明语言使用是如何生成哲学问题的。（后文详细讨论维特根斯坦的观点。）[4]

研究词语的使用方式，关注何时、何处出现违背哲学原理的错误的使用方式，这种做法是非常有意义的。柏拉图及之后的哲学家都意识到了这种做法的价值。但如果说这样做就足够了也是有争议的。维特根斯坦的观点并未获得广泛的认同，其中重要的原因是，如上文所说，对语言的探究有可能揭示我们对世界的看法，由此也就能够展示出世界到底是什么样的。语言学的实践通常来说可能是有启发

1　参考 J. 卡茨《语言哲学》。

2　K. 莱勒和 A. 莱勒，《意义理论》。

3　有些哲学家，比如莱勒，或许还有伯纳德 . 哈里森不同意我在此处给出的描述。

4　L. 维特根斯坦，《哲学探究》，55，119，133。

作用的，但它只是哲学反思的其中一种策略，并不是全部。

以上有关对语言的哲学兴趣的描述并不完整。本章后文以及本书第八章，我将通过以下步骤，对什么是语言的哲学兴趣进行探讨。

本章涉及相当多的有关意义的问题，结合“传统”理论和其当代的外延对其进行探讨。首先再次考虑指示理论，并以此为出发点考虑最近有关指称的讨论。然后是另外一个被称为“观念论”的传统理论，并介绍行为论者关于意义的看法，包括一些早期观点以及奎因的观点。接着考虑证实论者的观点，以及主要与维特根斯坦有关的“使用”理论。本章所涉及的内容是关于意义的三种主要研究方式，及各自的最新发展，力图为后面章节提供背景描述。

讨论上述理论的传统形式的主要原因其实是以防万一，也就是说提前注意到上述理论的不足之处，由此在采用更恰当的方式研究意义时，才既能够避开原有的缺陷，又能识别这些理论提出的合理的说法。

第八章主要关注两种研究意义的途径——格赖斯的观点和真值条件语义学，但近期都引起了许多争议。后者涉及更多哲学问题，第八章和第九章予以讨论。

意　义

关于我们希望意义能解释什么内容，本节只是提供一个初步的想法。考虑下面字典中的定义：

1. 刮骨刀 n. 外科手术用的刮骨器（xyster n. a surgical bone-scraper）

与下列句子比较：

2. 他有朝一日想成为一个富翁。（He means to be a millionair one day.）

3. 布谷鸟的到来意味着夏天来了。（The arrival of the cuckoo means summer is at hand.）

4. 法语词 plume 的意思是“钢笔”。（The French word plume means “pen”.）

以上列举并不能穷尽“means（意思是）”在会话语境中使用的所有情形，例句 2—4 中“means（意思是）”的意义也不是相互独立的。但我们主要用的是例句 4 中的意义，我们认为它是例句 1 中的字典定义的某种扩展，比如说“xyster”的意义是“a surgical bone-scraper”。那么，现在的问题是，从“意义”的角度来说，该如何理解意义？很显然，意义与意图有关（例句 2 中的“means”是“想要”的意思），也与迹象的本质和迹象与所预示的事情之间的关系有关（例句 3 中的“means”是“是……的迹象”的意思），这不仅仅是其自身原因，同时也是因为与例句 1 和例句 4 的意义有紧密联系。如上所言，“means”还有许多其他意义，而且像例句 2 和例句 4 中的意义会带来一些困难。但例句 1 和例句 4 的意义足以为我们的讨论提供一个立足点了。

意义的指示理论

在之前的章节中频繁提到这个理论。赖尔通过阐释该理论的基本学说，无情地将其称为“‘菲多’—菲多”理论。从表面看来，这个理论很简单，似乎也很合理，以类似“汤姆”“迪克”和“玛格丽特”等专有名称的形式为前提。这些专有名称只作为标签，代表世界中的某些事物。一边是名称“迪克”，另一边是经过并符合这个名称的人。由此，有人提出了一个更具概括性的观点，即词语通过指示事物获得意义：“词语的意义就是其指示的对象”。前文曾提到，罗素的摹状词理论就是为了说明，明显具有指示性的单数摹状短语可以通过分析消解，从而证明它们是“不完整的”，与助范畴词“和（and）”“是否（if）”“但是（but）”等类似，因此我们无须假定实际存在的实体是这些短语的指称物，以使得短语有意义。罗素倾向于保留指示理论，并着意于阐述摹状词理论，以消除指示理论所带来的令人不快的结果。这种令人不快的结果包括，根据指示理论，如果表达“飞马”指示某事物，那么否认飞马存在有意义吗？但罗素仍然认为，指示理论很有说服力，不应该被抛弃，“所有的词语都有意义，简单来说，词语是代表除词语本身外一切事物的符号”。[1]

1 B. 罗素，《数学原理》，第 47 页。

当然，指示理论主义者并没有错误地认为所有的词语都是通过指示某个对象获得意义。比如，助范畴词“在语境中”获得意义，因为如果用“如果”和“但是”来命名的话，世界上很显然不存在“如果们”和“但是们”（与“桌子们”和“大树们”是一个道理）。

词语的意义就是其指称物或其外延的观点是错误的，可以通过两个方面来证明，这一点在之前的章节已经讨论过了。其中一个方面是维特根斯坦有关实指的观点，另外一个方面是弗雷格的意义－指称的区分。

第一个方面表明，因为实指的定义存在困难，那么对于大多数词语来说，如果从一开始就能知道如何建立简单的相关关系，无须求助于限制表达使用的外延性的、非实指的约定，这本来就是有问题的。因为实指出来存在模糊性之外（如果我指着桌子并说“桌子”，英语学习者如何知晓，我所说的是桌子这个对象，而不是它的用途、颜色或材质呢？），还有另外一个问题：“桌子”这个词语与指示词（“那张桌子”）或冠词（“该桌子”，通过语境进行区分）一起使用，以便区别出在特定的语境下所指的某张桌子。但该词语本身并不能指示这张或那张桌子，而是指示桌子这个类别中任意一个成员。它是一个一般性词语。但是，一般词语的功能与专有名称相似，这么说是什么意思？是否存在一般词语所指示的事物，或一类事物，或一个概念，或一个“抽象的想法”？稍后再来讨论这些问题。

另外一个方面也很关键。弗雷格对意义和指称所做的区分表明，两个词或短语可能指称同样的事物，但意义不同，如同“晨星”和“昏星”之间的区别。由此，绝对不能简单地将词语的意义和其指称物等同。这说明，到目前为止所描述的内容是一个不充分的、粗糙的理论。

对指示理论最严厉的批评来自斯特劳森对罗素的摹状词理论的讨论。斯特劳森认为，罗素提出的词语的意义就是它所指示的对象的观点如果正确的话，我们就能够通过口袋得知“手帕”的意义了，但这完全是胡说八道，而认为“手帕”的意义就是所有现在存在的、过去存在的以及将来存在的手帕也是如此。[1] 因为罗素认同指示理论，他认为，如果存在具有唯一指称用法的表达，且与表达是什么，而不是经过伪装的其他的东西有关，那么这些表达的意义一定是它们所指称的特定对象，这就导致了逻辑专有名称这个麻烦而又神秘的问题。但如果有人问表达“这个”的意义（这曾经是罗素最喜欢用的例子），我们不会递给他表达所指称的对象，况且这个词每次使用时的意义都不一样。我们也不会递给他这个表达一直以来指称的、过去可能指称过的所有对象。[2] 因此，将词语的意义和外延合并到一起的做法是错误的。

面对上述批评，指示理论的捍卫者们采用了一种更为复杂的方式再次讨论这个问题。他们将词语的意义等同于词语与其指称物之间的关系。因此，意义是词语和其挑选出的对象之间的指称或指示关系。罗素认为，“当我们提出是什么构成意义这个问题时，我们想问的并不是该个体意指的是谁，而是词语与（让一个事物可以意指另外一个事物的）个体之间的关系”。[3]

这种关系是什么？首先有必要做一下区分。有人建议，可以进行指称的并不是词语，而是使用词语的人。因此，说我的笔，并不是词语“笔”指称我的笔，而是我通过使用“笔”这个词语来指称我的笔。那么，对于指示理论的捍卫者来说，区分指称和指示可能是一种解决方式，这样一来，只有人能进行指称，而指示是词语的功能。按照这种观点，“笔”指示（更恰当地说，是表明或描述）笔，而我通过使用“笔”这个词语指称的是我的笔。

以上说法强调了一个基本观点。如果说话者使用指示表达是进行指称，且词语的意义通过词语和相关对象之间的关系（这种关系就是指示）予以说

1　P. F. 斯特劳森，“论指称”，载于费格尔等《哲学分析文选》，第 40 页。

2　同上。

3　罗素，《心灵分析》，第 191 页。

明，那么此处所涉及的理论就是意义的指示论，而不是意义的指称论。那么，上文提到的因为“桌子”是一般词语所带来的问题可以按照以下方式来解决。从严格意义上来说，“桌子”并不指称桌子的类别，而是指示该类别。这说明，对于桌子这个类别来说，词语“桌子”可以正确应用于类别中的每一个成员。[1]指称-指示之间的区别是有价值的，至于其有价值的原因在本书第四章对唐纳兰的观点进行讨论时就已经很明显了。

可是，上文所述的解决方式满足我们的要求吗?“指称”-“指示”之间的区别似乎理由充足，但却不足以解决指示理论捍卫者的问题，因为我们不能光说“一个人使用指示表达进行指称”，但又不解释通过指示表达指称某事物是什么意思，也不说明指示关系是什么，以及词语和事物之间如何建立指示关系。解释上述两个问题都有困难：要解释“指示”，就会出现相似的问题，要将“指称”解释为说话者的行为，我们需要某种解释方式，或许根据说话者的意图、听者的辨识知识以及关于词语使用的恰当约定进行措辞，以便按照要求表达前者，援引后者。[2]

我们无须因此对指称论和指示论进行明确说明，以确认二者之间存在区分的说法，因为从总体上考虑反而让该区分显得不合理。比如有些词语类别，比如连接词、介词、冠词、情态助动词等没有指称，只有功能，鉴于它们对其所在的表达的意义有实质性的贡献，此类表达的意义无法还原成某些主要构成部分的指示意义。实际上，看起来似乎是标准的指示性词语类别通常包括某些不具备指示性的成员（至少不像具体名词“桌子”一样有明确的指称；如果不考虑表示不存在的对象的名称，比如“独角兽”，抽象名词比如“希望”“想法”或“历史”又指示的是什么?），所以我们不清楚某些表达是否可借助指示来解释，因为这些表达没有任何一部分（无论是主要部分还是其他部分）可以起到指示作用。

1 参考阿尔斯顿“意义和使用”，《哲学季刊》，1963年，第2页。

2 斯特劳森，“识别指称和真值”，载于《逻辑语言学文集》，各处。

以上说法指出了一个重要观点，即意义的基本单位不是词语（按照指示理论的说法），而是语句。奥斯汀对词语意义是基本的这个观点提出了批评，认为“一个词语的意义”这个短语“从整体上来说……根本没有意义”。[1] 稍后对此进行讨论。

指示论一个显著特征是，它使得该理论的追随者处于一个非常尴尬的哲学境地。如果按照理论的要求，所有有意义的表达都有指称，那么有意义的语句整体也必定有指称。这并不是直观的。虽然通过某个语句描述某事物，在某些情况下甚至可以据此识别某事物，这样做似乎是合理的，但如果认为语句整体和指示词的作用相同可以“区别出某事物”，这种想法就不合理。但是，如果支持指示论或指示论的部分特征，就要求认为语句整体可以用于“区别出某事物”。由此，“事实”“命题”或“意义”就成了语句的指称物。以上说法让我们认为，如果指示论是该说法背后的动机，那么指示论就是错误的。

指示不可能是意义。然而，我们原来关于专有名称的运作方式的直觉，以及指称是语言活动的中心这个事实给我们提出了重要的问题。很显然，某些类别的表达可以或可以用于指称世界中的事物。那么，指称是如何运作的？

1　J. L. 奥斯汀，“词语的意义”，载于费格尔等《哲学分析文选》，第 232 页。

指称和因果理论

不是词语进行指称，而是人进行指称这个观点可以用于解释某些类别的词语（指称性词语）是如何用于世界中的事物。总体而言，如果将具备指称功能的词语视为指称工具就无可非议了，这样一来，对这些词语进行考察时就可以从不涉及对说话者和听众的意图及知识的角度着手，这两种因素通过一种更具包容性或其他方式来解决。在下面的论述中，我将采用指称性词语的说法。[1]

很多意义理论，尤其是诸如指示论等传统理论的一个共同特征是依赖一般词语和名称的内涵（意义）和外延（指称）之间的区别。一个词语的内涵（意义或概念）确定了适用于该词语的一系列事物（外延）。内涵与外延之间的区别在第二章中有相关讨论。传统理论依赖如下观点：名称和一般词语指的是符合名称和一般词语所蕴含的属性的事物。下面探讨弗雷格和罗素在此观点上的不同看法。

弗雷格将名称的意义视为“被命名的事物的呈现方式”，任何一个对相应语言有足够了解的人都可以掌握该名称的意义。意义“确定”指称；如果两个表达意义相同，那么它们指称相同的对象（尽管这句话的相反说法

1　这就是说，我认为这是出于以下讨论的考虑，我们可以以指称的方式讨论词语，即便只是因为它们具备指称性用法（即说话者通过使用词语而进行指称）。

不成立；所以，意义－指称之间的区分可以解决“弗雷格难题”，即为什么“黄昏星是启明星”既是为真的同一性陈述，同时又能表达信息）。但弗雷格的解释有一个问题。通过名称指称的对象对不同的人可能呈现的结果不同。比如，对于名字“亚里士多德”而言，有人可能将其赋予“柏拉图的最了不起的学生”的意义，但其他人可能赋予其“亚历山大的老师”这个意义。弗雷格说，以上区别在完美的语言中是不允许出现的，但对于自然语言来说是必须要接受的现实。

在讨论摹状词理论时就已经提出（本书第四章），罗素认为唯一能算作是逻辑上专名的因而可以充当命题主语表达被称为指示词（“这个”和“那个”），可以保证每次使用都有指称。其余明显是指称性的表达，比如普通名词或类似“拿破仑”等专有名词“通常是真摹状词”。罗素的观点完整来说是，“普通词语，甚至是专有名称，通常是真摹状词。也就是说，如果某人想正确使用专有名称，可以通过用摹状词代替专有名称，使某人的想法得到清楚的表达。另外，用于表达想法的摹状词可能因人而异，或者对同一个人在不同的时间也有差异。唯一不变的事是（只要正确使用名称）名称所适用的对象”。有些人认为，这种说法表明罗素认为名称与某些摹状词或摹状词的集合是同义的。但是罗素最为认同的一个观点似乎是名称与不同的摹状词相关联。假如与名称相关的不同的摹状词受到某人使用名称时所想到的摹状词的影响，且名称指称的是“恒定的事物”，即名称的载体，那么我们必须找寻一种方式，可以避免类似弗雷格的主张中所出现的问题。有人建议，不同名称的使用者必须寄希望于谈话对象对其所使用的名称的载体有一定的辨识想法，即便该想法与名称使用者的想法不同。

以上这些有关指称的观点受到唐纳兰、克里普克和普特南等人的质疑。[1]

1　参考 K. 唐纳兰“指称和限定摹状词”和“无所提及”，载于 S. P. 施瓦茨《命名，必然性和自然种类》，第 13 页及后续诸页和第 216 页及后续诸页；克里普克，“同一性及必然性”，载于施瓦茨，第 66 页及后续诸页；H. 普特南，“语义学可能吗？”和“意义和指称”，载于施瓦茨，第 102 页及后续诸页和第 119 页及后续诸页。

这些反对者的主要观点是，名称以及通过外延涉及的其他词语（尤其是自然类词语，即为自然发生的事物如金子和水等命名的词语）并不具备传统理论者所认为的内涵，因此没有“呈现方式”或与之相关的摹状词限制的指称。指称受到因果链（或与之类似的因素）的影响，是因果链将词语与其指称物联系起来。我将这种观点称为指称的“因果理论”。该理论对哲学上的其他辩论有很重要的影响。

考虑一下传统观点上内涵－外延的区别。一个词语的内涵通过描述词语的一系列属性得以说明。借用普特南的例子，“柠檬”的意义是通过列举出一组属性 $P_1 \cdots P_n$ 给出的，也就是说，“任何具有 $P_1 \cdots P_n$ 属性的事物就是柠檬”是分析性的，比如“柠檬具有属性P_1”，[1] 那么，构成“柠檬”的意义或内涵的属性合取决定了词语的外延。所有具备 $P_1 \cdots P_n$ 属性的事物且只有具备 $P_1 \cdots P_n$ 属性的事物就是柠檬。

以上理论或其不同变体得到了广泛认可。提出因果理论的最初目的是驳斥该理论。为此，唐纳兰结合专有名称，通过区分摹状词的指称性用法和归属性用法（第四章中相关讨论），说明指称受到摹状词的影响。[2]

此处有必要重述一下指称性用法和归属性用法之间的主要区别。归属性用法指的是，当使用摹状词时，说话者的意思是表达关于符合摹状词的人或事的信息，虽然他可能对符合摹状词的人或事没有任何概念。再次使用之前的例子。假设史密斯被谋杀了。我们可以在不知道史密斯的谋杀者是谁的情况下说“谋杀史密斯的人有精神病”。与归属性用法相对应的是指称性用法。在此种情况下，说话者想法中已经有了确定的人或事。假设琼斯被指控谋杀了史密斯，并且在审判的过程中表现得很不正常。如果我们说“谋杀史密斯的人精神不正常”，指的是琼斯，那么我们就是以指称性的方式使用“谋杀史密斯的人”这个表达。如果最终发现琼斯并没有谋杀

1 普特南，《语义学可能吗？》，第 103 页。

2 唐纳兰，同上引用，第 46 页及其后。

史密斯，因为布朗坦白了，但通过摹状词仍然实现了指称的功能，即便琼斯并不符合摹状词的描述。

这说明，指称能够且的确会独立于摹状词出现。通过以下例子，此观点可以得到很好说明。哲学家泰利斯（Thales）认为，世界的本原是水。现在，假设泰利斯是一名挖井工人，不是哲学家，那么他不符合摹状词“认为世界的本原是水的哲学家”这个事实是否意味着我们说的不是泰利斯呢？其实正相反。我们只有能够单独提及摹状词，摹状词符合或不符合某人或某事这种说法才有意义。否则，我们只能说，如果泰利斯不符合关于他的摹状词，那他可能根本没有存在过。

克里普克的观点大致相同。[1]他认为，名称是“严格的指示词”，也就是指称在某个个体存在的每个可能世界都指称该个体。因为个体在不同的可能世界具有不同的属性，那么个体存在于不同的可能世界在某些情形下只能依赖于以下假设，即某些详细说明的个体符合可能世界中的不同的摹状词。个体的名称不可能与摹状词的集合是同义词。（克里普克错误地认为他称之为“名称的摹状词理论”是弗雷格和罗素提出的。）在其他可能的事物分布体系中，亚里士多德有可能是装甲步兵，可能是物理学家或其他任何角色。但是在他存在的所有世界中这个名字仍然严格地为他自己命名。在所有可能世界中，只有他具备成为亚里士多德的所有本质特征。

这说明，我们能够发现个体与某些摹状词不符。比如，假设确定培根著有《奥赛罗》《哈姆雷特》等作品，但名称“莎士比亚”不会因为摹状词“《哈姆雷特》的作者”不适用于该个体就不再具有指称功能。因为如果我们将被命名为“莎士比亚”的人等同于《哈姆雷特》的作者，那么我们不可能发现他没有写《哈姆雷特》。

严格指示词不能与非严格指示词分开。摹状词“《哈姆雷特》的作者”

1　克里普克，《同一性及必然性》，第 62 页及其后，特别参阅第 72—74 页。

是非严格的，因为这本书可能是培根或马洛威或博蒙特写的，或者因为根本不存在这部剧，在这种情况下，就没有人符合上述摹状词的说法。

这是因果理论的第一个重要特征，即专有名称是严格指示词。同一性陈述会导致一个有趣的结果。[1] 有人认为，类似“黄昏星是启明星”的同一性陈述是偶然的，因为这两个词语指称同一事物的事实是后天建立的。但克里普克认为，如果“黄昏星是启明星”为真，那么因为两个名称都是严格指示词，并且在实体存在的所有可能世界中指称该实体，那么同一性陈述必然为真。哲学家认为，同一性陈述只是偶然为真，因为“黄昏星是启明星”不是分析的。但是因为我们既无法将必然性这个形而上学的概念与先验这个认识论概念分开，也无法将其与分析性这个语义学概念分开，这才造成了混乱。在克里普克看来，“必然为真”的意思是“在所有可能世界为真”，因此尽管“黄昏星是启明星”是后验的，但如果这种说法是正确的话，它就能够说明必然后验真理的存在。[2]（参考第三章）

因果理论的另外一个重要特征是它对我们理解“自然类”词语有一定的影响。[3] 自然类词语指的是为自然发生的事物如金子和水进行命名的词语，与未婚女性、教授和自行车这些类人工范畴的事物不同。克里普克认为，自然类词语与作为严格指示词的名称相似，比如“金子”总是指称相同的事物，无论该事物的外表特征如何。[4] 假如金子的本质是原子序数为 79 的元素。那么无论它是否是黄色的，是否有韧性，只要原子序数为 79，那么它就是金子。传统观点认为，黄色的和有韧性的是金子的典型特征，但是既然能够找到原子序数为 79 但是不具备以上两种特征的事物，那么“金子是黄色的”和“金子是有韧性的”就不是分析的。

---

1 参考同上，第 88 页及其后。

2 参考第三章的讨论。

3 参考普特南《意义和指称》，第 119 页及其后，特别参考第 127—129 页。

4 克里普克，“同一性及必然性”。

以上论述强化了一个观点，即与给定事物相关的摹状词通常在判断某个词语是否适用于该给定事物时并不起决定作用。黄铁矿看起来像金子，但不是金子，这就是个例子，可以说明“唯名本质”并非“真正本质”。摹状词或许可以作为识别某事物的一般性指导，但它们并不能确定是什么让某事物成为某个类别中的事物。能够决定某事物是否是金子的是原子结构。同理，水之所以为水是因为具有恰当的化学分子结构，即 H_2O。仅根据某事物是无色、无气味、无味道的液体并不能判断它就是水。（发臭的、黑色的且含盐的水仍然是水，因为它的化学式是 H_2O。）以上观点也可以这样表达：在某个可能世界中不存在是 H_2O 但不是水的事物。

那么问题是：如果指称（简单来说）并不是通过意义实现的，那么又是如何实现的？这个问题似乎并不清楚。有人认为，指称通过因果关系链起作用，将词语当前的使用与确定词语的指称物的情形联系起来。同理，“汤姆”指称汤姆，因为他在受洗时就是以此命名，且自此之后该名称能够将他与其他人区分开。由此，对象是“受洗时得以命名”，且它们的名称在不同的言说者之间流传开来。只要后来的言说者通过这个名称，指称该名称原本意定指称的事物，那么该因果链就是恰当的。

有人对以上观点进一步阐述。唐纳兰不仅对“因果链”进行探讨，同时对“历史解释理论”进行说明，认为并非所有处于这个链条上的关系都是因果关系。[1] 埃文斯认为，因果关系并不是指称物和词语当前的使用之间的关系，而是指称物和关于指称物的当前的知识体系之间的关系。[2] 以上阐述方式，尤其是唐纳兰的方式，要求我们能够处理类似“珀伽索斯”和“独角兽”等没有指称的词语。[3]

1　唐纳兰，“无所提及”，第 216 页及后续诸页。

2　G. 埃文斯，“名称的因果理论”，载于 S. P. 施瓦茨《命名，必然性和自然种类》，第 192 页及后续诸页。

3　唐纳兰，《无所提及》。

因果关系理论的一个明显的错误之处是，它无法解释依赖摹状词进行指称的理论能够成功地解释我们在使用名称方面的直觉。也就是说，非偶然地成功使用某个名称似乎要求使用者具备相关的辨别知识，即了解这个名称能够辨别出那个实体，且此类知识本质上是描述性的，也可能是推导出来的，也就是说并非每个名称使用者都能以确定的方式识别指称物，只要有人这样做就可以了。[1] 另外，名称使用者所知道的事情只是指称物的部分信息或关于指称物的偶然事实。但我们认为，名称使用者如果声称真正使用该名称，应该有正当理由来证明。如果没有的话，那么“他不知道他在说谁（或说什么）”这个说法从字面上来看就为真。

但这并不是因果关系理论最严重的问题所在。克里普克承认，我们通过给出描述确定词语的指称，但这与给出意义不同。这相当于重述了一个重要观点，即名称和自然类词语有指称，但并没有意义，要求给出以上任何一类词语的意义都是具有误导性的。从某种意义上来说，因果关系理论是穆勒（Mill）的观点的升级版，即专有名词有外延但没有内涵。在穆勒看来，名称无法用于不同的个体，“来说明个体的某些特征或其他共同的东西，也不能在任何意义上对个体进行断言”。[2]

关于因果关系理论，还需要提出另外两个相关问题，其一是到底是什么构成了严格指示词的指称？其二是对于其他指称性词语，比如可以区别出非自然类的词语，是什么？严格指示词被定义为在某事物存在的每一个世界都可识别出该事物。但是，该事物是什么？不可能是词语的外延，因为可能世界这个概念的前提是词语的外延可能会根据可能世界的不同而发生变化。比如，如果在某个可能世界中，亚里士多德不是一位父亲，那么在这个世界里，“父亲”的外延与另外一个亚里士多德有孩子的世界里的外延不同。有可能一个词语在两个不同的世界里完全不相关。由此，一个词

1 参考 M. A. E. 达米特《弗雷格》，第 40 页。

2 J. S. 穆勒，《逻辑体系》，I，ii，3。

语的外延不可能是词语所命名的东西。

换句话说，严格指示词所命名的是类别或种类本身。这种说法似乎更合理，但也存在缺点，即它同时也将指示的严格性特征赋予了为非自然类别命名的词语如“老师”和“未婚女人”等，比如“老师”不论在哪个世界中，都只能辨别出（或许是系统地）为别人授课的人。普特南认为，几乎每一类词语都是严格的。[1] 但问题是，如果是非自然类别词语，我们的思维中并没有该类别的标准事物，只能从总体上对其进行说明，如果某事物以最低限度符合描述，那么我们就可以使用该类别的词语。对于自然类别，我们可以先命名，然后进一步探究它是什么，比如它是元素还是动物；而对于非自然类别而言，对其进行命名就是在说明它是什么。因此，在后一种情形下，可以使用摹状词理论，因为非自然类别缺少生物学本质或原子结构，只具有洛克所谓的“唯名”本质。

如果需要分别给出自然类别词语和非自然类别词语的定义，那么自然而然就会引起争论，即某个事物到底属于这一类还是那一类，对尤其复杂的情形比如精神活动或感觉更是如此。[2] 比如，痛苦是根据体系（痛苦是其中的表现形式之一）的本质特征来归类，还是从本质来说是任意的，只是从我们社交便利的角度考虑才进行区分的呢？

以上这些想法涉及本质主义的问题，将我们的注意力转移到以下问题上：如果可能世界的概念有问题，尤其是如果在某些可能世界理论中起关键作用的本质的概念有问题，那么这些问题也是指称因果关系理论的重要问题，这些问题决定着指称因果关系理论是否成立。本书第三章已经概述过相关问题，此处不做重述。[3]

1　普特南，“‘意义’的意义”，载于 K. 冈德森（编）《语言、心灵和知识》，第 104—105 页。

2　参考施瓦茨“导论”，载于 S. P. 施瓦茨《命名，必然性和自然种类》，第 39—40 页。

3　对于指称的详尽讨论见 G. 麦卡洛克《命名的游戏》。

意义的观念论

过去有关意义的观点很少能够站得住脚，因为这些观点中多多少少有些内容我们无法认同，这至少在教学法上来说是一种损失。（另外，有关意义的观点以更新颖的形式进入我们的视野，至少这种更为灵活的方式加以记录。）本节及下一节，我将简要讨论此类理论。

历史上一个比较有说服力的观点是，表达的意义是它所代表的观点。针对这个观点，洛克提出了一个标准的陈述："使用……语词就是作为观点的明显标记，它们所代表的观点就是它们恰当的、直观的意义"。[1]此观点背后的理论是，语言是表达思想的工具，思想由一系列观点组成。观点是私人的，我的想法只有我自己能接触到。因此，为了将我们的观点传达给其他人，我们需要一个与观点相关的且在主体间可用的声音和符号的系统，如果某人能正确使用这些声音和符号就能在另外一个人的思想中引起对应的观点。由此，一个词语的意思就是与其相关的观点。

以上观点存在的第一个问题是，它似乎提出了一个有争议的假设，即思想和语言是互相独立的。如果没有语言，高于基础层级的思想如何存在？这不是一个容易解释的问题，但存在着某些与之相关的观点。第一，

1 J. 洛克，《人类理智论》，iii，2，1。

认为前语言时期的人具有非常丰富的思想，只有当社交对语言的要求非常迫切时，才发明语言来表达和交流思想，这种观点似乎有些不合理。在这个问题上无论进行怎样的哲学推测顶多就是一种先验的人类学，但只有通过语言才能产生系统的思想，这一点似乎是很明确的。穴居人在没有语言的情况下能够以某种方式思考关于他的经验的某些特征，而且还能有效地产生与之相关的理论，这似乎是难以置信的。因为据推测，他缺少表达思想的媒介。而且，认为他可能具有某种形式的内在的、私人的但是不能表达的语言似乎也是不可信的。私人语言的观点是维特根斯坦在《哲学探究》一书中提出，认为任何语言形式都必须是共享的、公共的。[1]

另外，一种语言越丰富，语言的使用者对世界的思考似乎就越具有洞察力。以下具有启发性的观点似乎能够支持这个看法。假设两个人在森林里走，其中一个人是生物学家，了解每一棵树、每一株灌木的名称。而另外一个人对生物学一无所知，所以他对森林的感觉从整体上来说就是一片几乎没有任何区别的树木和树叶。很显然，掌握生物学语言以及对生物学的学习让第一个人与第二个人相比能够更精细地体验树林中差别，他将整片树林看作一棵一棵不同的树木。对第二个人来说，尽管他对生物学一无所知，但仍然能够从这次行动中获得美的体验，这让第一个人的科学的经历显得有些乏味。但此处要指出的问题是，他们各自所掌握的语言让他们对树林的识别力较高或偏低。

除此之外，观念论还涉及更严苛的哲学问题。词语是（使用洛克的术语）观点的“标记”是什么意思？“观点”又是什么？

自17世纪开始，“观点”这个词从哲学引入日常语言使用。传统哲学对这个词并没有一致的定义。比如，它是思想或经验中的感知材料或感觉，是反思、记忆和想象的对象，是经验的残留或给心灵留下的印象，是从个

1 参考G. 皮彻（编）《维特根斯坦：评论文选》中的相关文章。

别经验或反思进行提取之后所得出的抽象概念，是附属于词语的、与定义不同的概念，是词语引起的主观联想（与意义相对——这是弗雷格的用法），是世界中的事物在某人的心中的体现，也就是图像。以上仅列举了“观点”的部分定义。英国经验主义者（洛克、巴克雷和休谟）将以上定义分成有关意义和反思的简单观点与复杂观点，并说明二者之间的关系（比如，意义的复杂观点由意义的简单观点组成）。

洛克将“观点”仅仅解释为“图像”（心灵的图像），这种主张太具有迷惑性。他不认为所有词语的意义都是它们“表示”的观点，因为他觉得“if（如果）”和“but（但是）”等词语没有意义，只有功能，即连接词语和语句，以“表示心灵与观点或命题之间的联系”。[1]但是，洛克将“观点”视为词语的意义，这种说法依然是不清楚的。最合理的解释是，将“观点”视为概念，也就是某类说明或定义。根据此观点，我有关狗的观点就是某类四只脚的哺乳动物、特定大小、特定的行为方式且很温顺。但这并不是说我对狗的概念是某种模糊的狗的图像，没有具体大小、颜色或体型，因为正如巴克雷指出，任何有关狗的心灵图像都是具有特定特征的狗。我的意思是，假设我一时想不起来词语“狗”，但我正努力描述一些有关狗的信息。我可以说：“你知道，就是那种四只脚的当作宠物的动物，或者是看管羊群的，它们会叫，高兴的时候会摇尾巴。”我实际是在拆解我对“狗”的概念。那么现在问题变成了：“概念”是什么意思？是否能够通过“概念”来定义“观点”，也就是说，“概念”的定义并不依赖于对我们先掌握“观点”？

如前文所述，借助“定义”的概念是行不通的，因为我们通常不会把定义视为观点或概念。首先，动物学家有关“狗”的定义远比我的定义更详细、更准确，而我关于“狗”的定义又比儿童的定义更详细及准确。但

1 洛克，《人类理智论》，iii，7，1。

我和儿童都具有有关狗的观点。举例说明。词语“词汇学家”的意思是（被定义为）“词典的编纂者”。著名的约翰逊博士是一名词汇学家。在他编写的字典中，“词汇学家”被定义为“无害的、从事单调乏味工作的人”。词汇学家可能的确是无害的从事单调乏味工作的人，但这并非他们的本质。我们知道，有些词汇学家可能是很危险的煽动叛乱者，但仍然是词汇学家。约翰逊或许将词汇学家视为无害的从事单调乏味工作的人，但他的定义充其量是个自嘲式的玩笑。因此定义与概念或观点是有区别的，即便这种区别需要通过循环论证的方式借助有待澄清的概念作出。

通过这种方式阐明“观点”的结果是，它所表达的信息并不比“意义”这个概念多。如果将词语的意义视为词语所表达的观点其实是通过更含糊的概念解释另一个含糊的概念。这样做没有任何用处。现在假设我们允许“观点”这个概念是含糊的，认为它所表达的是某人心中正在思考的东西。我们是不是不能认为：词语通过指向、描绘某事物或以某种方式“翻译为这些事物的公共标志”才获得意义呢？

既然提出这样的问题，就说明语言对思想进行编码。我们在表达观点时所要做的就是将观点写成代码，也就是语言，再通过语言将观点传达给其他人。但观点和语言之间是什么关系（编码的过程可能就存在于二者的关系中）？

以从一种语言翻译成另外一种语言为例。翻译可以通过将外语词汇用已掌握的语言中的对应词汇替换这种方法进行。掌握了一种翻译方法说明掌握了某一种语言。至少从理论上来说，将一种语言翻译成另外一种语言而无须借助“意义”一定是可能的。由此我们可以得知，将两种不同语言中的词汇相联系是什么意思。

我们知道将观点与词语联系起来是什么意思，可事实真的如此吗？第一，如果认为观点有表现形式，在其本身和词语之间起到调节作用，这似乎是不合理的。如果真的存在这种表现形式，那么我们就陷入了一种倒退，因为现在的问题是，是什么在观点和其表现形式中间起着调节作用，又是什么在观点的表现形式和词语中间起着调节作用。那么，观点和词语如何能形成“编码”关系也是一个待解决的问题。

另外一个相关的考虑是，虽然说一个词语或观点“进入头脑中”或“某人想起了……”似乎很自然，也很容易理解，但似乎不能说一个意义“进入头脑中”。如果观点是词语的意义，那么我们就得说某人想起了意义，或意义出现在某人的头脑中。这种拗口的方法说明，将词语和意义分开、将意义与观点等同是错误的。如果不考虑词语，说某人想起了一个意义这种说法没有任何意义。而作为思想的组成部分的观点或概念，在语言中有明确的表达，似乎将其视为复合体更恰当一些，并非先于词语产生，而是使用词语时所表达的内容。

这样一来，我们就不能再认为词语和观点（语言和思想）是分离的，应该认为前者预设后者，且二者之间必然存在某种联系。那么有关二者关系的问题也就消失了。如果将思想和语言分别用传送器和编码的概念代替，那么语言就是思想的工具，语言的言说者使用一个词语就足以说明该言说者掌握了这个概念或观点。

相反，按照编码的说法，我们必须假设概念可以在语言之前或独立于语言掌握。乍看之下，该观点似乎恰好能够合理说明狗及其他有智商的动物的例子。我们通常认为这些动物具有观点，比如“它知道它的主人站在门口”。但根据这些事实顶多能说明，即便没有语言也可能有初步的思想。总体而言，掌握语言是具有高于此类思想的条件。比如说，我们不能说狗具有同一性的观点，因为（正如弗雷格所指出的）虽然狗能够辨别出被一只狗袭击还是被多只狗袭击，但它无法理解被一只狗袭击和追一只猫之间有什么共同之处。维特根斯坦也提出了相似的观点，即我们可以说一只狗期待着主人回家，但不能说它期待着主人下周回家。这就是区别。

观念论者可能指出，至少在词语与感官图像（或被理解为图像的观点）紧密相关的情形中，观点是词语的意义，以此保留观念论的某些内容。但是这种方法也行不通。任何能想起来的图像都可能与其他一系列不同的词语相关。同理，某个特定的词语说出来或被听到后在人们的心中可能会引起不同的图像。首先考虑第一种可能性。我可能想象一只猫坐在炉火前面的垫子上，那么词语“睡觉”“壁炉”“虎斑猫”“温暖”等词都可能与之联系起来。至于第二种可能性，词语“枪”可能引起不同的图像，比如手枪、步枪、荒野中的英国绅士或美国牛仔、火炮等，总之与之相关的图像有很多。心理分析学家鼓励病人“自由联想”，这种做法的前提是我们能够建立一系列图像－词语之间的联系，这其实削弱了观念论的可信度。

观念论值得注意的一个特征是，与指示论类似，观念论通过一个实体识别一个词语的意义：两个理论都认为意义类似于标签。这两个理论的标准形式都无法令人信服，这或许说明标签这个概念（奎因称之为意义的“神秘博物馆”）本身是有误导性的。

行为意义理论

该理论试图从科学心理学的角度对意义做出解释。无论如何，行为理论本身是非常具有争议性的。

自 17 世纪以后，在思考物理世界的本质等哲学问题的过程中，实证方法逐渐代替抽象推理。这一转变促生了自然科学。自然科学的成功促使从事社会科学的人，尤其是从事心理学的人，试图仿效自然科学通过定量的方法（与定性的方法相反）使其研究主体更为严格。由此导致的一个结果是（至少在心理学上是这样）社会科学出现了“实验的”和“社会的”分支。

这种描述略有些草率。因为自然科学家所研究的现象是可重复的、公开的，从本质上来说适合定量考察，可以被观察、被测量。而社会科学家所研究的现象通常是独特的、私有的，比如个人的情感和意图，或者从历史上来说是局部的、易变的、微妙的且复杂的，比如社会机构。因此，某些社会科学哲学家认为，社会科学的方法论与自然科学完全不同。阐释学家狄尔泰（Dilthey）、韦伯（Weber）等人认为，理解社会学理论可以为社会科学的方法论提供基础。[1] 但并非所有的社会学家都认同理解社会学理论

1　参考 P. 温奇《社会科学的概念》。

者及其与自然科学迥然不同的主张。有些人认为，恰当的方法应该是对公开现象进行定量的实证探究。实验心理学家和行为主义者都认同这一颇具影响力的观点。

在实验心理学领域，巴甫洛夫（Pavlov）曾提出过一个非常知名的例子，他训练狗形成条件反射，听到铃声响起就会分泌唾液。在类似研究的鼓励下，出现了行为心理学流派。“行为理论”的支持者认为，人和动物的思想应该依据刺激－反应的模式从外部的行为来解释，借助人们内部的、秘密的心理活动（“意图”）是不科学的。[1]有人认为存在一个由精神实体组成的灵魂世界，远超过人的中枢神经系统中细胞的活动，这些人被称为“心灵主义者”。在行为主义者看来，这是个贬义词。行为理论的创始人之一认为，思想由“微弱的喉部震动”组成，也就是默不出声的自言自语。在行为主义者看来，如果说某人很高兴并非认为他处于一种特定的心理状态，而是说他正在做出某种行为，或倾向于做出某种行为，比如微笑，走路连蹦带跳，总体上来说非常快活，或心情很好。[2]

以上分析扩展到了意义这个概念。因为说和写（通常可以说交流）都是行为的高级形式，可以通过刺激－反应模式来解释。行为主义者的观点如下。[3]

总体来说，任何交流情形都有三个成分：交流（言语或写字）的起因，其意义是我们将要解释的内容；交流的情境；以及对听众产生的效果。对于行为理论者来说，最后一个要素似乎最能说明交流的意义，因为交流的目的是听者指向的：我们与别人交流，是为了告知他们信息，改变他们的行为，阻止或促使他们做某事，等等。

由此，早期的行为理论认为，言语的意义是它在某个情境中在听者方

1　虽然并非巴甫洛夫本人所做；一直到很久之后，他的作品才在俄罗斯以外的地区为人所知。

2　此观点可参考行为心理学相关文献，尤其是早期文献。

3　参考 L. 布隆菲尔德《语言》。

面引起的反应。巴甫洛夫的例子就能很好地解释这个观点：对狗来说，铃声“意味着”食物，它们通过分泌唾液作为对铃声的反应。所以，该理论认为，语言的组成部分通过人们对其做出的反应而获得意义。

这是行为理论最简单的形式。如果将其作为对意义的解释，是非常不充分的。假设我和两个人在一起，其中一个人讨厌蜘蛛，另外一个喜欢蜘蛛。如果我说，“墙上有一只蜘蛛”。那么这两个人的反应肯定是截然不同的。所以，我说的话的意义怎么能取决于它所引起的截然不同的反应呢？如果他们不是先理解了语句，又如何能做出他们各自的反应呢？

另外，假设我有一位胆小的朋友，既讨厌老鼠，又讨厌蜘蛛。我说“有一只老鼠”或“有一只蜘蛛”，他的反应（焦虑且有“回避行为”）是相同的，所以他的反应无法成为语句意义的组成部分，因为他对两个语句的反应相同，而两个语句的意义很显然不同。实际上，如果对某个语句的反应决定语句的意义，那么语句“草是绿的”“黄是一种颜色”“人吃食物”“绝大多数狗都有四条腿”等，由于所断言的都是无趣的东西，都会让听众厌烦，由此此类语句也就有相同的“意义”，由听众表现出无聊的反应构成。

如果认为语句的意义至少部分由语句意图对听者产生的影响（但是该影响在于从听者方面引起的特定概念，这些概念又决定了听者的反应）来决定，这似乎更自然也更合理些，虽然依旧不明确。但这个观点实际是又回到了观念论，重新引入了心灵主义的概念，这是行为主义者十分不愿意看到的结果。虽然从目前来看，行为主义者关于交流对听者产生影响的观点是正确的，但借助意向概念进行解释要比（虽然只是从表面看起来）纯粹的行为理论对概念的解释更合理。[1]

1 借助说话者在向听众传达某些事情时的意图解释意义的观点由 H. P. 格赖斯提出，“说话者意义，语句意义和词语意义”，载于 J. 塞尔（编）《哲学语言》。参考下一章。斯特劳森也赞同通过这种方式解释意义；参考斯特劳森《逻辑语言学文集》，特别参考他的牛津大学就职演讲“意义与真理”，载于 T. 洪德里奇和 M. 本尼耶特《作为哲学的哲学》，第 519—539 页。

将行为理论稍加修改，将言说的语境与听者的反应综合考虑，作为意义的一部分。但这样做并无实质性进展。某个词语或语句可以使用的语境是无限的，但意义仍然相同。这些语境中并不包含任何可以被视为共同语境成分的内容。正是共同语境成分，与听者在情境中的反应一并构成表达的意义。

然而，行为理论有不同的表现形式，比以上介绍的要复杂很多。而且这些表现形式都利用“内隐反应”的概念（包括以下情形，比如某人听到某种声音后，并未作出任何反应，而是无动于衷地坐在那），或者利用了更微妙的“倾向”的概念。下面对这些理论形式进行详细解释。[1]

根据“内隐反应”的说法，一句言语会引起某人的“部分”反应，比如词语“电话”可能导致听者的肌肉抽搐，分泌腺液，耳垂轻微充血等。但这些反应只是总体外显行为反应的“一部分”，在听者真正接电话的时候会出现。因此，此类反应是“内隐的”。根据“倾向”的说法，一句言语不会导致诸如皮肤抽搐或分泌腺液等反应，但会使听者这个机体产生以下倾向：如果某些其他条件得到满足，或某些限制因素被取消，那么这些身体反应就会全部出现，最终导致听者实际接听电话。

以上所有形式的行为理论，无论是粗糙的还是微妙的，都有一个前提，即语言是符号体系，与鸟儿叽叽喳喳的叫声或兔子奋力地用腿蹬地相比，只在复杂程度上有区别（与人类复杂的神经系统相匹配）。鸟儿鸣啭部分原因是要宣示领地；兔子用腿蹬地是传达危险的信号，听到信号的兔子因为自保的神经反射会迅速躲进洞里。对于更复杂的行为理论来说，我们需要提出的问题是：人类的语言与兔子发送的危险信号或鸟儿清晨的鸣叫相比是不是只是更复杂的符号体系而已？（如果这样认为会伤害人类的优越心理，但是这并不能构成反对以上观点的理由。回想一下，行为疗法在临

1　参考 C. 莫里斯《符号，语言和行为》，特别参考第 1 章；以及 C. 奥斯古德《实验心理学方法及理论》，第 16 章。

床心理学中非常有效，因而成为支持从行为理论的角度解释人性的原因。）

对于这个问题，答案是否定的。第一个理由是，行为理论将语言视为符号体系，这是主要的问题所在。相对来说，语言中只有一小部分可以合理地解释为符号，而且将其解释为符号还会出现类似于困扰指示理论的问题。第二，“内隐反应”或“倾向”的概念毫无用处。如果要解释“房子”这个概念，就会涉及某些共同的细微的生理反应，所有 2 岁以上的人在听到这个词语时都会表现出来。那么我们该从何处开始拆解“房子”这个概念？这对于某些经验丰富的神经外科医生来说都是不可能的。如果将这个问题换一种说法：共同构成“房子”的意义的所有概念，比如分泌腺液或抽搐，是非常难以识别的。况且，并非所有的概念都得以恰当“分布”充当词语的意义。

借助“倾向”的概念也会出现类似的问题。要通过倾向说明一个词语的意义会使我们陷入一种无休止的任务：即不得不说明所有可能阻止倾向（在未实现时）变为现实的条件，或者如果倾向成功地从隐性反应变为显性反应，就需要说明所有在特定情境下符合特定听者的所有条件。

奎因，行为和语言

奎因提出了一种语言习得的行为理论，值得我们仔细思考。奎因对意义的问题并不感兴趣，因为像指称这样的外延概念比意义更易于驾驭，研究结果也更有成效。他早前将语义概念分成两类，第一类为指称理论（外延理论有赖于“为……命名”和“满足”等概念），第二类为意义理论（内涵理论有赖于同义性等概念）。在奎因看来，指称理论在哲学上更有前途，也“更完善”，意义理论则更容易受到含混性的影响。[1] 根据他的观点，我们可以做出一种假设：从哲学上理解语言需要通过探究语言掌握的来源进行。

奎因回避心灵主义，尤其是通过传统的经验主义流行起来的且需要借助“经验”概念的心灵主义流派。奎因认为，“经验的方式”这种说法失败的证据在于，它导致了休谟的怀疑论、巴克雷的唯心论、洛克矫揉造作的实在论，以及其他与之同源的理论，这些理论没有一个是站得住脚的。[2] 由此，标准的认识论应该予以否定，并采取新的方式，包括接受现代科学的见解。如果将科学视为一种理所当然，那么我们需要解决的问题就是，如何能获得科学知识？因为语言是获取科学知识的基础，且指称是语言的基

1 W. V. O. 奎因，《从逻辑的观点看》，论文 ii、iii、vii。

2 参考第八章。

础，那么问题最终可以简化成探究“指称的根源”。[1]

在奎因看来，“自然主义”（此观点认为，我们应该接受科学的见解并以此开始进行哲学研究）认为应从行为输出的角度看待知识。行为输出指的是环境对人类外在施加影响之后产生的反应。不涉及任何对人类内心活动的推测，唯一的证据应该是以下说法“我们可以看到并听到它们”，由此“得以了解人类科学”。[2] 换言之，语言是通过训练习得的；教师训练学生在恰当的可观察到的情境中做出对应的反应。语言习得应当属于标准的动物训练的范畴，通过一些内部的修正进而导致对刺激产生选择性的反应。

从学习简单的词语到学习科学，这一心理进化过程中最关键的一步是学习对象性指称，奎因认为这是当学习者通过量化的方式掌握述谓结构后会自然发生的事情。自然语言中的指称工具不如逻辑语言中的工具那样分明。在逻辑语言中，指称是通过量词（$\exists x$）和其约束的变量（x）实现的。然而，如果学习者掌握了述谓结构，那么他的知识已经远超过了“情境语句”和“观察词语”等的初级水平，可以真正地走上学习科学的道路。[3]

掌握述谓结构和指称需要经历几个述谓结构前的语言使用阶段。观察词语可分为以下三类，如

（1）红色的，糖，雪，水，白色的；

（2）菲多，妈妈；

（3）狗，皮带扣，苹果，女人。

首先，以上三类词语对于学习者来说都是相似的，因为某些可识别的情境重复出现使得词语所在的语句成为单个词的情境语句。但以上三类也有明显不同。第一类词语可以同时出现在分散的语块中，而对第二类词语来说，形状很重要的一个因素，比如妈妈就不是分散的，她是一个整体。

1　奎因，《指称的根源》；另参考《词语与对象》，第 iii 章。

2　参考《词语与对象》，第 3—4 页，第 35—37 页。

3　同上，第 37—49 页，第 62—68 页。

但是，与第三类词语相比，前两类词语在语义上相对比较简单。第三类词语具有个体性，也就是说学习者需要掌握个体化的原则，才能掌握该类别中的词语。注意到这个事实其实是一种复杂的回顾：到目前为止，学习者自身并不能按照以上方式区分词语的类别，因为他还未能达到量化的水平。因此，以上词语只是原型一般词语和原型单数词语，并非真正的一般词语和单数词语。

第三类词语因为具有个体化特征，所以更接近于具有指称性。但是鉴于这个阶段的学习者只能将这些词语作为单个词情境语句使用，因此仍然不具备述谓结构。即便是学习者能够通过这些词语构建“观察复合词”，比如通过单个词语句“黄色的”和“纸”，学习者将其组成“黄色的纸”。但这种形式仍然不具备述谓结构。因为在这一阶段，认同“黄色的纸”需要相关的刺激，因此是依赖情境的。

下一步是过渡到述谓结构和指称，需要跨过一条鸿沟。奎因说，要跨过这条鸿沟需要借助不同的学习机制的帮助。[1] 虽然观察语句依赖情境，“固定语句”（奎因有时将其称为“恒久语句”）却不依赖情境。在奎因看来，跨越鸿沟、以述谓结构的形式使用语言的步骤是有些神秘的，但他认为主要包括以下特征：从观察刺激到语言刺激的“转换”，比如词语“雪”的出现就足以构成认同词语“白色的”的原因，无论是否真的有雪。该转换是条件作用转换，从对事物的反应转换到对词语的反应。因此，学习者知道对于恒久语句如“雪是白色的”或“菲多是一只狗”该如何反应。

奎因想要表达的是，述谓结构和对象性指称都属于恒久语句，与情境语句之间存在着一条鸿沟。乍一看此说法是有合理性的，尤其是这种说法使其自身带有科学的色彩。然而，我们有足够的理由对其提出质疑。

第一，按照奎因的解释，从早期学习到更复杂的概念层面（使得学习

1　同上，第 67 页及后续诸页，尤其参考第 iii 部分各处。

科学知识成为可能），对生理机制的依赖反而减弱了。对此，奎因仅仅说，也许某一天有关这一部分的内容会进一步补充。但奎因的这种积极态度要依靠一种期望，即内涵概念能够按照物理概念来解释，使得心理学能够被还原成生理学。[1]这是一个极强的学说，它所做的论断不仅仅包括有关心理事件的陈述的真值取决于被还原的物理陈述的真值，因为即便物理陈述不为真，心理陈述也可以完全翻译为物理陈述。强化的还原论认为这种翻译是可能的。如果有人认为，生理解释能够且有一天一定会用于解释语言习得，那么也就相当于认同强化的还原论。

以上观点受到了质疑，因为它所要求的还原不仅在实证经验上来看不可能，从理论上来看也是不可能的，因为心理描述和物理描述是无法比较的，也就是说两种语境中的谓词在外延上是完全不匹配的。举例说明：假设一名物理学家和一名社会学家都在观看某个事件。物理学家将其描述成一定质量的物体，以某种频率、某种速度发出射线。而社会学家将其描述成一场足球比赛，并说明它是两支队伍根据一定的目的、按照一定的策略、遵守一定的规则所进行的活动。对同样一个事件的两种描述是无法互相还原的，因为物理学家所用的语言中没有任何内容可以翻译为“队伍”“目标”“策略”“罚球”等，反之亦然，社会学家的语言也不能翻译为“质量”“速度”等。由此看来，二者是（在某种意义上说）对同一历史事件作出的不同的且不可还原的描述，但对于各自的理论意图来说都是一致的、完整的。

由此说明，生理和心理语境的语言也是无法互相还原的。然而，物理学家和社会学家却能够将他们各自描述的事件“定位”为相同的事件集合；同理，生理学家和心理学家也能够在某些相关性上达成一致意见，至少在某些情况下能够说明他们意指的是同一现象。

1 参考 K. 威尔克斯《物理主义》。

奎因论证的第一步是使用在公开的、可观察的情境下习得的语言。但理论家们如何知道哪些情境被视为语言学习的情境呢？只有认为学习者已经具备了大量的概念，以上对情境的描述才能说得通。假如学习者正在学习“红色”这个词语。那么他必须将为他指出的东西视为环境的特征，形成“红色”的刺激物。另外，他必须掌握或提前了解以下事实，即他所看见的东西是红色的等。此处可以运用维特根斯坦有关缺乏明示的观点。同理，老师必须掌握许多概念，甚至要更多，因为他有意识地选择简单、可感的属性作为他想要命名的事物的特征，而不是选择功能、来源或艺术形态等概念。但是，如果不借助内涵概念，我们该如何对学习情境进行描述呢？很显然，不借助心灵主义工具，理论家很难有任何进展。

对第二类和第三类词语（分别为单数词语和一般词语），在哪一类更原始的问题上，斯特劳森对奎因的观点提出了质疑。[1] 奎因认为，“菲多”和“妈妈”等单数词语比第三类词语更原始，因为第三类词语需要学习者掌握个体化的原则，而掌握这项原则意味着能够做相似性比较，并且能够对词语作相关的语义概括。但是，奎因承认，如果将“菲多”作为原型单数词语来掌握，学习者必须排除有“菲多们”这种复数形式，否则“菲多”在语义上就无法与“狗”区分开。斯特劳森抓住这一点，并指出如果“菲多”是唯一的“菲多”，那么“菲多”就比“狗”更复杂，因为它具有个体性及独特性。由此，如果第二类和第三类词语之间真的存在所谓的原始性排序的话，应该将二者的次序倒过来。

奎因认为，学习者掌握了第一类到第三类词语并能够将其运用到情境语句中时，他们还并未完全掌握量化工具。按照斯特劳森的观点，即便上述观点是正确的，也并不能说明学习者未掌握任何工具。因为，斯特劳森认为，即便是单个词情境语句也有一定的二元性，对谓词有很强的预示作

1 P. F. 斯特劳森，《分析与形而上学》，牛津大学出版社，1992 年。

用。因为此类语句被言说时如果没有隐含的“此时－此地”的成分，那么该语句就不具有真值。所以，如果学习者说“狗”，他实际上是在说“狗现在在这里”，即他实际上在针对感知环境中的一个凸显有效地表达他的观察判断，该判断可以被谈话者认可或否定。由此，情景语句至少具有原型谓词的属性，能够弥补或尽力弥补奎因所说的在掌握语言的过程中前谓词和谓词之间的鸿沟。

意义证实论

涉及“证实”概念的意义论可分成两类，一类被称为“意义的证实论”，因为该理论意在说明意义的本质；另一类为语句的意义性提供一种标准，可以以另外一个相似的名称来命名“证实原则”。前者可以用石里克的观点来总结，即“一个命题的意义是对其进行验证的方法”，[1] 后者可用艾耶尔的观点来总结，即“一个语句在事实上对某个人很重要，当且仅当此人知道如何验证语句所表述的命题”。[2] 在两种情形中，“证实”的意思是通过观察进行检验，也就是说，当且仅当命题的真值可通过实证的方式进行确定，该命题就是可以证实的。值得注意的是，如果意义的证实理论是正确的，那么证实原则就为真，但反之却不成立，因为即便以下说法为真，即我只有能证实命题，该命题对我才有事实上的重要性，也并不能说明验证命题的方法构成命题的意义。

逻辑实证主义者将证实作为意义理论的关键概念，因为他们希望有某种方式区分真正有意义的命题和非真正有意义的命题。[3] 艾耶尔引用休谟的

1　M. 石里克，“意义与验证”，载于费格尔等《哲学分析文选》。

2　A. J. 艾耶尔，《语言，真理和逻辑》。

3　艾耶尔，“导论”，载于艾耶尔（编）《逻辑实证主义》，第 10 页。

观点，对“实证主义者的观点作出精彩的陈述”，[1]即“如果我们认同这些理论，再浏览各类文献的话，不知道我们会毁掉多少？如果拿起任何一本书，无论是神学作品还是经院哲学作品，其中是否包括任何有关数量或数字的抽象推理？没有。是否包括任何有关事实和存在的实验推理？没有。那还是把它们烧了吧，因为它们除了诡辩和幻想之外，其他什么都没有。”[2]同理，实证主义者认为有意义的命题也分为两类：形式命题，比如逻辑数学和纯数学的命题，实证主义者将其视为重言式；[3]事实命题，也就是从经验上可以证实的命题。

证实原则涉及语句和命题之间的区分，区分理由第二章中有相关讨论。对于语句而言，当且仅当其意图表达的命题是可证实的时，该语句才是“事实上有意义的”。无法表达可证实命题的语句其实什么命题都没有表达，它是没有意义的（仅从该词语的字面意思上来看）。因此，根据此观点，语句的意义就是该语句所表达的命题。考虑以下两个语句：

（1）上帝在他的天国里。

（2）鸽子在他的窝里。

因为我们有办法验证鸽子是否在窝里（我们可以看一看），因此例句 2 表达了命题，且是有意义的。但我们无法验证例句 1 所说的内容是真还是假，因此它不表达任何命题，也是无意义的，或者更恰当地说是“事实上无意义的”。证实主义者认为，例句 1 在表达关于世界的一种非认知的态度时，可能蕴含了情感意义。（此解释适用于所有伦理、审美及宗教有关的语句：它们都是“事实上无意义的”，因为没有什么可以作为证实方法来确认这些语句的真值；但是，对于言说者来说是具有情感意义的。）

从目前来看，证实原则是以一种限制的形式给出的，声明对于某个人

---

1 同上。

2 D. 休谟，《人类理解探究》，§ XII，第 III 部分。

3 严格说来，维特根斯坦将数学命题视为恒等式，但此观点本质上是相同的。

来说如果无法证实语句所表达的内容，那么该语句就是事实上无意义的。证实原则可以被概括为：如果语句所表达的内容无法被人验证，那么该语句无条件地就是事实上无意义的。按照这种说法，证实原则本身需要限制性条件，即事实上无意义的语句是理论上无法进行验证的语句。如果不对此观点加以限定的话，某个语句可能会因为到目前为止还没有人对其进行证实这个偶然事实而被认为是无意义的，但如果有人对其进行验证，该语句会变为有意义。对该原则加以限定实际上就是避免了某种实用主义真理观（第五章）所遭遇的问题。

由此，该原则就变成，某个语句是有意义的，当且仅当语句所表达的内容原则上是可证实的。这个观点也有问题，是由该理论的支持者提出来的。[1]其一，如果“证实”的意思是为真的科学的一般规律提供证明，那么后者即便是从理论上来说都是不可被证实的。另一个例子与历史有关：关于过去的断言为真怎样根据现在或将来的观察进行验证？然而，科学和历史都由事实上有意义的语句组成。更糟糕的是，有关当前可以观察到的物理对象的断言可以以结论性的方式证实，因为与该对象的证实过程有关的观察数据是无限的。虽然将来的某项观察可能否定当前有关该对象的说法，但关于此事的陈述不是也不能被视为被证实的。

证实主义者提出应该放宽证实原则，使其能够包括以下情形，即所有可能的事情都是与陈述为真相关的证据。由此看来，对于一个语句来说，如果经验程序与确定其真值相关，那么该语句就具有事实上的意义。[2]这保留了例句 1 和例句 2 之间的区别，同时又避免了上述问题。但是，这样做可能会在其他地方再次出现问题，特别是在“相关性”的本质上。

解释该问题的其中一种方式如下。与第五章讨论过的纽拉特的观点相联系，认同或反对关于某个经验事实的“相关”证据在很大程度上是一种

1　参考艾耶尔《语言，真理和逻辑》，第二版“前言”各处。

2　同上。

策略问题。哪些可以被视为相关证据根据观察者的概念策略不同而不同，但如果只是从相关主义者的角度来看（比如费耶阿本德[1]），词语的意义可能根据相关的验证语境而有所不同。比如，假设某些地处内陆的国家在干旱期间实行人工降雨。据科学家调查，降雨的直接原因是飞机上撒播的化学雨云。而根据当地土著人的看法，是当地的巫师通过求雨舞祈求老天下雨。那么在验证语句“化学种子引起降雨”以及“求雨舞引起降雨”时什么可以算作相关证据，每个思想流派都有不同的观点。

这是一个极端的例子，但是在某个特定的理论框架内的确会出现有关相关性的争论。考虑以下天体物理学家有关类星体是在宇宙论的距离还是银河系中的现象的争论。如果是前者，那么类星体所呈现的红向移动就可用牛顿学说进行说明，并可作为超高速、超远距的证据；但是它们所释放的能量太大，我们需要对目前所掌握的物理学知识进行修订才能对其进行解释。如果是后者，那么需要其他非牛顿学说的观点对红向移动进行解释，目前来看也是不具备这样的理论的。从某种程度来说，迄今为止的证据与两个假设都相关，但仍不足以在二者之间做出选择。然而，两个假设都是事实上有意义的。

如果进一步验证证实原则可作为有意义的标准需要借助以下观点，即某个语句如果以特定的方式蕴含观察陈述，那么该语句就是可证实的。但是对于这种观点，其中一个否定意见是，某个关于物理事态的语句为真和与之相关的观察报告为假是一致的。以下引用魏斯曼（Waismann）的例子。[2]假设有人说“琼斯在街对面”，我看向街对面却没有发现琼斯，或许是因为他刚刚走进某个商店去了，也或许因为过去一辆卡车模糊了我的视线。我没有看见琼斯，即陈述“我没有看见琼斯在街对面”的真值与“琼斯在街对面”的真值是相符合的。如果认为没有观察到就认为后一个陈述

1 P. 费耶阿本德，《反对方法》。

2 F. 魏斯曼，“可验证性”，《亚里士多德学会论文集》，1945 年。

不具备真值，这种观点是荒谬的。如果语句所表述的内容为真，且该语句蕴含的观察陈述为假，那么就会出现矛盾的情形，但是在以上例子中并没有任何隐含的矛盾之处。

证实主义的反对者迅速提出反对意见，证实原则本身不属于它所划分出的两类有意义的命题的任何一类，既不是重言式，也不是经验上可验证的。如批评者所言，该原则应该处于什么样的一种地位呢？艾耶尔认为，实证主义者采纳此原则作为一种约束，他们提出了意义的定义，与经验性信息命题所满足的条件相吻合。[1] 此观点与实证主义者对逻辑和数学先验命题的解释一起构成了对有意义的命题类别的描述。随后，他们又补充了一条规定，即只有此类陈述才应被视为具有真值，只有具备真值的命题才能被视为在字面上是有意义的。[2]

这个观点在两个方面存在问题。约定可能被认为只是任意的规定，而描述顶多只能说明形而上学的、伦理学的、美学的和神学的陈述不符合实证主义者所主张的陈述类别，由此并不能说明它们不具备真值或没有意义。描述性的成分顶多只能说明已经被确认的东西，即对于陈述（或）有关世界或人类经验本质的一般陈述的意义和真值（如果可以单独使用此概念）需要采取与解释对观察现象的断言和对形式语言的描述都不同的方式来说明。这本身就不能排除形而上学或任何其他学说，作为只支持对自然科学有用的学说的根据。

作为有意义的标准，证实原则存在问题，或许意义的验证理论更合适一些。该理论认为，“命题的意义就是对其进行验证方法”。它并不预设“意义”为某种实体。但是，它将意义视为一种方法。石里克认为，“阐述语句的意义相当于阐述语句的使用规则，这与阐述语句的证实（证伪）方

1 艾耶尔，《逻辑实证主义》，第 15 页。

2 同上。

式相同”。[1]

该观点需要进一步解释，可以考虑科学哲学中一个非常相似的观点——“操作主义”。考虑布里奇曼（Bridgman）举出的词语“长度”的例子。[2]确定某个对象的长度涉及某种物理操作，此类操作可被视为“长度”的意义的组成部分。按照证实主义者的观点，可以说，“长度”的意义就是证实语句“某物的长度是单位 x”的方法。

但是，以上貌似合理的解释并不适用于其他情形。比如，语句“航天飞机在加利福尼亚州着陆”并不意味着我们去看这件事是否属实，而是说明航天飞机在加利福尼亚州的空军基地着陆。有人认为，去核实陈述（即确定陈述是否为真）这件事是不可能的，除非我们已经理解了语句的意义。

石里克的观点与纽拉特的观点正相反。石里克认为，原型语句与观察报告类似都可以直接在经验中被验证；而在原型语句中出现的观察性术语通过实例进行定义（参考第五章）。他写道，“如果最终不能参考实指定义，那我们是无法理解任何意义的。很显然，这说明我们需要参考‘经验’或‘验证’的可能性”。[3]将“经验”与“验证的可能性”等同是一种非常有意思的观点。具备原型语句所表达的经验其实就是实现了验证的可能性，也就是说使验证变为现实。从这个角度来说，寻找或检验的过程构成了经验陈述的意义，因为以实指的方式将原型语句中的词语与现实观察到的情况相联系是有可能的，且这种可能性就构成了词语的意义。

石里克的解释面临两个问题：因为依赖原型语句理论而受到纽拉特的抨击；因为借助实指的概念而受到维特根斯坦的抨击。二人的批评都是有道理的，前文已经给出原因。抛开原型语句和实指理论不谈，奎因的理论便可占据一席之地：观察具有浓厚的理论色彩，也就是说我们的观察是在

---

1 石里克，“意义与验证”，载于费格尔等，1949 年。

2 P. W. 布里奇曼，《现代物理学逻辑》。

3 石里克，“意义与验证”。

我们已经拥有的理论的前提下进行的，反过来又会影响我们观察的结果。[1]因此，与已有理论相抵触的观察会被忽略，或因为不符合常规而被放弃，或直接被认定为是观察错误，因为我们必须对已有的理论网进行修改，才能将这些观察涵盖在网内。但是，如果理论被应用于观察中，那么观察词语的“意义”以及对理论本身进行的“观察确认”这个概念从逻辑上来说是在观察之前就已经建立的。

然而，石里克的工具主义的概念提示了一个重要观点，此观点与维特根斯坦的后期研究相关。如果从操作主义的角度来说，一个词语的“意思是”该词语的证实方法，就等于说一个词语的意义就是其使用的功能。这个观点引导我们思考意义的使用理论。

1　参考奎因“两个教条”，载于《从逻辑的观点看》。

意义的使用论：维特根斯坦后期理论及方法

使用理论的口号是："不要管意义，只看用法"。维特根斯坦的看法是"将语句视为工具，将意义视为使用"。[1] 此观点直接的作用在于，它反对将意义解释为语言的一个特征（维特根斯坦本人在《逻辑哲学论》中也深受其害），主要关注以下事实，即语言有多种使用方法，意义需要在多种由自然语言构成的"语言游戏"（维特根斯坦的说法）的语境中理解。

前文讨论过的部分意义理论都围绕着以下观点：意义存在于表达所代表的、表现的或描绘的内容中。如果此观点正确，那么所产生的一个结果就是，某个表达的意义可以通过将语句与语言之外的事物或事件相匹配"给出"。使用论否认表达具有这种孤立的意义，认为表达的意义由其在语言中承担的角色来确定，因此"给出某个表达的意义"就是说明该表达如何成为语言游戏的一部分，并在其中发挥作用。[2] 因此，如果不考虑表达的使用，是无法"给出其意义的"。

在《哲学探究》一书开始，维特根斯坦便对意义的指示理论的总原则

1 维特根斯坦，《哲学探究》（G. E. M. 安斯库姆译），伦敦，1963 年，第 421 页。

2 同上，第 43 页。

提出批评，并指出，我们已经认识到存在“多种词语和语句的类别”。[1]无法掌握这种多样性导致我们将不同类别的表达都归于一种指示理论。我们很容易将指示理论视为基本理论，因为我们认为某人“学习词语意义”的语境是这样的：学习者已经掌握了不少语言知识，向他解释一个词语的意思可以通过定义或实例。比如，老师说 的意思是 ，第二个空格需要填写第一个空格所填词语的同义词或译文，或者用词语“这个”并同时指向某个对象。[2]但维特根斯坦认为，这种学习方式有赖于学习者对语言已经有所掌握，因为这是已经形成的语言游戏的一部分。

关键概念是“使用”和“语言游戏”。“使用”本身并没有任何神奇之处，维特根斯坦讨论过词语和语句的功能，[3]其目的和意图，[4]甚至是其职责，[5]以及其角色和用法。[6]掌握语言指的是能够在不同的语境下使用表达，比如声明、描述、询问、要求、承诺、评估、否认等。以上每一种语境都可构成一种语言游戏。

考虑一下我们所谓的“游戏”。我的意思是棋盘游戏、纸牌游戏、球类游戏、奥林匹克比赛项目等等。它们之间的共同点是什么？不要说“它们肯定存在某些共同之处，要不然就不能被称为游戏了”，但是考虑一下它们之间是否存在共同点。如果仔细思考一下的话，你不会认为它们之间有任何共同点，只是有相似性，存在某种关系等等一系列与之类似的东西。仔细思考之后的结果是：我们发现一个复杂的相似性关系网相互重叠，相互交织……若要描述这种相似性，我想象不出比“家族相似性”更贴切的

1 同上，第 23 页。

2 同上，参考第 10、27、30、32 页。

3 同上，参考第 11、17、274、556、559 页。

4 同上，参考第 5、6、8、398 页。

5 同上，参考第 402 页。

6 同上，分别参考第 103、108、421 页。

说法，因为一个家族成员之间的相似性（比如体格、特征、眼睛的颜色、步态、性情等等）是以相同的方式重叠、交织的。所以我说，“游戏”形成了一个家族。[1]

由此，“给出某个表达的意义”就是说明它在声明、要求等相关但不同的语言游戏中如何使用。

以上观点可以说明，意义与使用有紧密的联系。[2]使用的概念并不完全清楚，但对有些人来说并不构成困扰。昆顿认为，“通过词语使用的方式识别意义是不明确的，但同时又是不可避免的，因为词语有多种使用方式，也就有多种意义”[3]。斯特劳森认为，“说‘使用’这个关键概念不完全明确，这并不是一种抱怨”，因为“它的总体目标非常明确：使我们脱离对命名这种含糊的关系的痴迷，促使我们将……语言视为人与人之间交流的活动”。[4]然而，问题的关键所在还是值得我们探讨。[5]

关于使用的学说有很多，但并非所有学说都用于解释意义。考虑一下我们如何谈论锤子或橄榄油等事物或者说对象的使用。我们可以讨论如何使用锤子（抓住手柄……），出于何种目的（钉钉子作为镇纸……开始会议）；我们可以讨论橄榄油在什么东西中使用（沙拉或调味品），以及干什么用（煎）。[6]解释这些事物的使用——怎么使用，在什么中使用，为什么使用——解释了或接近于解释了事物的本质。我们可以通过类似的方式

1 同上，66 页及下文。

2 参考 W. P. 阿尔斯顿，“意义及使用”，《哲学季刊》，1963 年，重载于费格尔等编《新文选》，纽约，1972 年，第 243 页。

3 A. M. 昆顿，“当代英国哲学”，载于 D. J. 奥康纳（编），《西方哲学史评》，伦敦，1964 年，第 525 页及下文；重载于皮彻，《维特根斯坦》，第 11—12 页。

4 斯特劳森，“哲学探究评述”，《心灵》，lxiii，1954 年；重载于 G. 皮彻，《维特根斯坦的哲学》。

5 参考阿尔斯顿，“意义和使用”，载于费格尔等，1972 年，各处；并参考 G. 皮彻，《维特根斯坦的哲学》，新泽西，1964 年，第 10 章各处。

6 G. 皮彻，《维特根斯坦的哲学》，第 230 页。

谈论词语的使用，解释一个词语如何使用，何时使用，可以起到什么作用。但是，并非所有有关如何、什么时候及为什么的解释都可以作为对意义的解释。比如，语句“他频繁地 / 有效地 / 傲慢地使用了这个词语”告诉我们说话者如何使用这个词语，但与其意义并没有关系。[1]同理，如果看到老虎的话，使用“救命！”“快跑！”“看！”“糟糕！”等表达是恰当的，但使用行为本身并不能解释表达的意思，尽管它们在某种程度上可以说明表达的使用，从而对解释表达在相关的语言游戏中的位置有一定帮助。另外，指出某个骂人的词语可以用于侮辱或激怒其他人或可以释放某人的情绪，虽然告诉我们词语的功能，但并未给出该词语的意义。

但是，以上论述不能掩盖使用论者想要表达的观点。教授语言时，所教授的内容实际是在特定语境中使用表达的相关性以及效果，很大程度上也就是“解释意义”的实质。我们并非先说明何时、如何及出于什么目的使用某个表达，然后再将意义作为额外的东西来解释。

尤其是对于维特根斯坦来说，从这个角度解释使用的概念在本质上与行为有关。维特根斯坦认为，语言游戏构成了“生活的一种形式”。[2]表达的使用与人们的行为有关，由此掌握一种语言实际上是掌握意图和信念图示，并共享一种世界观。这就能够解释维特根斯坦的说法，即“即便一只狮子能说话，我们也无法理解它”，[3]这句话的意思是，狮子的世界观与我们的世界观大相径庭，即便它能够说出语法正确的英语语句，我们也无法理解他要表达的意思。[4]并非所有人都认同此观点所蕴含的相对主义态度，但这个观点所要表达的态度很明确：一个表达只有作为“语言和语言交织所

1 阿尔斯顿，“意义和使用”，重载于费格尔等编《新文选》，纽约，1972 年，第 245 页。

2 维特根斯坦，《哲学探究》，第 19、23、226 页。

3 同上，第 223 页。

4 参考皮彻，《维特根斯坦的哲学》，第 243 页。

构成的行为”[1]的一部分才具有意义，“一个表达只有在生活的潮流中才有意义”。[2]

在断言该理论的同时，回忆一下维特根斯坦有关哲学方法的观点（或许更确切地说，是有关哲学目的的观点）很有帮助。他的观点与使用的概念密切相关。哲学上的难题是因为对语言的误用，或者是因为对语言本质的误解所导致的。如果我们掌握的语言功能的模式是错误的，就会产生困惑。比如，我们可以将一类表达的用法等同于另一类的用法，或者试图脱离正常语境来理解一个表达，就会犯错误。维特根斯坦认为：“当语言像一台空转的发动机，就会让我们感到困惑，这种情况在语言正常发挥作用的时候是不会出现的。”[3]“语言放假、不发挥作用的时候，就会产生哲学问题。”[4]为了补救这种状况，我们必须探究语言如何运作；正如维特根斯坦所说，“当然，（哲学问题）并非是实证问题，它们需要通过考察语言的运作方式予以解决，并且借此认识这些运作方式，尽管我们有可能误解它们，也必须要这样做”。[5]

按照这种观点，当我们明白哲学问题之所以出现只是因为我们误解了语言的运作方式，那么哲学问题也就消失了。在补救完成之前，哲学家们就如同困在瓶子里的苍蝇一样团团转，找不到出路。维特根斯坦说，“你在哲学上的目标是什么？回答这个问题能够为苍蝇指引飞出瓶子的路”。[6]根据他的观点，我们必须理解他所谓的“表层语法”和“深层语法”之间的区别，因为只关注前者会对哲学家们产生误导：“在使用词语的时候，我们

---

1 维特根斯坦，《哲学探究》，第 7 页。

2 引自 N. 马尔科姆《维特根斯坦：回忆录》，第 93 页。

3 维特根斯坦，《哲学探究》，第 132 页。

4 同上，第 38 页。

5 同上，第 109 页。

6 同上，第 309 页。

可能能够区分‘表层语法’和‘深层语法’……比较词语‘意思是’的深层语法与其表层语法可能引起的猜测。毫无疑问，对于这个问题，我们无从下手”。[1] 由此，维特根斯坦将其对语言运作方式的研究称为“语法”探究：“因此，我们的研究是从语法上的考察。这种考察方式可为我们消除误解提供思路。”[2]

维特根斯坦在《哲学探究》中应用了此方法，不仅“消解”了有关意义的问题，同时还“消解”了关于存在他人思想的问题。[3] 其他借助使用这个概念的例子包括斯特劳森对罗素的讨论，[4] 以及奥斯汀对艾耶尔现象论的讨论。[5] 就后者而言，奥斯汀理论的许多方面都可以看出，奥斯汀希望表明，艾耶尔所解决的问题是由对语言的错误理解产生的，因此我们无须讨论现象论者提出的解决方式，它们是多余的。此处的问题是因为对“错觉”“看见”等词语用法存在误解才产生的。

对使用理论进行评估存在一个困难，即使用这个概念本身的模糊性，上文已有提及。借助使用这个概念是纲领性的。因为表达可以有不同的使用方式，不可能对意义进行单一明确的解释。那么，这些表达又能说些什么有用的东西呢？

从一方面来说，我们可以认为将意义和使用等同是错误的。我们可以不知道一个词语的用法，但能理解词语的意义，也可以知道一个词语的用法而不知道其意义。比如，某人被确定地告知拉丁词语“jejunus”的意义是“饥饿的”，但不知道它在拉丁语句中如何使用。相反，很多人知道

1 同上，第 664 页。

2 同上，第 90 页。

3 同上，第 243—315、350—351、398—421 页。

4 参考第四章。

5 J. L. 奥斯汀，《感觉与感觉对象》，牛津，1962 年。本书批评的主要人物是艾耶尔，但并非只有他一人，普赖斯和沃诺克也属于此列。

如何使用表达“阿门”和“证毕”但却不知道它们的意思。[1]根据某些指称论，名称有使用方法但没有意义，介词、连词等都是如此。因此，从总体上将意义视为使用很显然是错误的。但这并不等于否定意义和使用之间在很多情况下存在重要联系，因为理解词语意义的人通常知道其用法，反之亦然。然而，需要指出的一点是，借助使用方法本身并不能解释意义。

使用理论者可能做出两种答复。第一，解释一个表达的使用方法足够给出其意义（实际上视为给出了意义）；第二，我们允许关于意义的问题随时随地出现，重要的是表达如何使用（以及错误使用），这是使用理论所关注的重点。

使用被视为消除哲学问题的一种方法。即便是已经达到这种理解程度，仍然无法令人满意，因为我们可以探究哲学上有意义的表达的用法，比如“好的”和“心灵”，但发现仍然存在有待解决的哲学问题。我们可以通过使用理论中的观点解决哲学问题，即对表达的使用（也就是其意义）作出解释的关键因素就是看其如何使用。这就涉及了“言语行为”的概念。

1　参考 G. 皮彻《维特根斯坦的哲学》，第 252 页。

言语行为

“别动！”是典型的发布命令的表达，“它在哪？”是提出问题，“它在桌子上”是作出陈述，等等。命令、质疑和声明都是言语行为，希望、表扬、同意、否认、批评、称赞等也是。据此，奥斯汀对“言外行为”和“言后行为”做了区分。[1] 前者指的是因为表达的使用而发生的言语行为，比如“我保证”构成了承诺的行为，“我和你结婚”构成了某人与另外一个“你”所区别出来的人的结婚行为；后者指的是借助或通过表达的使用而实施的行为，比如通过说“出去”就发布了一个命令，说“我喜欢它”或“很好”就是一种表扬或称赞。其他更贴切的例子有“他反对她的行为”和“他通过反对她的行为制止了她”，前者是言外行为，后者是言后行为。[2]

要表明一个表达如何使用从而构成言语行为实际上是在说与表达意义有关的内容。比如，将词语“好的”的功能与称赞和评价的言语行为相联系，“词语‘好的’的主要功能就是进行称赞”。[3] 类似地，斯特劳森在对奥斯汀的真理观提出批评时认为，词语“真”具有“确认、同意、认可、赞同

1 J. L. 奥斯汀，《如何以言行事》，特别参考演讲 viii 各处，第 94 页及后续诸页。

2 同上，第 102 页。

3 R. M. 黑尔，《道德语言》，第 27 页。

某人所说的话”的作用，且真理的问题就是词语“真”如何使用的问题。[1]

这种分析方法受到了塞尔（Searle）等人的批评。[2]此分析方法的形式为：对于词语 W 来说，

（1）W 用于履行言语行为 A

且

（2）W 的意义由（1）给出或解释。

这似乎说明，至少 W 的部分意义取决于以下事实，即在该词语出现的语句中，说话者通常通过使用该词语来履行言语行为 A。我们很容易就能证明这个观点是错的，因为我们能够发现反例。[3]假设 W 为“好的”，它所出现的语句为“这是一辆好车”。那么所涉及的言语行为就是称赞或表扬这辆车的行为。然而，如果“好的”出现在语句“这是一辆好车吗？”中，很明显说话者并未称赞任何事，尽管该词语确实出现了。因此（1）是站不住脚的，（2）也是如此。

不过就此下定结论或许略显仓促，因为该分析方式的支持者会说，这种方式实际是表达一般性的内容；重点并不是“好的”在每一种语境中都表示称赞，而是它出现在语句中通常说明相关的言语行为，即称赞，是“即将发生的”。比如，“这是辆好车吗？”可被视为具有“你会称赞这辆车吗？”的效力，这就可以说明“好的”在语句“这是辆好车吗？”中的作用（或意义）。[4]

但是，这种解释方式同样说不通。塞尔举出以下语句作为例子。语句中的确都出现了词语“好的”，但表示称赞的言语行为既没有履行也并非即

1　参考本书第六章。

2　参考 J. 塞尔“意义与言语行为”，《哲学评论》，71，1962 年；重载于 K. 来勒和 A. 来勒，《意义理论》，第 149 页及后续诸页。

3　同上。

4　同上，第 151—152 页。

将发生：

（3）如果这个电热毯很好，也许我们应该买一个。

（4）我在想，这个电热毯是不是好的。

（5）我不知道这个电热毯好不好。

（6）希望这个电热毯是好的。

如果与以下例句比较的话，例句（3）—（6）没有一个构成称赞的言语行为，或即将发生言语行为：

（3a）如果我称赞了这条电热毯，那么或许我们应该买一条。

（4a）我在想是否称赞这条电热毯。

（5a）我不知道我是否称赞这条电热毯。

（6a）希望我称赞这条电热毯。[1]

以上对比说明，从言语行为的角度对意义进行分析，依靠“这是一条好的电热毯”和“我称赞这条电热毯”的功能之间的相似性，是错误的，因为功能相似性“在语境置换的过程中是无法保留的，每个表达都可置于不同的语境中，而无须改变组成词语的字面意义”。[2]因此，从言语行为的角度无论如何对给定词语进行分析，都无法得到对词语意义的解释。

从总体上来说，以上论证所要证明的是：将词语的意义等同于言语行为（明确表达言语行为的词语如“称赞”除外）是行不通的。考虑另外一个例子，按照斯特劳森的观点，“p 为真”大概意思是“我确认 p”，但“如果 p 为真，那么 q 也为真”的意思与“如果我确认 p，那么我确认 q”相去甚远。由此，这种分析模式从总体上来说会遭到质疑。这个例子说明，如“好的”和“真”等在哲学上有问题的词语无法通过它们与“称赞”

1　同上，第 152 页。塞尔指出，“称赞”可以承担许多动词的职能，但是“‘好的’用于称赞”的意思是“……称赞、表扬、赞同、表达满意”等。因此，此处“称赞”必须被视为“称赞等”。

2　同上。

和“确认”等行为动词之间的联系来解释，因为“好的”用于称赞和“真”用于确认所表示的意义与“称赞”用于称赞和“确认”用于称赞所表示的意义是完全不同的。[1]

弄清楚以上批评意见能做什么、不能做什么非常重要。无可否认的一点是，词语有些时候可以用于表示言语行为，或者在某些具体的情形中，解释一个词语的使用要通过说明该词语可以履行何种言语行为来完成。需要予以否认的是，我们通过说明说话者利用词语 W 履行的言语行为给出词语 W 的意义。从先验图式上来说，针对这个观点所提出的批评大致为：就使用理论而言，一个词语的意义被视为（至少在很大程度上是如此）其使用方法。由此，可以认为“W 是什么意思？”这个问题应该说成是“W 是如何使用的？”（这一点从斯特劳森对奥斯汀的真理观的批判中可以看出）。下一步是问通过使用 W 履行了何种行为。但是，上述讨论表明，关于通过使用 W 履行何种言语行为这个问题的答案（即便是正确的答案）无法构成 W 的意义。[2] 换言之，类似“好的”等词语在不同的语境下对不同的语句有不同的作用，在某些语境中，语句可能用于履行不同的言语行为。选择其中一个类似的语句用于说明“好的”的意义是错误的。

使用论的支持者可能会接受以上批评，并认同以下观点，即对言语行为分析并不能反映使用的全部情况，因此也就无法给出最完整的意义。支持者可能还会说，此类分析在解释使用时发挥一定作用，因此对解释意义也有帮助。但是，这种说法只能将讨论带回原点，即借助使用这个概念过于笼统。换句话说，使用理论太纲要化，我们甚至不清楚如何往该理论中填充细节。

昆顿和斯特劳森对该理论的模糊性所进行的辩护支持了维特根斯坦的观点，即我们不可能构建一个系统的意义理论。但维特根斯坦的观点是不

1 同上，第 153 页。

2 同上，第 154 页。

符合事实的。任何有能力使用语言的人都能够理解语言潜在的无限性，大多数他所听到的内容以前都是没有听过的，但他仍然能够理解。不仅理论语言学家强调这一点，维特根斯坦本人也认可。这个事实只能通过一个假设来解释：说话者掌握隐性规则，控制语言中词语的使用。但是，如果真的存在此类规则，一定是能够被发现并陈述的。从这个方面取得的任何进展都涉及为语言构建完整的意义理论。[1]这种观点与使用理论的精神是相悖的（至少从该理论的最初来源来看如此），因为使用理论始终认为，以非系统的、零碎的方式展示表达在特定的语境中的使用是解决意义问题的正确方法。但是，根据以上论证，这种方法是错误的。可这并不能说明使用的问题与意义无关；实际上，二者之间的关联很紧密。

下一章将继续探讨系统的语言意义理论。在本章讨论的理论中，证实理论，尤其是使用理论，为下一章的论述提供了有用的素材。

1 参考 M. A. E. 达米特“分析哲学是否是系统的，或者说是否应该是系统的？”，《真理与其他谜题》，第 450—451 页。

第八章

真理，意义，实在论和反实在论

导　论

上一章讨论了部分“传统”与近代的意义和指称理论。在本章中，我将讨论近代意义论的两种主要方式：意图传达理论和真值条件语义学。关于后一种方式，还讨论了“反实在论者”的批评。反实在论者从客观、“实在”的角度理解真理。

意义和说话者意义

在正常情况下，一个能力正常的说话者言说一个语句，相对应的能力正常的听话者能够理解说话者表达的意思。这种说法是很自然的。如果一定要解释为什么说听话者理解他，而不是他所说的词语，我们可能会思考是否应该更正一下我们的说法，改为：听话者理解他的意思，因为他们知道他所说的语句的意义。这种说法部分是正确的。但只是部分正确，因为只需稍加思考就能发现，听者能够理解说话者（也就是说，听者理解“他想要传达的内容”；听者理解他想要表达的意义），即便说话者所使用的语句的字面意义与他要表达的内容完全不同（比如在表达讽刺或嘲笑的情形中，所使用的句子与表达的意思可能完全相反）。说话者意义和他所使用的表达的意义之间是什么关系？哪一个是初始意义？

如果有人说说话者语句的意义不是，或者不完全是他使用的词语的意思，那么他其实是在说，意义从根本上来说取决于心理态度，也就是信念、想法或意图，正是心理态度提示并告知了说话者的言语。在绝大多数标准情形中，听者通过理解说话者所用的表达的意义抓住说话者的意图。毕竟，说话者使用表达就是为了达到他想传达某个信息的目的。但是，因为两种意义之间的确存在差别，且关于二者之间的关系到底如何还存在疑问，所以很有必要区分说话者意义和语义学意义，语义学意义指的是表达的字面意义（在字典中可能收录的意义）。

很多表达属于约定性的用法，明确表达说话者的意图。比如，“请问现在几点了？”但即便是这种情形，也可以使用该问题表达其他或更深层次的说话者意义，比如不耐烦的乘客向公交车司机提出这个问题，表明他对车晚点很不满意。在这种情况下，一般来说，听者结合话语言说时的情境和对词语意义的掌握抓住了说话者的意图。这种方法虽不能说万无一失，但总体上来说还是有效的。

在争论说话者意义和语义学意义哪个为初始意义的过程中，涉及两大类有关意义本质的观点。有人认为说话者意义是语义学意义的基础，这些人将语言视为说话者使用的详细的符号系统，传达说话者的意图，因此得出意图传达理论。有人认为语义学意义独立于说话者意义，坚称（人类）自然语言的一个重要特征将其与纯粹的符号体系区分开来——比如鸟类和其他生物的符号体系，即自然语言具有结构，使其能够利用有限的规则，通过有限的成分构建无限的语句。这就是自然语言的属性，即语义合成性。（下文还将对此类观点进行讨论）。

近代意图传达理论主要是由格赖斯提出的。在1957年发表的一篇研讨会论文中，他提出了一种方法（后经过多次修改和扩展），说明说话者意义是初始的，从而奠定了意图传达理论的基础。[1]他最关键的主张是提出“自然意义”和“非自然意义”的区分。拿自然意义来说，比如脓包“意味着”麻疹，或云“意味着”下雨，以上例子分别表明或预示着麻疹或下雨。至于非自然意义（可缩写为NN意义），指的是一个人发出声音或做个标记，意图是使另外一个人（“听者”）形成一个信念，也就是通过识别声音发出者或符号标记者希望听者形成的信念。比如，公共汽车售票员响铃三次，以告知司机车辆已经满载。他响铃三次是为了让司机通过识别售票员的意图从而形成车辆满载的信念。由此，售票员响铃三次就是非自然意义，

1 H. P. 格赖斯“意义”，《哲学评论》，1957年，重载于R. M. 哈尼什（编）《语言哲学中的基本概念》，第26页，以及《言辞用法研究》。

表达车辆满载。如果售票员和司机共同约定，三次铃声通常表明车满载，那么三次铃声本身就是表达车辆满载的非自然意义。他们通过人为约定的方式表达售票人意图传达的信息——命题。

自然意义和非自然意义之间的区别在于，脓包意味着麻疹，无论是否有人相信这件事，而非自然意义要求说话者的听众应该识别说话者言说语句时的意图，且应该将他所利用的媒介（也就是他言说的语句）赋予此类语句用于传达的约定性理解。

这说明，格赖斯的理论可通过两个步骤来分析。第一个步骤说明说话者意义的概念，第二个步骤利用约定常规的概念。将这两个步骤综合在一起，就构成了语句的语义学概念的定义：语句的语义学意义是语句从约定的角度所表达的命题。格赖斯这样论述：

通过 x，A 必须意图在某个听众方面引起一个信念，且他必须认为他的言语按照他意图的方式被理解。但是这些意图并非独立的；A 希望达到的理解在引起信念方面发挥着作用，否则，就无法实现 A 的意图。另外，我认为，A 意图该理解发挥特定的作用，说明他认为该理解有可能发挥应有的作用，而是否能在听者方面引起某个信念并非是意料之中的事，无论该言语背后的意图是否被识别。或许，我们可以简单地说，“A 通过 x 表达某些非自然的意义”大体等同于“A 言说 x，意图通过该意图被识别而引起某个信念”。[1]

这里有三个条件控制着 A 向听者表达他的意义的过程：A 言说 x，意图（1）让听者相信 p，（2）让听众识别他意图（1），以及（3）至少他的听者产生信念的部分原因应该是识别（1）。此处并没有要求 A 在向听者表达意义时所使用的表达（或动作，或其他任何媒介）应该具有任何字面意义，或者即便有字面意义，也并不要求字面意义与说话者意义一致。这就

1 格赖斯，“意义”，同上。

可能出现讽刺或其他情形，下文进行论述。但是，关键问题是，这种分析不依赖于说话者所使用的媒介的任何语言学意义，因此能够作为对后者解释的一种非循环性的根据。

经过仔细考量，格赖斯初次给出的分析对于意图传达这个直观的观点既不充分也不必要，这一点是很清楚的。因此，格赖斯的分析几经修改，提出意见的不仅有格赖斯本人还包括其他哲学家。[1] 其实并没有这种必要，因为不符合上述条件描述的语句有很多用法；引用格赖斯自己的例子：给出考试答案、坦白罪过、提醒某人某件事或评论一系列已知事实。其他哲学家也举例说明：戴维森引用了虚假赞美、拙劣的赞美、童话和猜字谜的例子。[2] 但他的分析也是不充分的，因为他并没有说明 A 用于表达意图所使用的媒介应该具备某种属性，引导听者正确识别他的意图。无论怎么说，人们的信念可以以其他的方式被影响，并不是直接传达意图的。[3]

格赖斯的建议依赖约定的概念，这是一个重要特征。大卫·刘易斯曾对这个概念进行解释。他将约定视为行为和信念中的一种常规性，满足如下条件：每个人都遵守常规性 R，并相信其他人也是如此，这是常规性得以遵守的原因之一；大家总体上倾向于总体遵守 R，不可低于总体遵守的标准；至少存在一个令人满意的其他常规性；前述所有条件都是 R 遵守者的常识。[4] 将这个概念与格赖斯的解释结合起来，就相当于将语义学意义分析成说话者意义和约定的共同产物，即某个特定语句 s 在 L 中意味着 p，当且仅当 L 的言说者约定使用 s 来传达 p，其中传达指的是通过上述方式向听者表达说话者的意义。

如果完整阐述这个理论，还需要进行适当调整，用以解释指称性和含

1　格赖斯，同上；P. F. 斯特劳森，《逻辑语言学文选》，S. 希弗，《意义》。

2　格赖斯，同上，第 105—109 页，D. 戴维森，《真理与解释探究》，第 111 页。

3　格赖斯，同上，第 94 页；斯特劳森，同上；希弗，同上，第 17—18 页。

4　D. 刘易斯，“语言”，载于 K. 冈德森（编）《语言、心灵和知识》，第 164—166 页。

混性的特征。而且，还需要对说话者意义的概念或者约定的概念进行弱化，或者对二者同时弱化，因为上文给出的解释过强。很显然，表达具有语义学意义，与是否存在刘易斯所谓的常规性无关，因为传达同样的信息可以通过不同的方式，无须一定使用某个特定的语句。因此，语句的字面意义不可能作为从常规角度表达特定信息的功能。比如，除了使用语句“音乐具有舒缓愤怒的心绪的作用”之外，我们可以通过很多方式表达音乐使人放松的观点，因此该语句的意义不可能常规用于表达音乐使人放松这种想法。

格赖斯本人建议，弱化的“约定”指的是某些或许多 L 的言说者的“行为库中存在某个流程”，使其可以利用特定语句表达 p。[1] 另外一种方式是对说话者意义的概念进行限定，或许可以通过要求 A 积极引导他的听者相信 p，或使听者相信他本人相信 p，或者从总体上来说，要求 A 引导听者产生某种心理状态，使说话者意义的概念所包含的内容不仅限于上文的分析。根据上文描述的格赖斯提出的条件，最后一项要求是对说话者意义的概念进行弱化，与约定的概念相结合，就构成了对语义学意义更为恰当的解释。[2]

1 格赖斯，同上，第 127 页；参考 M. 戴维斯《意义，量化，必然性》，第 1 章；S. 布莱克本，《传播词语》，第 4 章；C. 皮科克，“真理定义和实际语言”，载于 G. 埃文斯和 J. 麦克道威尔（编）《真理与意义》；希弗，《意义》，第 5 章。

2 皮科克，同上；戴维斯，同上。

会话含意

上文提到，在说话者意义和语义学意义这组区分中，说话者使用某个表达表达与语义学意义不同甚至是相反的内容。这一点值得我们仔细探究。我们还需要关注语用学特征：言语的使用情境，言说某事时的语气，等等。

格赖斯首先提出了研究上述特征的方法。为了分析上述特征，他引入了动词“暗含”以及相关的名词“含意”。前者说明存在暗指，后者表示暗指的内容。[1]

格赖斯提出以上术语的动机与另外一个哲学辩论有关，即感知哲学，他希望借此为“感觉材料”理论进行辩护。[2] 有些哲学家试图构建“感觉材料数据库”，只用于指称事物在经验中如何呈现，与事物在世界中的状态无关。他们认为，当我们看见一个红色的物体，在谈论它的时候应该以更谨慎的方式，比如按照主观的视觉经验谈论它的外观，这种主观的视觉经验即便没有红色物体的触发作用也存在。如果在没有外在的红色物体的情况下识别出“红色的感觉材料”，我们必须说“我似乎看见了一个红色的物体（It looks to me as if there were a red object）”或类似的语句。此观点受

1 格赖斯，“逻辑和会话”，载于哈尼什（编）《基本话题》。

2 格赖斯，“感知的因果理论”，载于《亚里士多德学会论文集》，35，1961 年，重载于 G. 沃诺克（编）《感知哲学》，第 85—112 页。

到了奥斯汀的抨击，因为感觉材料理论对“对我来说它看上去是红色的（It looks red to me）”中的“看上去（looks）”的用法是错误的，因为这句话暗含着它不是红色的。[1]

格赖斯认为，即便是对象确实是红色的，“对我来说那个东西看上去是红色的（that looks red to me）”这种说法仍然成立。为了支持此观点，他区分了言语暗含内容的可拆离性和可取消性。该组区分有助于对某些情形的分析，比如在正常语境中使用“和（and）”暗含着时间上的顺序（“他跳进泳池，并穿上泳裤/He jumped into the pool and put on his swimming trunks”），但是它在逻辑上却不具有这项功能；“但是（but）”暗含着对比（“他很穷但他很诚实/He was poor but he was honest”）；“或者（or）”暗含着不知道哪个选言命题为真（“他在巴黎或罗马/He is in Paris or Rome”），等等。[2]

在上文“看上去”的例子中，用其他方式表述“对我来说它看上去是红色的”所暗含的意义都是相同的，比如“对我来说它似乎是红色的”“对我来说它好像是红色的”同样会让人怀疑该对象是不是红色的，因此以上表述方式中的暗含意义就是不可拆离的。但它却是可以取消的：我们可以说“对我来说它看上去是红色的，而且它的确是红色的”以保持语句前后一致。这种方法同样适用于“和”“或”的例子以及绝大多数具有会话含意的标准情形。

对于“但是”来说，可以采用相反的方法：暗含意义可以拆离但不能取消，因为表达“和”对语句“他很穷但很诚实”的真值条件所起的作用与“但是”相同，但却不能在贫穷和诚实之间构成一种对比关系。因此，使用“但是”所暗含的意义似乎完全是由该词语约定的意义控制的，而其他表达似乎进一步受到通用的会话原则的限制。格赖斯将该会话原则叙述

1　参考 J. L. 奥斯汀，《感觉与可感物》。

2　参考 P. F. 斯特劳森，《逻辑理论导论》，第 80—92 页。

如下：“如果没有充足的理由，我们不应做弱陈述，应该做强陈述”。[1]

后来，格赖斯将分析进行了扩展，以表明更深层次的“准则”控制着会话含意。[2]所有参与会话的人都应遵守“合作原则”，大意是一个人对谈话的贡献应该是“符合要求的，恰在谈话发生时做出的，且符合此人所参与的对话的目的或方向”。格赖斯的准则对该原则进行了更详细的说明。第一，应为会话贡献充足的信息，但又不能提供超过当前会话目的的信息。第二，“尽力保证对会话的贡献为真”，不要说你确信为假的内容，或者缺少充足依据的内容。第三，“清楚明了”，避免模糊性与含混性。第四，简明有序。（以上四条是不详尽的。）格赖斯认为，合作的总体思想并不针对某个具体的会话，它可以用于任何社交的或双向的交流活动。在使用语言的情况下，上述准备本身不足以使听者抓住某些言语中暗含的意思，因为听者必须考虑词语的字面意义和言说时的情形，以及其他任何有助于听者作出正确推断的考虑。

格赖斯的理论是否足以处理讽刺和隐喻这两种重要情形一直受到质疑。根据格赖斯的观点，如果听者试图理解某语句时不得不将其理解为该语言所断言命题的矛盾命题，那么听者就发现了该语句中的讽刺；另外，比如语句“你是我生命中的阳光”中，听者发现说话者将被指称的主语（“你”）与所提及的物质（“阳光”）相比较，那么他就发现该语句为隐喻。以上两种解释都是很空洞的，后续大量的文献资料对其进行改进或提出替代性的解释。[3]另外，格赖斯的解释也无法完美地处理以下情形，即对于在某个给定的言语中如何遵守了合作原则，可以有不同的解释方法。换句话

1　格赖斯，“感知的因果理论”。

2　格赖斯，“逻辑和会话”，载于哈尼什（编）《基本话题》，第 61—65 页。

3　特别参考戴斯森《真理与解释探究》；塞尔，“隐喻”，载于 A. 奥托尼（编），《隐喻和思维》；D. 斯珀伯和 D. 威尔逊，“闲谈”，《亚里士多德学会论文集》，86，1986 年，重载于 S. 戴维斯（编）《语用学读本》。

说，会话含意可能是不确定的或开放式的。格赖斯本人也承认这一点。这之所以成为一个问题是因为不确定性或开放性使交流的目的落空，而交流又是说话者意图达到的目的，因此不确定性也就使说话者的意图落空。

另外，格赖斯并未解释当以上准则发生冲突时是否应该进行权衡、如何权衡。而且这种情况经常发生：比如可能因为缺少信息，说话者倾向于遵守“不说没有充足证据的事”，优先于“对会话贡献的信息尽可能充足，可以满足当前交流的要求”。任何系统的理论都应提出衡量准则的原则性方式，确保交流目的可以顺利实现。格赖斯的理论中恰好缺少这种方式。[1]

但是，格赖斯对会话含义的解释中存在的问题不及前文提及的意图传达理论中存在的问题严重。意图传达理论作为意义理论的一种，并未解释意义的合成性，也就是语句的语义取决于组成语句的表达的意义以及其组合方法。语句“山间有四个湖泊”的意义与将“湖泊”用“城镇”代替之后的语句的意义完全不同。单纯从说话者意图的角度对意义进行解释，即便是从约定的角度将其理解为语句所附带的言语，也无法解释以上现象，而且显然是很重要的一个现象。为了解决这个问题，我们似乎需要一种完全不同的理论，这就是真值论语义学希望达到的目标。在真理论语义学的众多形式中，备受关注的是戴维森的理论，下文介绍。

1 至于用不同的语用学方法处理语义学理论，参考 A. C. 格雷林“完美说话者理论”，载于 J. 希尔和 P. Kotatko（编）《卡罗维发利指称与意义研究》，第 43—59 页。

真理论和意义

弗雷格之后流行的观点是，语句的意义可以通过陈述语句为真时的条件给出。除了弗雷格外，此观点还得到了维特根斯坦、卡尔纳普、奎因和近代主要支持者戴维森的认同。

回想之前的讨论，弗雷格认为名称既有指称又有意义，而语句，作为一种复杂的名称，其指称为真或假。某个语句所表达的思想或意义由语句指称为真时的条件决定。语句的意义“就是满足这些条件的意义或思想”。[1]在《逻辑哲学论》中，维特根斯坦更直接地表明了以下观点：“了解语句的意义就相当于了解语句为真时的情形”。[2]卡尔纳普也表达了类似的观点：“了解语句的意义就相当于了解语句为真时的可能的情形以及不为真时的可能的情形。”[3]戴维森以此作为基本观点，对其进行详细论述。

本书前面章节多次重复的一个观点是，我们通过探究语言来探究世界。戴维森将此观点重述为：“为了凸显语言的重要特征，我们可以凸显现实的

1 G. 弗雷格，*Grundgesetze der Arithemetik*，译为《数学中的逻辑》，1，32。

2 L. 维特根斯坦，《逻辑哲学论》，4.204。

3 R. 卡尔纳普，《意义和必然性》，第 10 页。

主要特征。”[1] 由此，戴维森认为：“如果我们想要显示世界的一般特征，那么我们必须关注什么使语言中的某个语句从总体上为真。”[2]

弗雷格强调了语句的语义学成分在确定语句的真值时的重要性。他并没有从一般的自然语言真值论角度进行思考，因为他认为自然语言是有缺陷的；而是提出构建一种改进的语言结构，并付诸实践。为此，他发明了一套符号体系，其句法结构清楚地显示出对符号的解释。他认为，这种语言具有和某些自然语言一样的表达力。但是，部分由于他对自然语言的消极态度，部分由于他提出的创新观点的人为性（比如，将语句视为名称），戴维森认为弗雷格的主张不能直接用于为自然语言提出一个意义理论。[3]

戴维森理论中的一个关键成分是由奎因提出的。戴维森认为，说明如何从整体上解决有关语言理解的问题为该理论提供了所需要的实证基础。戴维森认为，“如果按照我建议的方式从真理论中得出形而上学的结论，那么对语言的处理方式必须是整体性的”。[4] 奎因并未意识到整体性如此重要，因为他不认为真理论是语言本体论问题的核心，也并不认为真理论是语言逻辑形式考察的核心。另外，奎因认同弗雷格的看法，即发明一种形式严格的语言其实是改进自然语言，并不是作为探究自然语言的工具。由此，奎因的形而上学是依附于他自己的逻辑的，并非依附于自然语言。而戴维森正相反，他将逻辑视为探究自然语言的工具。[5]

戴维森的观点受到塔尔斯基对真理的研究的启发。塔尔斯基的理论是用有限的词汇描述事物的众多语义学属性，以及利用此类词汇对语句的无

---

1 D. 戴维森，“形而上学中为真的方法”，载于 P. A. 弗兰奇等《语言哲学的现代视角》，第 294 页。

2 同上。

3 同上。

4 同上。

5 同上，第 296—297 页。

限性以递归的方式进行描述；且该描述围绕着一个“微妙又有力的、将语句和非语句表达与世界上的对象联系起来的概念（满足）”。[1]下文将讨论戴维森运用塔尔斯基理论的细节，并结合对该理论的扩展和修正对指称性和自然语言中其他有问题的特征进行解释。对戴维森而言，一个重要的目的是，使用塔尔斯基的理论使得自然语言的真理论可以清晰地显示出其结构，这正是对意义的解释所要求达到的目标。

1　同上，第297页。

戴维森的方案

首先，戴维森通过观察发现，任何一个充分的意义理论都必须满足四个条件：

（1）必须使我们能够给出（自然）语言 L 中每一个语句的“意义”；[1]

（2）必须说明 L 中的语句是如何利用 L 中有限的词语根据 L 中的规则从语义学的角度构建的；[2]

（3）必须说明 L 中的语句如何具有意义与 L 中的语句一样是基于相同的概念；[3]

（4）从实证方面必须是可以检验的。[4]

以上四个要求都没有争议的，说明某个 L 的真理论可以满足上述四个条件，同时也相当于 L 的逻辑形式的理论。

1　戴维森，“真理与意义”，《综合》，17，1967 年，第 308 页；“意义理论和可学习的语言”，《1964 年逻辑、方法论和科学哲学会议论文集》，阿姆斯特丹，1967 年，第 387 页；“自然语言语义学”，*Linguaggi nella societee nella technica*，米兰，1970 年，第 179 页。

2　戴维森，“论所说”，《综合》，19，1968 年，第 131 页，重载于戴维森和欣蒂卡，《词语和对象》，“意义和科学系的语言”，《1964 年逻辑、方法论和科学哲学会议论文集》，第 387 页；“自然语言语义学”，*Linguaggi nella societee nella technica*，第 177 页。

3　戴维森，“自然语言语义学”，第 178—179 页。

4　同上，第 183 页，“真理与意义”，《综合》，第 311 页。

戴维森坚持认为，任何意义理论都必须表明 L 中语句的意义如何取决于其组成成分的意义。如果语句意义不是词语意义的函数，那么我们就很难想象有人能够学会 L。L 中的说话者具有创造性的能力，可以构建并理解从未遇到过的语句。这就是说，利用 L 中的有限的词汇和规则，（至少是有可能的）L 中的说话者可以生成并理解无限的语句。如果认为一个意义理论必须解释以上观点，在戴维森看来，就等于说这个意义理论就必须能够生成所有具备以下形式的语句：

（1）s 意思是 m

其中“s”某个语句的描述，限定了语句的结构，“m”是指示 s 意义的表达。但是，戴维森认为，借助语句意义的概念是无济于事的，比如将（1）重述为：

（2）s 意思是 p

其中“p”是“s”所描述的语句。因为“意思是（means that）”的概念和语句的“意义（meaning）”这个概念一样，都是有问题的。由此，戴维森重述了例句（2），利用任意谓词“T”，以“是 T 当且仅当”代替“意思是”。（2）所表达的观点是，语句“p”与语句“s”所描述的意义相同。但是，考虑到借助意义会产生模糊性，我们需要另外一种更清晰的说法。如果上文提到的“s”和“p”的条件（即“s”是语句“p”的结构限定描述）对于任意谓词“T”成立，那么（2）就可以重述为：

（3）s 为 T，当且仅当 p。

现在，任何满足该条件的谓词按照塔尔斯基的理论都是实质上充分的真值谓词，这也正是戴维森想要的结果。[1] 以上可以归结为，语句的意义可以通过说明其真值条件给出；区别在于，要求对真值条件加上塔尔斯基式的限制。

1　参考“真理与意义”，第 309 页及后续诸页。

虽然戴维森方案的模式是基于塔尔斯基理论，但他的方案其实与该模式并无太大关系。戴维森的目的是，我们所需要的真理论只要蕴含对 L 中每个语句为真的条件陈述就足够了。举一个最简单的例子，一个清楚明白的陈述句没有指称词和指示词（不指称特定的时间、地点和说话人，也没有被“这”和“那”等词语指示的对象）。戴维森的要求是，一个理论需要蕴含无数以下形式的二值陈述句：

（4）s 为真，当且仅当 p。

请注意为何说这（3）的重述形式。任意谓词“T”消失，换成了“真”，而且我们有明确的真值条件形式。记住“s”是语句的结构描述，“p”（对象语言包含在元语言中，描述“s”正是在元语言中出现）是语句本身。当对象语言和元语言不同时，“p”被由“s”描述的语句的翻译形式所代替。

对于戴维森的目的来说，很重要的一点是，在真理论中，非逻辑的公理的数量是有限的；否则，如果我们将例句（4）的所有形式都视为公理，那么就违背了上文提出的条件（ii）。这一点排除了所有无限公理图示的理论，将我们的注意力集中到塔尔斯基式的真理论上来。

我们应该明白，“为真，当且仅当”并非仅仅作为“意思是”的替代性解读，这一点很重要。首先，“为真，当且仅当”和“意思是”并非同义词。“为真，当且仅当”的语境是真值函数式的，而“意思是”的语境却并非如此。这个区别至关重要。如果“意思是”是真值函数式的，那么所有为真的语句的意思都相同。戴维森主张取消有关意义的“模糊性”的说法，将其用更易驾驭的、外延性的真值和真值条件这两个术语代替。

这与奎因将语义学概念分成两类的主张是一致的。第一类是指称理论，即外延理论，围绕着或从本质上来说包括“命名”“满足”和“为真”等概念。第二类是意义理论，即内涵理论，围绕着或从本质上来说包括同义性、分析性等概念。（奎因认为，指称理论比内涵理论“状态更好”。[1]）戴维森写道：意义理论如果能够为语言中的每个语句“s”提供一个匹配语句（以代替“s 意思是 p”中的“p”），也就是“给出‘s’的意义”（下文进行说明），那么意义理论才发挥了其应有的作用。很显然，如果对象语言包含在元语言中，那么匹配语句的最佳候选者是“s”本身，要么就是“s”在元语言中的翻译形式。最后，让我们勇敢一些，试着从外延的角度看待“p”所占据的位置。为了完成这一步，我们需要去掉模糊的“意思是”，为替换“p”的语句给出更恰当的语句连接词，为替换“s”的描述搭配恰当的谓词。那么可能得到以下结果：

（T）s 是 T 当且仅当 p

对于语言 L 的意义理论来说，我们所需要的是，无须（进一步）借助任何语义学概念，理论本身对谓词“为 T”施加了足够的限制，当“s”被语句的结构描述代替、“p”被语句代替时，使其能够蕴含图示（T）所生成的所有语句。[2]

短语“去除模糊的‘意思是’”暗含着戴维森的方案存在修正主义的特征，这使人联想起奎因的观点。奎因认为，从日常会话“升华到”更确切的逻辑公理更有利于解决哲学问题，尽管这种升华过程并不能保留前者所含的全部内容。戴维森认为，不考虑“意思是”，转而借助真理论本身就构成了某种升华过程，不仅仅能够代替对意义的讨论，同时还能提供另外一种更易驾驭的处理问题的方式。因此，“从外延的角度处理‘p’所占据的位置”这个“大胆的步骤”就成为一种尝试，通过只关注第一类外延理论中的概念解决奎因提出的第二类内涵概念中固有的问题。

但是，凭什么认为通过谈论真理代替谈论意义就能够得出令人满意的意义论呢？我们来回顾几个步骤。

---

1 奎因，《从逻辑的观点看》，哈佛，1953 年。

2 戴维森，“真理与意义”，第 309 页。

通过引用戴维森的观点可以得出以下结论，意义理论应该限制谓词“为 T”，以蕴含所有（T）– 语句。因此，意义理论要求的似乎是塔尔斯基提出的实质上充足的条件。谓词“为 T”和真值谓词外延相同。“为 T”只适用于 L 中所有为真的语句。由此，戴维森认为，如果意义理论包括对“在 L 中为真”的（递归式的）定义，那么“语言 L 的意义理论说明‘语句的意义是如何取决于词语的意义的’”。我们要证明，语句的真值条件是如何由其组成部分的语义特征以及其结构的语义学内涵确定的。[1]

上文提出的要求是，意义理论必须以“给出对象语言中语句的意义”的方式，将对象语言中的语句与元语言中的语句进行配对。如果要问如何消除内涵性，使语境变得具有外延性，很明显的回答是利用双条件形式，因为我们的目的是在 s 和 p 之间进行合理的配对，且所有可用的外延性配对都具有双条件性。为此，我们可以用“s 当且仅当 p”进行检验，但该形式不符合语法。因为“s”是一个名称（一个语句的名称），因此该双条件句所表达的内容类似于“罗杰当且仅当雪是白色的”。该双条件句是命题连接词；因此“s”必须通过断言有关 s 的某些内容进而变成语句的形式。我们可以利用认为谓词“X”，并将其附在“s”后面，那么双条件句现在变为合乎语法形式的“s 是 X 当且仅当 p”。这里就出现了某个小把戏：元语言语句 p 本意是“给出 s 的意义”。如果它的确给出了 s 的意义，那么“…… 为 X”或者塔尔斯基的真理谓词至少都是外延性的。况且，由于其他对“…… 为 X”的解读不能顺利地指称其本身，因此将其解释为“…… 为真”是非常方便的。[2]

但是，这种用谈论真理取代谈论意义的做法虽然从表面上看起来是合理的，但严格来说这样的论证方法并不是给出意义理论的正确方法或者最好方法。实际上，如上所述，这种方案是行不通的。为了探究原因，我们

1 同上，第 310 页。

2 参考 M. 普拉茨《意义的方式》，第 54—56 页。

必须考察戴维森理论中一个与解释这个概念有关的重要补充因素。

戴文森认为，解释另外一个人的会话，无论此人的会话是用另外一种语言还是其母语，我们都需要识别元语言中的语句“p”何时具有此人言说的、用“s”描述的语句的意义。关于塔尔斯基的条件是否被类似“Schnee ist weiss 为真当且仅当雪是白色的”等语句所满足所进行的实证检验其实就是检查说德语的人是否认为“Schnee ist weiss 为真当且仅当雪是白色的”为真。我们通过唤起说话者认为为真的概念发现说话者所言说的语句的意义。意义就是通过保持说话者信念不变而发现的。这里用到了“宽容原则”：在理解其他人的话语时，我们理所应当地认为他们的绝大部分信念为真。而且解释的基本单位是作为整体的语言。戴维森的观点是整体性的。

现在似乎出现了一个问题。对于塔尔斯基来说，虽然在定义真值谓词时可以利用翻译的概念（“s 为真当且仅当 p”的条件是，p 是 s 的翻译，最简单的例子就是同形异义即同一种语言的翻译），但是在意义理论中却不能这样做。我们尝试解释意义，翻译就是必然结果，而不是假设。由此，认为塔尔斯基的真值谓词发挥了应有的作用，其实是不正确的。无论怎么说，我们都没有理由将真理作为意义理论中的关键概念。那么，为什么要选择真理呢？

后文我们再简要谈论这个问题。首先来看戴维森的方案中存在的其他问题。

悖论及其他问题

从第六章的内容可知，塔尔斯基对自己的理论在自然语言中的适用性持怀疑态度。而戴维森却不然。自然语言中的两个特征一直困扰着塔尔斯基：语义上的闭合性，会导致悖论，以及不规则的、易变的属性，不能应用形式上的技巧。因此，考察一下戴维森在这两个问题上的看法是很有必要的。

第一点，关于悖论，戴维森回答，塔尔斯基的观点“应该得到认真的答复，我希望我能给出这样的回答”，但是“我认为我们可以暂时不用考虑焦虑的来源”，[1] 理由如下。戴维森说，之所以会产生悖论，是因为自然语言中的量词范围太大。但是，这个事实并不意味着我们不能对任何自然语言 L 中的“在 L 中为真”给出明确的解释。另外，不管怎么说，我们可以将注意力集中于自然语言中最不容易引起悖论的部分。[2]

第二点，关于形式的可描述性，戴维森承认如果自然语言必须进行精练乃至于难以辨认，便于形式技巧的应用，那么这对于他的方案来说是“致命的”，[3] 因为意义理论的任务并不是改革 L，而是描述 L。他的回应是

---

1 戴维森，“真理与意义”，第 314 页。

2 同上。

3 同上。

不要悲观。

我们且看积极的一面。塔尔斯基已经说明为（已经解释的）不同类型的形式语言给出理论的方法，挑选一种尽可能接近英语的语言。因为新语言已经通过英语进行解释，并包含不少英语（我们可能而且我认为必须将其视为英语的一部分）。对于这部分英语，根据假设，我们已经有了所需要的理论。[1]

塔尔斯基的疑虑主要与以下事实有关，即自然语言是易变的，且包含很多难以形式化的特征，比如模糊性、指称性和含混性。戴维森认为，虽然我们在运用塔尔斯基的真理论之前有必要进行特定的“清扫”工作，但是如果从某个易处理的部分着手，逐步向外扩展，困难是可以被克服的。（他坚信，“我们的工作是做不完的，意识到这一点是件好事”。）[2]

戴维森的方案遇到的一个问题是指称性。这个问题或许可以通过以下方式解决。自然语言中出现指示词要求我们将真视为言语的谓词而不是语句，并将谓词的应用与说话者和时间相对应起来。那么，扩展的 T 图示就要求该理论可以蕴含以下语句：

“‘我很累’（s，t）为真，当且仅当 s 在 t 时很累”。[3]

对于指示词（“这个”“那个”）而言，我们应该给出如下解释：

“这是 X”为真，当且仅当说话者使用“这个”所区别出来的对象满足在言说时“……是 X”。[4]

以此类推。

然而，戴维森承认他的方案所面临的工作量：“但是，必须承认，我的

1 同上，第 318—320 页。

2 参考同上。

3 同上，第 319 页。

4 同上，第 318—320 页。

方案仍然存在一系列令人震惊的困难及问题。”[1] 对于某些问题而言，尤其是命题态度、引号、副词[2]、专名[3]、祈使语气动词[4]、集合词和比较级，戴维森声称已经取得了进步。[5] 但是，任何进步都有赖于基础方法的有效性，且在这些问题以及他称之为“令人震惊的问题系列”上所获得的进步有助于证明该方法的有效性。但我们还面临的一个问题是，是否能够将真理视为关键概念。下面将继续探讨这个问题。

1　同上，第 320 页。

2　同上，以及“行为语句的逻辑形式”，载于 N. 雷舍尔（编）《决定与行为的逻辑》；参考戴维森“论所说”，《综合》，1968 年。

3　T. 伯奇，“指称与专有名称”，《哲学杂志》，70，1973 年。

4　G. 哈曼，“道德相对论辩护”，《哲学评论》，1975 年。

5　J. 华莱士，“论指称框架”，《综合》，22，1970 年，和“原级、比较级、最高级”，《哲学杂志》，69，1972 年。

为什么选择真理？

以真理作为关键概念的其中一个原因在于，从表面上来看，它从经验上是可以验证的。这是上文提到的令人满意的意义理论的第四个要求。戴维森声称，这是他的理论做得最好的地方。下面我们对他的说法进行评估。

戴维森认为，真值条件的方法“一直被描述成提出一系列语句，每一个都给出一个语句的真值条件”。因此，若要检测该理论，“我们只需要选出一些情形，并提出以下问题，该理论所断言的语句的真值条件是否真的为语句的真值条件。[1]”整个流程非常直接：我们只需能够识别该理论所蕴含的 T 语句为真。对于一些简单的例子来说，检验该理论在经验上是否充分并不比一个正常的说英语者“判断‘雪是白色的’是否为真取决于当且仅当雪是白色的为真”要难多少。[2] 对于戴维森而言，这类似于从经验上对生成语法理论进行检验。生成语法指的是可提供无限的、“合乎语法形式”的语句的语法，而检验语法正确性的主要方法是将生成的语句与说话者的“语言学直觉”进行比较。[3] 对于语义学理论来说，同形异义的情况是一个直

1 戴维森，“真理与意义”，《综合》，1967 年，第 311 页。

2 戴维森，“自然语言语义学”，*Linguaggi nella societee nella technica*，1970 年，第 185 页。

3 同上，第 185—186 页。

接结果：元语言和对象语言不同，对理论进行检验涉及确认双条件句的左右两边是否具有相同的真值。如上所言，戴维森针对这种情况所采取的是“彻底翻译”的方法：

> 我们试图发现在何种条件下外语者对一系列语句表示同意或反对。当然，相关的条件就会被我们视为他所说的语句的真值条件。我们应该认为，他认同的大部分语句都为真，而他不认同语句为假。我们必须要这样假定，因为其他的假定都是无法理解的。[1]

如果认为经验上可验证的意义理论最好以认同和不认同的模式为基础来建立，因为这样做能够相对减轻理论上的负担，这种说法似乎是合理的。[2] 况且，真理和认同、不认同的概念之间很显然存在联系。由此，这种联系或许可以算作构建真理和意义之间关系的原因。

但是，这是否能算作充分的理由？首先，我们必须注意到，只有当涉及的真理论是塔尔斯基式的时，它才能算作充分的理由。戴维森所主张的部分观点为，真理论应该能够对逻辑真理、等值和对象语言之间的蕴含关系进行说明。恰好，蕴含给定语言中的每个语句的 T- 语句的理论几乎都认为，（在元语言中）对象语言的逻辑真理为真，但这一点并不重要，或者至少很难构成有关对象语言的逻辑形式的理论。然而，塔尔斯基的理论说明，语句的真值条件如何取决于语句的部分，这不仅蕴含着某些语句为真，而且蕴含给定形式的所有语句都为真，因此该类别的语句可以视为语言中的逻辑真理。塔尔斯基式的真理论的优势在于，它们蕴含着根据语句结构

---

1 同上，第 184 页；参考“真理与意义”，第 313 页。

2 事实上，同意与不同意的概念远比奎因和戴维森所认为的要复杂得多（稍后进行论述），甚至可能产生与他们所认为的相反的结果。参考本章下文以及格雷林《驳斥怀疑论》的第 4 章。

对为真的语句进行概括，使其能够成为逻辑形式理论的合理的备选方案。由此，戴维森认为，他所选择的理论“不仅蕴含［给定］语句为真，而且蕴含将它们的非逻辑的部分改写之后，仍然为真”。[1]那么，该理论与可检验性之间的联系也就说得通：“很难想象一个意义理论无法将逻辑放入对象语言中理解；如果能够将逻辑加入对象语言中，那么我们有关逻辑真理、等值和蕴含的直觉就可以用于构建并检验该真理。”[2]

但是，根据以上说话，说话者直觉就成为该理论唯一的检验方式。这也是一个问题。如果没有其他方式的话，该理论还不如直接被称为有关说话者直觉的理论，一个用于描述并解释直觉的理论。但是，我们仍然会感到困惑，尤其是从表面来看的时候，语义学直觉理论最好与句法学直觉理论划为一类（戴维森所推崇的真理论的形式不太可能与后者相结合），那么为什么这样一个理论应该具备戴维森提出的特殊的、限定的形式？当然，该理论不能称其自己是最简单的或最自然的说话者直觉理论。这是戴维森的方案真实存在的一个问题。[3]

认为借助塔尔斯基式的理论可以发挥我们所需要的作用还有其他方面的原因。尽管“语句的意义是由它们的真值条件给出的”这种说法是模糊的，的确，正如一位批评家所言，“过于模糊以至于没有任何用处”，[4]但是我们并不清楚是否还存在其他更清楚的说法。塔尔斯基的真理论具有准确性的优点，尤其是从该理论说明语句的真值条件是如何由其结构决定的。请记住，我们所需要的是将语句的意义应该以某种方式解释为语句组成部分的意义的函数；通过谈论塔尔斯基式的真理代替对意义的讨论，使得我们有可能达到上述要求。另外，如果我们利用塔尔斯基的概念，我们可以

1　戴维森，“真理与意义”，第318页。

2　同上。

3　S. P. 斯蒂奇，“戴维森的语义学纲领”，《加拿大哲学杂志》，第vi卷，2，1967年，§7。

4　普拉茨，《意义的方式》，第57页。

在精确性的基础上增加系统性，因为塔尔斯基式的方法使我们能够处理语言中潜在的无限语句。虽然 T- 语句形式的真值条件陈述单个来说是无关紧要的（戴维森将其称为“雪片一样的琐碎”），但塔尔斯基式的方法却可以给出所有近似无用的 T- 语句，不仅说明某个语句的真值条件是什么，而且说明真值条件是如何确定的。[1] 由此，我们或许可以认为借助塔尔斯基式的真理也是可以的。

但上述这些只是倾向性的原因。[2] 或许，是因为过于关注真理的概念本身，才导致缺乏一个完全令人信服的原因。或许，我们所应该探究的问题是，从整体上研究何为意义理论的过程中，真理起到什么作用。尽管最开始对于真理的热情是研究意义理论的关键因素，但是语句“s（在 L 中）为真当且仅当 p”并不是 s“（在 L 中）意味着 p”的充分条件，至少这一点很清楚了。我们还需要进一步讨论。

1 同上。

2 更多讨论可以参考 J. A. 福斯特“意义，真理和理论”；以及 B. 劳尔，“两个意义理论”，均载于 G. 埃文斯和 J. 麦克道威尔《真理与意义》。

真理和语言行为理论

证明借助真理是正确的其中一种方法是考察真理如何与一般理论相符合。麦克道威尔提出了这样一种方法。[1]首先，我们可以在更具包容性的行为理论中确定意义理论的位置。这样做的好处在于，消除了所有从真理入手的理论中那些不恰当的要求，从最开始就对真理进行足够丰富的描述，使其能够承担起理论。要做到这一点并不容易。首先，如上所述，我们为什么要从真理入手，这个问题并没有非常有说服力的理由。其次，如果从真理的公理式定义入手，或者任何与真理相对的、在特定的语言中是可理解的概念入手都是无法令人满意的，因为存在循环论证的风险，由此降低了使用这样的概念来解释意义的方法的价值。[2]

由此，麦克道威尔建议从以下观点入手，即 L 和其元语言中的语句所形成的句子对必须被视为描述“理解一种语言需要涉及什么内容”的理论的一部分。[3]这个理解理论的一部分就是意义理论，该理论需要综合考虑效

1 J. 麦克道威尔，“真值条件，二值和证实主义”，载于埃文斯和麦克道威尔《真理与意义》，第 42 页及后续诸页。在某些方面类似于麦克道威尔的理论，参考劳尔《两个意义理论》。

2 麦克道威尔，《真值条件》，第 43 页。

3 同上，第 44 页。

力理论加以构建，[1] 目的是为我们提供一种可以识别语言行为的方式（比如做断言、发号施令或提出问题等），从而识别语言行为所涉及的命题行为类型（即断言、命令、提问）；另外，也可以将表述性语句与祈使动词、疑问词等联系起来，以凸显命题内容。那么意义理论和效力理论二者结合，不存在谁为初始之说，就可以从总体上描述说话者行为，既包括言语行为也包括非言语行为。由此，说话者行为就可以根据说话者的信念、想法和其他的命题态度加以理解。麦克道威尔认为，“理解语言行为，也就是理解语言，不过是从总体上理解行为所涉及的内容的一种特殊情形而已”。[2]

在合并的意义理论中，我们可以认为“*s*”和“*p*”之间的关系扮演着以下角色：“*p*”可以拆解通过使用“*s*”所完成的动作的命题内容。由此，“*s*”和“*p*”的配对方式值得我们关注。该理论需要说明“*p*”如何说明“*s*”的命题内容。而且，很显然我们要求配对方法应该是，“*p*”所表达的内容、所履行的命题行为与“*s*”相同（或者可以用于履行相同的命题行为）。将“为真当且仅当”置于“*s*”和“*p*”之间可以达到这个目的。[3] 真谓词的可嵌入性是一个发现：可以在实现真谓词的充分性之前，在对行为进行解释的过程中，对意义理论的角色从总体上进行思考。[4] 将真谓词视为去引号的工具最起码的观点是，“真理是意义理论所推理的内容”，请注意，并没有说“意义是真理理论所推理的内容”。[5]

为什么此处要引入真谓词的概念？这是唯一将“*s*”和“*p*”匹配的方式吗？这些问题可以重述为：为什么选择“当且仅当”？为什么选择“……为真”（而不选其他谓词）？答案是，作为外延连接词，“当且仅当”使证

1 同上。

2 同上，第 44—45 页。

3 同上，第 46 页；并参考普拉茨《意义的方式》，第 61 页。

4 普拉茨，《意义的方式》。

5 麦克道威尔，《真值条件》，第 47 页；参考普拉茨，《意义的方式》。

明论不存在疑问，因为，毕竟这就是我们所寻求的"s"和"p"之间正确的匹配，无论是意义匹配还是（最开始的阶段）履行的命题行为匹配。根据普拉茨的观点，引用"……为真"是因为（a）这的确可以作为一个理论，说明语句的意义是通过说明其真值条件给出的；（b）我们在理论负担最小的证据基础上建起了桥梁，如此可以为意义的经验理论开辟道路；（c）我们与塔尔斯基有关真理的研究中建立了联系，可以用精确性取代模糊性，并为意义理论提供一种必不可少的系统结构。[1]

在麦克道威尔的方案中，"$s \cdots p$"之间的空缺应该由什么来补充这个问题可以通过使用未具体说明的 F 将其变成一个开放式问题，即"s 是 F 当且仅当 p"。但是，意义理论应该与效力理论相结合这一要求使得，对于一个可行的意义理论来说，如果将"真"用 F 代替，该理论仍然是可以接受的。[2] 然而，正如麦克道威尔指出，在构建意义理论的过程中是无须涉及此类真理的概念的；而且对于效力理论来说，甚至无须受到"s"和"p"之间所补充的内容的句法形式的影响。因此，从语言行为一般理论的角度所表达的意义理论并不承担阐明真理这一初始任务。[3] 然而，塔尔斯基的真谓词可以用于替代 F，并且具有普拉茨所提出的全部优点。的确，根据该理论"真"以可接受的方式代替任何 F，那么意义理论就要说明语句的真值条件，（按照弗雷格的想法）无论是直接说明还是通过说明如何将 F"合理地转换成""真"。[4]

以上论证有助于证明借助真理是恰当的。但是否借助真理并不是强制的；我们提出以上论述并非强制使用真理的概念。值得注意的是，以上论述将为什么可以使用真理这个概念与为什么应该使用这个概念弄混了。或

1 普拉茨，《意义的方式》，第 62 页。

2 麦克道威尔，《真值条件》，第 46 页。

3 同上，第 46—47 页。

4 同上，第 47 页。

许我们可以这样说：根据定义明确的塔尔斯基式的精确性和系统性的概念，“真理的概念可以被使用”这一事实为“为何应该被使用”的一个理由。

真理和实在论

按照达米特的观点，如果一个理论声称特定类别语句的意义都应根据其真值条件予以说明，那么该理论都就相当于与该类别语句的主语有关的实在论。[1] 实在论认为，世界存在并自有其特征，独立于与世界有关的任何知识或经验，因此与世界有关的语句根据事物在世界中存在的方式确定地为真或为假，无论我们是否知道或是否能够知道该事物在世界中的状态，因此也独立于我们是否知道该类别语句的真值。根据实在论的观点，某个给定类别语句的真值条件可能超出我们识别语句是否具有真值的能力。

达米特否认意义需要根据实在论者有关真理的概念进行解释，因为实在论将部分语句置于我们识别其真值的能力之外。意义理论必须告诉我们，当某种语言的说话者知道（即了解）他们的语言的时候，他们实际知道了什么；而且在告知我们他们知道了什么的同时，该理论还必须表明，知识如何让说话者从控制语句意义的条件中推导出语句所有的使用方法。在达米特看来，实在论没有解释知识和使用之间的关系。总的说来，他的观点如下（后文进行详细论述）：

如果一个意义理论告诉我们 L 的说话者在了解 L 中语句的意义时知道

1　M. A. E. 达米特，尤其参考“何为意义理论（II）？”，载于埃文斯和麦克道威尔《真理与意义》和《真理与其他谜题》（以下称为 TOE）。

了什么，那么该理论必须是 L 的说话者隐含掌握的命题知识的一种理论表现形式，且它必须说明此类知识如何使得说话者能够使用 L 中的语句。如果真理被视为意义理论中的基本概念，那么该理论必须解释有关真值条件的知识如何与语言使用的实例联系起来。上述要求的合理性可以通过对任何一个可接受的意义理论的两个要求来证明：第一，我们必须能够识别什么可以算作说话者对他所拥有的关于 L 中语句的意义的知识进行展示；第二，因为语言是交流的工具，意义必须是公开的，由此，说话者了解语言时所实际了解的内容不仅在他们的语言行为中是公开可见的，而且是可以在公开的语境中学习的。达米特根据实在论（也就是超验的）有关真理的概念从而否认意义理论，他认为意义理论并没有满足以上两个要求。

原因如下：如果有关真值条件的知识在于一个人对给定语句是真还是假的判断能力，也就是说，识别语句是否获得了真值条件的能力，那么知识和使用之间的联系就是毋庸置疑的，因为这是一种将语句的意义条件（语句的真值条件，被解释为可决定的或可识别的）和语句的使用方法联系起来的实际能力。因为能够识别是否获得了真值条件实际上是掌握了判断语句真值的流程，那么“理解一个语句”就可以说成是具有这种识别能力。对语句意义的理解决定了语句的使用方法，同时也被后者决定。因此，有关意义的知识和使用之间的关系是确定无疑的。

但是，如果将真值视为一种可能超越识别能力的语句属性，那么我们就无法将对此类语句的先验真值条件的掌握与识别语句真值的能力相联系。因而，对于此类语句而言，我们就无法解释说话者有关其真值条件的知识是如何表现的。但是如果无法解释以上问题，该理论就无法说明意义和使用如何互相决定。

这并不等于说真理与意义理论无关，只是我们需要寻求另外一种对真理的定义。真理应该被视为验证流程的结果，我们通过运用验证流程施展我们在建立真值方面的能力。这样理解真理就相当于否定实在论。

麦克道威尔认为，达米特提出的另一种定义“需要重新从反实在论的角度对世界进行定义：如果真理并非独立于我们的发现，那么我们就必须将世界描述成我们自己的创造或者至少是因为我们探究才冒出来的。因此，验证主义者反对意义的真值条件概念会产生相当深远的形而上学的影响”。[1]由此，达米特的论证，尤其是其论证是否暗含着麦克道威尔所说的后果，需要进行详细考察。

1 麦克道威尔，《真值条件》，第 48 页。

何为知道语句的真值条件？

达米特认为，有关意义的哲学问题“最好解释为有关理解的问题：有关什么是表达的意义的学说必须被解释为何为知道表达的意义的学说”。[1]因此，如果真理被视为关键概念，那么真值条件理论就是说明知道语句的概念就相当于知道其为真的条件的理论。那么，何为知道语句的真值条件？

无论何为知道语句的真值条件，都必须取决于对组成语句的词语的理解以及词语排列方式的意义。因此，我们的问题是：“当说话者知道一句言语，他实际知道了什么？尤其是他由此知道了该语言中任意给定语句的什么？”[2]回答上述问题的理论都可以作为实际能力（即言说语言的能力）的理论表现形式。该理论是以演绎形式相联系的命题集合，也是对说话者语言知识的明确描述。当然，说话者不会自己具有有关这些命题的明确知识，但对于任何一个掌握某一实际能力的人而言，只消认为他具有隐含的知识就足够了。我们不应该要求某人知道如何做某事，比如骑自行车或某种语言，只要他能够说出做某事的基本理论就可以了。[3]

1 达米特，《何为意义理论（II）？》，第 69 页。

2 同上。

3 同上，第 69—70 页。

如果认为说话者所具有的是隐含的知识，那么该理论“不仅需要说明说话者必须知道什么，而且要说明什么可以算作隐含知识的表现”。[1] 因此，至少该理论的个别命题必须与具体的、实际的语言能力相联系。（对理论中的每个命题都这样要求太过于严格了。）

在这样的理论中，意义与效力之间的区别是隐含的。某个言语的效力取决于它所实行的言语行为，比如断言、提问、要求等。如果不存在意义－效力之间的区分，我们就不知道如何给出系统的解释。[2] 按照达米特的观点，“对于一个给定语句，某人知道必须获得什么条件该语句才为真，但却不知道为了理解该语句的意义所必须知道的全部内容”。[3] 如果假设知道真值条件就足够了，其实我们偷偷引入了这样一个观点：说话者知道语句的真值条件如何决定其约定的意义；但意义理论的重点是凸显语句的真值条件和通过使用语句所履行的语言行为之间的推定关系。一个语句可在不同的情形下履行不同的行为，而且需要弄清楚真值条件与每种使用方法的意义是如何相互联系。因此，该理论除了说明真值条件是如何给出语句的意义的同时，还必须对使用语句的原则作出补充性的解释。若要从有关语句的真值条件的知识中推导出该语句的用法，就必须掌握这些原则。[4]

由此，任何将真理视为基本概念的意义理论都包含以下两部分：（a）隐含在意义理论中的指称关系理论，以及（b）效力理论，解释语言中的言语可以履行的不同的语言行为。（a）核心在于达米特所谓的“指称理论”，其实是一个真理论，以归纳的方式说明语言中语句的真值条件。之所以将其称为指称理论是因为虽然它的某些定理是在说明语句的真值条件，但是支配单个词语的公理却是在为这些词语分配指称。指称理论外围的意义理论

1 同上，第 70—71 页。

2 同上，第 72—73 页。

3 同上，第 73 页。

4 同上，第 73—74 页。

通过将说话者的实际语言能力与该理论的特定命题相联系，说明说话者了解指称理论时实际上了解了什么。[1]

以上描述说明，有关真值理论的知识并不是说话者必须知道的全部内容，而是说话者对于某个给定语句所应知道的全部内容，因为其余他所知道的内容在本质上是一般性的，也就是说一系列一般原则的集合，使其能够从语句的真值条件推导出有关语句使用的方方面面。任何意义理论都认为，语句存在一个特征（此处指的是真值条件），意识到这个特征就等于抓住了语句的意义。所有类似的理论都符合此模式。[2]

现在的问题是，“真理的概念是否可以作为意义理论的核心概念，或者我们是否需要寻找其他概念来扮演这一角色”。[3]根据达米特的观点，只要真理的概念被当作理所当然，那么很显然它就可以作为意义理论的核心概念；但是如果我们不再将其视为理所当然的话，我们对其在直觉上的倾向性也就消失了。[4]

如果我们考察下面的问题，达米特的观点就很明显了：在掌握一种语言的过程中，我们是从何时开始理解真理这个概念的？我们不能认为真理是以规定的方式引入的，因为如果以这种方式引入真理的话，我们预先需要掌握相当大一部分语言。如果我们想说，学习语言就是学习语言中每个语句为真是什么意思，我们必须能够说明，在不假设对某个语句事先理解的情况下了解该语句为真是什么意思，不然就会陷入循环论证。[5]当然，在很多情况下，语句的意义纯粹可以通过字面意义分析得出，但是这种情况下要求说话者所拥有的是有关语句真值条件的明确的知识。而且，他以这

1 同上，第 74 页。

2 同上，第 74—75 页。

3 同上，第 76 页。

4 同上，第 78 页。

5 同上。

样的方式来理解语句预设了他提前掌握了语言。如果认为说话者的理解取决于他用另外一种方式描述语句意义的能力，即通过相同语言中等效的语句，这就陷入了循环论证。因此，掌握低层次或更为初始级别的语言不可以通过这种方式来解释。[1]

我们现在所面临的问题并不是如何说明什么可以算作说话者识别语句的真值条件得到满足的情形，因为如果假设语句的真值条件可以被说话者视为得到了满足，我们就能够找到一种方式说明什么构成了他对该事实的理解。但是，这种方式仅限于真值条件可以通过识别获得这种相对较少的情形，也就是说，说话者掌握了一种有效的方法，使其在有限的时间内可以确定某个语句为真或为假。然而，问题在于，自然语言中无法以这种方式确定真值条件的语句比比皆是。[2] 对无穷的或无法观察的域进行量化就是例子。对于这些语句来说，没有有效的流程可以确定它们的真值是否得到了满足。我们或许可以找到某种方式判断语句的真值条件是否得到满足，但这并不是重点。重点是，对于任何此类语句来说，“我们不能将识别语句为真的条件得到满足或未得到满足的能力与关于真值条件的知识等同”，因为：

根据假设，真值条件要么可以在我们无法识别其事实的情况下获得，要么在我们无法识别其事实的情况下无法获得，或者二者兼而有之。因此关于该条件成立或者不成立的知识，虽然可能要求我们具备识别某个事态的能力，但无法对该能力做出详尽的解释。事实上，如果在获得语句真值的条件时我们无法识别它已经获得，那么关于何为该条件的隐含知识似乎就没有任何内容了，因为不存在凸显此类知识的实践能力。[3]

这个问题与意义理论有关，被视为（作为“核心”理论的）指称理论

---

1 同上，第 79—80 页。

2 同上，第 80—81 页。

3 同上，第 80—81 页。

(真理论)的“外壳”。如上所言，意义理论的任务是将核心理论与说话者对语言的掌握联系起来。在学习语言的过程中，说话者所学到的是一种实践，实践的一部分就是承认语句为真或为假。说话者在了解语言时所了解的内容可以在实践的过程中得以显现。但是“了解语句为真所应获得的条件并不是[说话者]了解的内容，也不是他直接表现的内容”。[1]因而，虽然在某些情况下我们可以认为说话者具有有关真值条件的知识，但是关键情形下我们不能这样做。因此，我们无法对说话者的语言掌握情况作出“真实的解释”。[2]这是达米特反对基于实在论的或超验的真理概念的主要原因。

此处重复一下，我们所面临的任务是回答以下问题：何为了解语句的真值条件？将真理作为意义理论的关键概念是否正确？达米特认为，为了能更进一步地回答以上问题，我们需要说明在判断陈述为真时都涉及了什么。这是迂回解决问题的方式。

考虑以下原则(成为“C原则”)：“如果某个陈述为真，那么必定存在某事物，根据此事物，该陈述为真。”[3]C原则是符合论真理观的基础。对于不同类别的陈述来说，它选择了真理作为关键概念；从这个意义上来说，C原则是具有规定性的。由此，我们可以得知实在的本质(即我们并非首先解决世界上存在什么，然后基于此解决是什么让陈述为真，而是采用正好相反的顺序)。在达米特看来，当我们考虑明显违反C原则的情况时，就可以发现该原则的效力。比如，虽然并不存在我们可以接受的使非事实条件句为真的原因，我们仍然声称该非事实条件句为真。以达米特引用了神学上有关自由意志生物的断言为例，上帝本可以创造自由意志的生物，但却没有这样做，因为他知道如果创造出这样的生物，他们会做出什么样的

1 同上，第82—83页。

2 同上，第83页。

3 同上，第89页。

行为。有人可能会反对这个观点，因为任何事情都不可能使反事实条件句为真。这个反对意见归根结底是断言反事实条件句不可能“直接为真”，也就是说不可能为真，除非有除虚拟条件以外的其他陈述，作为条件句为真的基础。[1]

为什么有人认为反现实条件句可能直接为真？或许是因为他认为反现实条件句本身或者其否定形式应该为真，无须任何根据（就是我们对反现实条件句和其否定形式的真值做出断言的基础）。现在，如果认为所有成对的反现实条件句都确定要么为真要么为假，这种观点也是错误的，但是我们可以认为部分句子对为真，因为我们可以将某些一般陈述的真值等同于相关虚拟条件句的真值。比如，考虑赋予人以能力的情形。假设我们说某人除了自己的母语之外从未学过任何语言，“迈克尔擅长学习语言”。（将此陈述称为“A”。）对于问题“A 必然为真还是假？”这个问题有三种可能的态度：（i）无须为二者中的任何一个；（ii）语言能力必须与大脑结构的某些特征相关，或者就是大脑结构的某些特征，无论我们是否知道该特征是什么；迈克尔有或者没有该特征。因此 A 必然为真或为假，即便我们不知道答案如何以及（iii）语言能力无须依靠大脑结构，但是人们或者有或者没有该结构，因此 A 必然为真或为假。同意以上（i）—（iii）的人同意 A 的真值有赖于相关虚拟条件句的真值（我们称之为“B”）：“如果迈克尔尝试学习一种语言，他很容易就能够成功”。如果 B 为真，那么 A 也为真；B 为假，A 也为假。因此问题“B 是否必然为真或为假？”与问题二值原则是否适用于 A 相吻合。（iii）的支持者坚信，如果 B 为真，也是直接为真；（ii）的支持者认为二值原则适用于 A，但不认可反事实条件句可以直接为真的观点，因此认为 A 的真值取决于另外一个与大脑结构有关的陈述。与认同（iii）的人一样，（i）的支持者也相信，A 的真值无须由任何事情来

1　同上，第 89—90 页。

确定且与（ii）的支持者一样都不认同反事实条件句可以直接为真的观点。因此，“他们通过反对二值原则避免了进退两难的困境”。[1]

在我们的语言中，有很多表达都是以条件句的形式引入的，包括与可检验的属性和可测量的数量有关的表达。我们将检验和测量视为展示事物本身的过程，并由此认为归属属性或数量的语句确定为真，与实际是否进行或能够进行相关检测或测量无关。在此观点的基础上，“对于上文提及的属性或数量，我们采取了一种实在论的态度”，说明“被我们视为对陈述起支配作用的真理概念是如何通过 C 原则决定我们对由其组成的现实的看法的。实际上，我们可能将与某类别陈述相关的实在论视为一个假设，即该类别中的每个陈述确定为真或为假”。[2] 由此，（ii）和（iii）其实是与人类能力有关的、不同的实在论，而（i）是对此类实在论的否定。

（ii）是还原论者的观点。还原论无须是一种强学说，要求某个类别的陈述（可以称其为 M）必须可以翻译成另一类别中的陈述（称其为 R）；它只需认为，M 类陈述的真值与 R 类陈述的真值相关，比如：对于 M 中的任何陈述 A，R 中都存在陈述集合 $\bar{A}$ 族，使得如果 A 为真，那么陈述 $\bar{A}$ 族的某个集合也为真充分且必要。[3] 根据还原性的概念，“直接为真”可以这样描述：某个陈述 A 直接为真，如果（a）A 为真，以及（b）不存在不包含 A 或任何 A 的变体且包含 A 的类别可以被还原成的陈述类别。（ii）代表还原实在论，（iii）是朴素实在论。“朴素实在论”指的是，对于任何给定的陈述类别 $^*M$，将与 $^*M$ 有关的实在论与 $^*M$ 中的陈述直接为真的观点结合起来的学说（也就是说，$^*M$ 中的陈述不可以被还原成其他类别的陈述）。达米特认为，“我们有关实在论的构成的观点——我们形而上学的立

1 同上，第 91 页。

2 同上，第 93 页。

3 同上，第 94 页。

场——取决于我们采取的实在论观点所针对的陈述类别”。[1]

最终，我们就可以看出将语句的真值条件的知识归属于某个说话者时涉及了什么。如果一个语句 s 可以让陈述不能直接为真，当存在陈述类别 R 且该陈述类别所属的子集中的成员为真时，那么任何有关 s 的言语都为真。对 s 的真值条件的理解取决于对 s 的真值与 R 的子集如何相关的隐性理解。这种关系在真理论（指称理论）中有所体现：如果该理论用元语言表述（元语言是对象语言的扩展），那么 s 的（T）– 语句就并非无关紧要（不会将 s 置于双条件句的右边）。换言之，如果用对象语言对 s 进行翻译存在障碍，意义理论（解释说话者掌握真理论是什么意思）就必须凸显出 s 对 R 的依赖。无论怎么说，此处有关掌握 s 的真值条件的说法都是不存在任何问题的。

但是，如果 s 可以用于表达某些直接为真的事情，那么相关的（T）– 语句就是无关紧要的；在这种情况下，意义理论就必须对说话者掌握 s 的真值条件进行解释。我们所采用的模式是对观察进行陈述。如果某人能够通过观察识别出一棵树比另一棵树高，那么就可以得知一棵树比另一棵树高是什么意思，因此得知“这棵树比那棵树高”为真需要满足什么条件。[2] 因此，我们可以通过两种模式解释掌握真值条件是什么意思。一种模式与具备明确的知识有关，即说明任意 s 为真的条件的能力，此模式不存在任何疑问；但是因为上述原因，如果我们将掌握真值条件作为意义理论的基础，那么该模式就行不通。另外一种模式与具备识别语句是否为真的能力有关。但是第二种模式也远远不够，因为有相当多的情况我们无法确定语句的真值。[3]

按照达米特的观点，我们以或隐秘或明显的方式借助观察模式，思考

1 同上。

2 同上，第 95 页。

3 同上，第 96—98 页。

如何有效地掌握无法判定的语句（比如，反事实条件句，涉及无法企及的空间－时间域等）。也就是说，我们“试图说服自己，我们对于无法决定的语句为真的理解就相当于把我们能够使用此类语句直接报告观察结果”。[1]当然，我们无法给出此类报告，但是我们知道对于这种情况超出常人的观察者需要掌握什么能力。由此，我们知道某个超出常人的观察者在这类情形下需要具备什么能力。由此，我们可以理所当然地认为，我们对于无法判定的语句的真值的理解就在于我们对超出常人的观察者需要掌握的能力的认知。此观点与另外一个约束性的原则相关，后者与 C 原则一起共同支配着真理的概念："如果某个陈述为真，那么原则上它为真必须是可知的。"（此为“K 原则”。）C 和 K 紧密相关，因为如果任何东西都不能被视为有关给定陈述的真值的知识，那么怎么会有某些事情可以使该陈述为真呢？因而，“即便是彻头彻尾的实在论者也必须同意，如果我们对一个陈述怎样才算为真一点概念都没有，那么就不能说我们对何为该陈述为真有所把握”。[2]因此，实在论者同意将观察模式（即可判定的语句的模式）进行扩展，将不可判定的语句也涵盖在内。

达米特给出以上解释，用于“诊断”我们的动机，也就是将从初始层面对真值条件的掌握扩展到从非初始层面对真值条件的假定的掌握。但是，这些动机并不能作为扩展模式的合理原因，因此使用超验的真理概念“无法回答我们如何能够为语句分配意义（该意义取决于我们无法使用语句的情形）的问题”。[3]事实上，这种解释无法与另外一种解释区分开，即“对于特定语句来说，我们认为它们的用法似乎与其他语句的某些方面相似，但实际上并非如此；这种情况说明，我们对自己的语言可能存在系统的误解”。[4]

1 同上，第 94 页。

2 同上，第 100 页。

3 同上。

4 同上，第 101 页。

达米特问“真理是否能作为意义理论的核心概念……或者我们是否需要寻求其他的概念承担这一角色”。基于以上论述，上述问题的答案是，不能选择从实在论角度理解的真理的概念，需要另外寻找其他概念。但问题是，这个其他概念是什么呢？

反实在论的选择

上一小节中的问题是因为我们对语言中所有的语句都从实在论的角度进行解读，也就是说问题是因为我们认为，所有使用语句作出的陈述全部确定地为真或为假，与我们是否能够判定它们的真假无关。这使得我们“无法将识别某一陈述何时被确定为真或为假的能力与关于该陈述的真值条件的知识等同”。[1]

上述问题的解决方式是，抛弃超越知识的真理的观点，使用其他术语所描述的语义学。[2] 按照达米特的观点，此类语义学存在原型，即直觉论者对数学陈述的意义给出的解释。其中基本的观点是，对于数学陈述的理解有赖于我们能够判断某个数学结构能否构成给定陈述的证明。因此，对于某个数学陈述的断言并不能被视为对该陈述为真的断言，而应视为对存在该陈述的证明的断言。相应地，我们如果知道某个数学表达在确定何为该表达所在的陈述的证据时起到什么作用，那么就可以说我们理解了该数学表达。因此，在使用数学语言的过程中就可以明确地显示出我们对任意数

1 同上。

2 同上，第 103 页。

学表达的掌握情况。这一点是确定的。[1]

但这并不能说明每一个可理解的陈述都是可以有效判定的。理解一个陈述并不在于找到该陈述的证明，而在于识别该陈述的证明（如果存在对该陈述的证明的话）。同理，理解陈述的否定形式也不在于找到其否定形式的证明，而在于识别其否定形式的证明。因为陈述的可理解性并不能保证我们具备判定该陈述的流程，所以我们对陈述的理解在于当发现该陈述的证明时对其进行识别的能力。（因此，排中律通常不适用于数学陈述。）[2]

达米特认为，以上理论"很容易推广到非数学的情形。证明是数学中存在的唯一将陈述确立为真的方式：因此所需要的一般概念是验证"。[3]基于此观点，理解一个陈述在于能够识别是什么将其确立为真。这并不是说，我们在所有情形中都必须有办法判定陈述的真值，只是说在陈述被确定为真的时候，我们能够识别即可。这种观点的优势在于，验证条件与从实在论角度理解的真值条件不同，指的是当真值条件具备时，我们必须具有识别它的能力。"因此，说明此类条件的隐含知识并不存在任何困难，因为它是由我们的语言实践直接展示的。"[4]

如果有人接受以上证实主义的方式，必须谨记以下几点：第一，该理论必须考虑到整体论。奎因反对以下（实证主义者的）观点，即对一个语句的验证取决于它在感觉经验中是否出现。[5]这种说法仅适用于（按照奎因的比喻）出现在语言网边缘的语句。世界影响着边缘处的语言。就语言网

1　同上，特别参阅第103—110页，达米特从直觉主义语义学的角度对数学语言进行解释；另参考《直觉逻辑的哲学基础》，TOE，第216—226页，非常清楚明确地解释了这些问题。

2　达米特，《何为意义理论（II）？》，第110页。

3　同上。

4　同上，第111页。

5　参考，奎因，"两个教条"，在于《从逻辑的观点看》。

深处的语句来说，在验证的过程中涉及推理程序，其中数学定理属于极限情形，因为数学定理只牵涉推理。所以，非边缘的语句的验证过程具有融贯论的色彩，因为相关流程会牵涉到对语句之间关系的识别。[1]

另外一点是，该理论是从直觉主义理解的数学推广到语言，因此必须注意到语言和数学之间的区别。其中一个区别是，在数学中，对一个陈述的理解不涉及识别对陈述的证明的能力和识别对陈述的反驳的能力，因为该理论提供了一种统一的方法解释陈述的否定形式。因为语言中并不存在类似的程序，所以语句的意义必须被视为同时由识别语句的证实和证伪方法给出，同时语句又有不能同时被证实又被证伪的限制。数学和语言之间还有其他区别，但总体上来说，达米特认为，“只要每个语句的意义是通过说明何为最终确立由语句表达的陈述的意义、什么可以最终对该陈述证伪等形式给出，而且是借助说话者能够识别的条件而系统地进行，那么二者之间所有的区别都摆脱不了证实主义的意义理论的精神实质”。[2]

采纳证实主义并不能排除真理的概念。真理的概念仍然具有重要性，因为我们需要据此对演绎推理进行解释。演绎推理是有效的，因为它具有保真性。无论任何意义理论，语句意义对其结构的依赖性会显示出什么才是确立语句真值的最直接方法。但是理论不仅必须考虑到许多陈述在断言时所依据的理由是不确定的，同时也要考虑到可以通过间接的方法确定陈述的真值，演绎推理所说明的就是这一点。因此，陈述的真值这个概念是必需的，使得我们能够以决定性的、非直接的流程确立陈述，而且此概念不能与证实等同。[3]达米特承认，在证实主义下对真理进行解释并不是一项

1　达米特，《何为意义理论（II）？》。

2　同上，第 114 页。

3　为何达米特认为我们需要真理的概念，其他原因请参考本书第九章，以及达米特本人所著《借助使用对意义理论有何帮助？》，载于 A. 马加利特（编）《意义与使用》，第 123 页及后续诸页。

容易的工作。我们所知道的全部内容就是真理必需根据我们识别陈述为真的能力来解释，而不能依据超越人类能力的条件来解释。[1]

1　达米特，《何为意义理论（II）？》，第 115—116 页。达米特考虑意义理论时将证伪作为其核心概念（第 117—126 页），并特别探讨了效力的概念，以及如何构建由有关意义的知识到使用之间的桥梁（第 127—137 页）。关于达米特对真理的讨论，参考“真理”，载于 TOE 及《弗雷格》第 13 章；另参考 M. 达米特《形而上学的逻辑基础》。

反实在论：反对及辩护

对达米特的反实在论主张的一个反对意见是，它是修正主义的。如果放弃从实在论的角度所理解的真理，那么通过抛弃经典逻辑构建语义学理论似乎很有必要。我们的日常做法是接受经典形式的推论，因此以其他逻辑形式进行替换的理论相对于我们的语言行为来说就不可能纯粹是描述性的。这似乎是反实在论的一个弱点，因为即便掌握了彼此竞争但同样可行的其他理论，我们仍然倾向于选择保守理论，这一点是很明显的。但是，达米特认为，“我们没有理由预先认为，我们所使用的语言方方面面都是合乎规矩的”。[1] 弗雷格认为，自然语言中的很多特征，比如模糊性以及无指称的单数词语等，使得自然语言无法为其自身构建出一个前后连贯的语义学体系。塔尔斯基认为，自然语言在语义上的闭合性是导致不协调的原因。以上哲学家对自然语言的理解说明语言或许需要调整，进而说明传统上认可的推理原则可能需要重新评估。达米特认为：“语言实践因为实际交流的需要，逐步发生历史演变，变得愈加复杂，是否还能符合任何系统的理论，这一点是无法保证的。”[2]

从这个角度来说，对修正主义的指控就没有什么大不了的了。而且如

1 达米特，《形而上学的逻辑基础》，第 103 页。

2 同上，第 104 页。

上所述，不管怎么说，戴维森提出的真值条件语义学要求对自然语言进行“清理”，这本身就是修正主义的。

另外一个反对意见是麦克金提出的。[1] 他主要对达米特认为全面的反实在论或许是不可能的这个观点提出质疑。达米特表示：

> 我们有很多理由可以怀疑全面反实在论是否是连贯的，比如，行为主义就是反实在论的一种，也就是对有关心灵状态和过程的实在进行反对。现象论是另外一种，是对有关物理对象和过程的实在进行反对。我们马上就会提出疑问，是否能够同时在以上两方面始终保持反实在论的立场。[2]

麦克金认为，达米特所提到的反实在论的类别都是不一致的，其中一种反实在论与另外一种实在论也是不一致的。因此，唯一可行的选择是在两种情形下都采用实在论的立场。他的论证如下：

我们将有关实物的陈述和有关心理事件的陈述分别称为“M– 陈述”和“P– 陈述”。（这种用法让我们回想起了斯特劳森在《个体》中的“物质谓词”和“人物谓词”的说法。）根据麦克金的观点，M– 陈述和 P– 陈述的反实在论指的是，“根据其他特定陈述类别中的陈述的真值与给定陈述并无太大区别”，那么以上两类陈述都具有真值。[3] 反实在论对 M– 陈述的态度可描述为现象论，对 P– 陈述的态度可描述为行为主义。[4] 因此，M– 陈述和 P– 陈述都受到还原学说的支配，大概意思是：给定类别 K 中的语句 s 可被还原成类别 R 中的其他语句 s'（或根据 R 中的其他语句 s'，给定类

1 参考 C. 麦克金，“实在论的先验论证”，《哲学杂志》，1979 年，第 113 页及后续诸页。

2 达米特，TOE，第 367—368 页。

3 麦克金，《实在论的先验论证》，第 116 页。

4 同上。

别 K 中的语句 s 为真），当且仅当 s' 为真（为假），s 必然为真（或为假）。K 中的语句为真的充分且必要条件是 R 中的某些语句或语句集合为真。[1] 以上还原的反实在论学说认为，M– 陈述为真或为假是基于有关经验的陈述（称为 E– 陈述）的真值，同理 P– 陈述为真或为假取决于有关行为的陈述（称为 B– 陈述）的真值。E– 陈述和 B– 陈述对于 M– 陈述和 P 陈述来说都是"基础陈述"，[2] 因此都是直接为真的陈述。[3] 因此，麦克金论证的第一步就是说明现象论和行为主义不可同时被肯定；它们对于哪些陈述构成了基础真理提出了相互对立的主张：现象论认为 P– 陈述的子类 E– 陈述为基础，而行为主义认为 M– 陈述的子类 B– 陈述为基础……因为在一种反实在论中作为基础的陈述对于另一种反实在论来说是可以推导出来的，因此很显然将这两种学说相结合会产生恶性倒退。当然，这种结果会抵消两种反实在论学说所具有的还原论的特点。[4]

下一步就是考察针对其中一类陈述的反实在论的态度与针对另一类陈述的实在论的态度相结合是否可行。

根据麦克金的观点，无论怎么结合都是不可行的，因为"独立性学说"。这是"实在论的基本论题"，[5] 主要观点是 M– 事实无法还原成（也就是独立于）E 事实，P– 事实也无法还原成 B– 事实。因为实在论恰恰在于承认存在超出认识的事实。所以按照实在论的观点，M– 事实可能在没有任何有关其存在的经验的前提下存在，也就是说，并非对于任何 M– 陈述为真来说，都有某些 E– 陈述为真。另外，E– 陈述的子集并不蕴含 M– 陈述为真，那么某个 M– 陈述为真的充分条件并不是某些相关的 E– 陈述为

1 同上。

2 同上。

3 同上，第 118 页。

4 同上，第 118—119 页。

5 同上，第 119 页。

真。P- 陈述和 B- 陈述也可以此类推。[1]

M- 陈述独立于 E- 陈述、P- 陈述独立于 B- 陈述使得以上两种结合方式都不可行。认为 E- 事实对 M- 事实是非必要的，就等于说后者对前者是非充分的；说前者对后者是非充分的，就等于说后者对前者是非必要的。因此，独立性是对称的，“都同等地蕴含了实在论”。[2] 麦克金说：“就这样。”

在独立性学说的约束下，似乎有关 M- 陈述和 P- 陈述的实在论暗含了有关 E- 陈述和 B- 陈述的实在论。但是现在 E- 事实和 B- 事实分别是 P- 事实和 M- 事实的子类，如果我们打算以非还原的实在论方式承认这个观点，那么从理论上来说，再承认其他内容就存在任何反对意见了。[3]

麦克金论证的核心观点是将反实在论描述为还原论。这是一种错误的做法。要成为反实在论者，我们无须认可任何形式的还原论。既然如此，我们就解决了一个大问题。[4]

将还原论视为“某人是否采纳或拒绝实在论的解释的试金石”的动机[5]在于，还原论通常预示着下一步行动，也就是认为还原类别中可能没有能够确定给定类别中的陈述或为真或为假的陈述。意识到这一点是否认实在论的一个动机。尽管这是表达观点的常用方式，但却不是唯一方式。比如，认同从还原论角度看待某类别的陈述并不一定说明拒绝从实在论的角度看待此类陈述。我们必须根据实际情况考虑。比如，如果认为赋予某人心理状态的陈述为真，且根据此人神经心理状态来看的确如此，那么就可

1 同上，第 119—120 页。这些观察让我们想起了感觉材料辩论以及现象论的问题。

2 同上，第 121—122 页。

3 同上，第 122 页。

4 其细节非常有意思，并更详细地说明了论证的第二个步骤。

5 达米特，“常识和形而上学”，载于 G. 麦克唐纳（编）《感知与同一性》，第 4 页。另参考 TOE，第 361—362 页。

能将某个实在论的结构加在此赋予心理状态的陈述上。相反，拒绝实在论并不一定要求预先承认还原论，因为我们可以认为超出认识的真理概念并不适用于给定类别的陈述，且该类陈述是不可还原的。[1]

根据达米特的观点，上述四种组合都是可能的：（1）我们可能从实在论的角度看待一个陈述类别，但又认为它具有可还原性（“复杂的实在论”）；或者（2）我们可能从实在论的角度解释该类别，但否认其可还原性（“朴素的实在论”）。（3）我们可能因为还原论的观点否认某类陈述的实在论（“还原的反实在论”）；或者（4）针对此类陈述，我们可能否认实在论但认为它是可还原的（“彻底的反实在论”）。[2]

“还原论”这个术语本身就需要慎重处理，因为这个词语通常意味着，不仅给定类别中陈述的真值取决于还原类别中陈述的真值，而且至少在理论上前者可能毫无保留地翻译为后者。当然，我们可以接受某种形式的还原论，但没有较强意义上的还原论者。一方面，我们可以认同某种形式的还原论学说，同时也可认同还原类别中的陈述在独立于某个给定类别的情况下是无法理解的。或者也可以认为，我们无法确定还原论类别中的哪些陈述可以决定给定类别中某些陈述的真值。再或者，还可以认同以下任一种观点或两种都认同：给定类别中某一陈述的真值取决于还原类别中无限陈述的集合的真值，或者给定类别中某一陈述的真值取决于还原类别中无限陈述的其中之一为真。因此，无论是认同其中一种还是两种都认同，从给定类别的陈述翻译为还原类别的陈述都是不可能的。[3]

以上观点说明，将 M- 陈述和 P- 陈述视为还原陈述而不进行描述是不足以对反实在论进行定义的（麦克金所谓的“每个反实在论学说都确定具有的还原论特征”），因为反实在论者对还原过程到底作出哪一种解释还

1 达米特，“常识和形而上学”，第 4—5 页。

2 同上，第 5 页。

3 同上，第 5—6 页。

是不作任何解释，这个问题是悬而未决的。无论怎么做，最终做法都将影响对以上两种陈述之间关系的解释。无论是哪一种情况，似乎都存在与之相关的策略试图削弱辩论的强度。[1] 比如，现象论者并非总是将 E- 陈述解释为 P- 陈述的子类，如同罗素的“中性一元论”的说法，指的是作为宇宙中的基本原子的感觉材料是物质对象和心理事件的组成部分。将陈述根据谁更基础、谁依赖于谁进行排序消除了麦克金指出的冲突现象。但是，再次强调，这也是因情况而异的。以上观点说明，反实在论者要构建一个全面的理论并非完全不可能。

另外，麦克金承认，对实在论至关重要的“独立性学说”会招来质疑，主要是针对以下情形。M- 陈述和 P- 陈述之间似乎存在一道鸿沟，我们对其进行断言所依据的证据，即便是对二者之一进行断言的最有利的证据，与该陈述的错误形式是一致的。实在论预设了这条鸿沟的存在。相反，按照反实在论的观点，M- 陈述和 P- 陈述的意义是根据断言两类陈述时所依据的证据构建的。由此，质疑也就自然消失了。这似乎可以作为倾向于反实在论观点的一个有力的原因。[2]

最后也是非常重要的一点是，达米特在其早期观点中经常将关于给定类别陈述的实在论描述为对该类别为真的二值原则。他还认为，实在论指的是给定类别陈述的真值与我们识别陈述真值的能力无关。他将两种观点等同起来。现在，很显然认同二值原则的人事实上等同于认同某些语句的真值条件是超过我们的识别能力的。但麦克道威尔坚持认为，以上观点的对立观点是站不住脚的。[3] 让我们暂且效仿赖特，将认同二值原则的人称为“经典实在论者”，认为真值可以超过识别能力的人被称为“直接实在论

1 后文的建议由迈克尔·兰特雷提出。参考其著作《语言、逻辑和经验》，第一章。

2 参考格雷林，《驳斥怀疑论》，特别参考第三至五章。

3 麦克道威尔，“真值，二值和证实主义”，第 54—55 页。

者”。[1]由此，麦克道威尔的观点是，即便经典实在论者的立场使其同时认同直接实在论，但直接实在论者并不（或者至少不明显）认同经典实在论。麦克道威尔认为，注意到直接实在论和经典实在论之间的区分便使得以下情形可能，即反实在论可以在保留二值原则上做出让步，同时保证实在论者有关意义的概念（其中超越认识的真理扮演着特定角色）的可行性。

但这对于反实在论来说并不是问题。虽然直接实在论与经典实在论显然是彼此独立的，但很难看清楚直接实在论者到底想否定经典实在论中的什么内容，因为后者不仅仅与前者的立场一致，而且对于前者所谓的超越认识的真理是什么意思，后者给出了有说服力的解释。不过，对于经典实在论而言，反实在论者所反对的恰恰是其实在论的内核，这才是最终的目标。达米特所提出的主要批评也与此有关。

1 C. 赖特，“实在论，真值联系，他人思想以及过去”，《理性》，卷 xxii，2，1980 年，第 112—132 页。

过去的问题

有一个问题直指实在论者和反实在论者在对待意义的态度上的分歧，同时也使我们对双方的立场有了更进一步的了解，这个问题与关于过去的陈述有关。实在论者倾向于将此类陈述视为真或假，无论我们是否知道或是否能够知道其真值，而反实在论者反对这种做法。考虑实在论和反实在论在这个问题上的冲突实际上是凸显了二者各自的特征。

如上所述，达米特的两个主要论点都是对实在论者提出挑战：第一是希望实在论者解释如果学习语言有赖于对何为超出识别的事态形成一个概念，那么说话者该如何学习语言；第二是要求解释如果隐性知识涉及超越他所知能力范畴的概念，那么什么可以算作说话者掌握的语言隐性知识的表现。前者称为“习得挑战”，后者称为“显示挑战”。后者更基础一些。如果反实在论只停留在习得挑战的层面，那么如果实在论者能够说明他们对语言理解的观点单独来看已经是最好的解释了，那么我们就不得不接受这个观点，有关如何达到这样的理解的问题就永远是个谜了。但是显示挑战就可以直接动摇实在论者的看法。关于这一点，可以参考本章最后一节的论证。

无论如何，习得挑战仍然很重要，尤其是与显示挑战综合考虑的时候，因为说明何为拥有一个概念（或者显示何为具有一个概念）的其中一种方式就是说明如何掌握它。达米特对关于过去的陈述所进行的反实在论的论证就是依靠这一点。

以下是有关过去的反实在论的论证。[1] 我们通过学习对过去时态陈述进行恰当断言所依据的理由，学习此类陈述如何使用。比如，我们记得一个特定的事件。最早开始学习如何使用过去式的行为包括学习如何用过去式陈述对记忆进行表达。理解此类陈述所涉及的内容与何为此类陈述为真的概念（独立于任何现在或将来可以证明对此类陈述的断言合理的事情）之间并不存在任何跳跃。因此，在学习如何使用过去时态的陈述时，我们得知有关此类陈述为真的概念与合理地断言此类陈述的条件是重合的。达米特说："我们所学习的就是接受……我们一直学习识别的某些条件会出现，确定地对［有关过去的］给定陈述进行合理的断言，以及其他特定的条件，确定地对该陈述的否定形式进行断言。就此情形的本质来说，我们无法理解何为陈述独立于我们所学习到的用于确立其为真的条件为真。我们也没有办法表明这一点。"[2]

达米特所谓的实在论的学说其实是"真值联系实在论"。该学说认为，现在言说的过去时态的陈述为真，当且仅当在过去某个时间说的现在时的陈述在当时为真。实在论者认为，我们对过去时陈述的理解（或我们能够使用）有赖于我们对真值联系的理解。达米特认为，反实在论需要承认，真值联系的概念是"我们对时态陈述的理解的基本特征"，因此否认此概念或认为此概念不一致会导致我们对时态陈述的使用不一致。[3] 但是，根据真值联系所承担的角色，反实在论者并未做出以下结论，即如果"过去的事实"的意思是我们借以识别陈述为真以外的东西，那么现在说的过去时陈述"根据某些过去的事实为真"。[4]

---

1 达米特，TOE，第 362—363 页。

2 同上，第 362 页。

3 同上，第 364 页。

4 同上，第 373 页。

我们可以看出不同的模式之间争论的关键所在。达米特认为，“实在论者倾向于在整个时间过程之外进行思考，并从完全非时间的立场对世界进行描述”。从优先的角度来说，实在论者希望“一下子”就能看透时间，将不同的时间点视为根据时间点的先后顺序进行排序，而时间性描述的优先时间点与以上时间点没有关系。[1] 相反，反实在论者“更倾向于认为，我们是浸淫在时间之中的，因而无法为任何不在时间中的人构造出有关世界的描述”。[2] 反实在论者认为过去“只存在于它留在现在的蛛丝马迹之中”，而实在论者认为“过去仍旧作为过去存在，到了现在仍然是以过去存在”。按照这种方式描述实在论和反实在论各自的立场很具有诱惑力，但却具有误导性。因此，按照达米特的观点，将事情描述为“它们实际存在于自身”就相当于以相同的方式对待所有的时间点，脱离浸淫在时间中的观察者倾向于采取的特定的视角。[3] 达米特认为，反实在论的观点忠于以下事实，即我们是时间性的生物；而实在论学说似乎不足以解释我们对时态陈述的掌握。

对此，实在论者用真值联系的概念以及对陈述的真值条件超越认识（该类别的部分陈述是借助真值条件来理解的）的认同进行辩护似乎很自然。但是，麦克道威尔对达米特的回复并非如此。他其实和反实在论一样反对真值联系的可理解性，并提出了一种折中的解释。[4]

根据这个观点，“联系实在论者”试图尊重反实在论者的立场，认为说话者只能通过在学习过程中接触到的恰当的情形学习使用给定陈述，并认同真值条件是无法企及的。但是，他们的观点是基于拒绝认为学习者所接触到的条件是他们学习使用的言语的真值条件。也就是说，联系实在论者

1 同上，第 369 页。

2 同上。

3 同上，第 370 页。

4 J. 麦克道威尔，“论‘过去的实在’”，载于 P. 佩迪特和 C. 胡克威（编）《行为与解释》。

将可断言性条件和真值条件区分开来，并认为前者在学习的过程中一定是可用的，而后者则不然。因此，他们将对真值条件的识别视为“本身超越认识可及范围的事情”。[1]但是，麦克道威尔认为，此类联系实在论“无法”承担起其支持者要求它承担的角色。

为了弄明白原因，首先要注意到有关过去的陈述和有关他人思想的陈述之间的相似性。按照联系实在论的观点，别人的疼痛实际是隐藏在其行为后面的。他人的行为可能作为学习者在学习判断行为之下的心理状态时可以参考的情形，但行为并不构成心理状态归属的真值条件。与过去的情形一样，在这种情形下真值条件是无法企及的。[2]这正是反实在论者的观点，即无法企及的事态不能对语言掌握进行解释。对此，联系实在论者回答:“如果某人所提到的就是他自己，那么就能够理解某人在疼痛中是一种怎样的概念。因此，言说语句‘他在疼痛中’，同时在这些情形中代词‘他’有固定的指称，应该被理解为表达另一个被指称的人处在完全相同的状态中。”[3]对过去时态的陈述与之类似。联系实在论者说:“你能看出来要下雨了是什么状态。那么语句‘当时在下雨’可以理解为识别过去某个时间的情形。”[4]实际上，某些类别的理解“映射”就是通过真值联系的形式实现的。

麦克道威尔反对联系实在论，因为它并没有解决反实在论提出的问题，只是忽略了它而已。如果有人不明白过去存在某些情形如何构成陈述的意义，或不明白某人处于疼痛之中但无法辨别如何称为话语的意义，那么仅通过直接断言过去的情形或某人的心理状态构成此人所说的言语的意义，并无法解决麦克道威尔的疑惑。可这就是联系实在论者给出的方法。

1 同上，第 132 页。

2 同上。

3 同上。

4 同上，第 133 页。

麦克道威尔认为，如果只有联系实在论和反实在论相互竞争，那么最终反实在论会胜出。但是，还存在另外一种可能，即一种无须借助真值联系应对反实在论的挑战的实在论。[1] 以下介绍这种折中的实在论（简称“M-实在论”）。

M- 实在论与联系实在论不同。它认为，满足过去时态和他人思想的陈述的真值条件对我们来说有时是可用的。M- 实在论与反实在论也不同。它认为，以上两类陈述可能依据我们无法企及的事态的存在而为真。（这种根据超越认识能力的情形认为陈述为真的“直接实在论”的立场使得 M-实在论确定无疑地属于实在论；参考上文。[2]）因此麦克道威尔这样描述M-实在论有关他人感觉归属的观点：在某个相关的情形中，断言某人在疼痛中的依据是存在此人处在疼痛中的情形，且该情形是可以被发现的：这就是一类情形中的一个例子——另外一个人处在疼痛中，有时候可以直接被意识到，无须通过行为，就像上述情形，但其他情形中的实例可能远远超过被觉察的范畴。[3] 类似地，有关过去的 M- 实在论认为，“在某个相关的情形下，比如过去发生的特定类别的事件，能够保证对过去发生的某件特定事情的断言是存在该事件曾经发生过的情形：这就是一类情形中的一个例子，在包括上述情形在内的部分情形中可以直接被意识到，无须通过某些蛛丝马迹，但是在其他情形中，有些实例的存在可能远远超越我们识别的范畴”。[4]

M- 实在论最关键的观点是，对于某些无法有效地判定真值条件的陈述类别来说，有时候也是可以被我们认识的，因此我们才可以从真正的实在论的角度理解何为真值条件被满足。M- 实在论者认为，证明断言合理

1 同上，第 135 页。

2 C. 赖特，“实在论，真值联系，他人思想及过去”，《理性》，1980 年，第 121 页。

3 麦克道威尔，《论“过去的实在”》，第 135—136 页。

4 同上，第 136 页。

的情形有时候可以被认识，有时候不能被认识，“因此［M- 实在论者］实际上是将［这些情形］视同为从实在论角度所认识的真值条件”。[1] 联系实在论者将真值条件视为完全无法企及的；反实在论者要求，证明断言合理的情形只要存在，就必须能够被认识；而 M- 实在论者采取折中态度，既满足反实在论者的习得挑战，同时又保持实在论者的身份。因为 M- 实在论者认为，要学习如何使用相关类别的语句，学习者就必须能够接触到能够证明这些语句使用合理的情形。但是他们又认为，这些情形就是语句的真值条件，虽然有时候是可以被认识的，但通常是不能被认识的，因此超越认识的真值条件这个概念就被保留了下来，同时还有从实在论的角度处理意义的方法。

另外，麦克道威尔认为，M- 实在论不仅满足习得挑战，同时也满足显示挑战。后者指的是，因为语言能力是一项实践能力，所以必须在语言行为上是可以观察到的。达米特要求，它必须是完完全全地可以显示出来的。麦克道威尔认为，只要去掉“完完全全的”这个说法，那达米特的观点就是合理的。当语言行为是对真值条件在可被发现时（但一般情况下此类情形是不可觉察的）所作出的反应，那么构成给定语句真值条件的情形通常就可以得到展示。“适当的情形”就是不可觉察的情形之一。M- 实在论者“有权在将行为解释为对某些情形的回应的基础上对［拥有证明言语合理的情形的概念］进行归属，虽然他们承认其他的情形无法引起概念拥有者的任何回应”。[2]

麦克道威尔对联系实在论的处理是否公正，或者他的 M- 实在论是否能成功应对反实在论者的习得挑战和显示挑战？赖特认为不能。按照他的观点，麦克道威尔对联系实在论的看法是不公正的，表现在几个方面，最主要的一方面就是他认为联系实在论者不能大方地认同 M- 实在论者所主

1　同上，第 135 页。

2　同上，第 139 页。

张的观点，即有些时候我们无须推理就能识别某些情形。联系实在论者引入了真值联系的概念，因为他们认为给定类别陈述的真值条件是我们无法获得的，所以理解此类陈述需要通过联系对过去或对他人的思想进行“映射”。但是，根据 M- 实在论者的观点，即便认同有时候可以识别的情形的存在，这种映射也必须存在，因为学习者必须从可以观察到的情形进行合理的断言开始到情形无法观察的情况逐步学习，使得映射能够被理解不正是真值联系的作用所在吗？根据 M- 实在论者的观点，如果观察到某类证据（比如，受伤流血、眉头紧皱）就是观察到某人处于疼痛中，那么我们如何跨越这种鸿沟并且理解禁欲主义是可能的呢？[1]

因此，认为借助真值联系预设了某类陈述的真值条件是超越认识范畴的，这种观点似乎是错误的。麦克道威尔这样认为，因此否认联系实在论。借助真值联系只预设了真值条件的存在与说话者识别真值条件实现之间并没有必然联系。但是，赖特认为，该预设“恰恰是真正的实在论所具有的典型信念”。由此，联系实在论和 M- 实在论之间的关系比麦克道威尔所预想的要更紧密。这削弱了麦克道威尔对 M- 实在论的论证的优势。[2]

认识到陈述类别的广泛性非常重要。按照 M- 实在论者的观点，它们的真值条件在某些情形下能够被认识。麦克道威尔所谈论的情形是“按照其自身”被识别的情形，而不是其“替代形式”，也就是说无须通过推理。这种观点与维特根斯坦所谓的标准的概念是一致的。标准并不是可以对事态进行推断的症状或踪迹，也不是真值条件，因为从我们能够识别当前归属疼痛的标准（面部表情、伤口流血）来说，它们是不可被宣布无效的。我们还可以识别现在可能不存在疼痛的感觉（做出疼痛行为的人可能是假装的）。[3]标准的概念与 M- 实在论者所主张的“可识别的真值条件”的概

1 赖特，“实在论，真值联系，他人思想及过去”，《理性》，1980 年，第 139 页。

2 同上。

3 同上，第 123 页。

念相比更有优势，因为我们根据标准所做的断言是可以撤回的，与此同时仍然认为标准得到了满足，二者是不矛盾的。因此，M– 实在论者不仅需要认同合理使用陈述不一定会涉及通过替代形式进行推理，还需要认同最适合训练此类陈述使用的情形不仅需要满足标准，还必须实际存在真值条件。否则，与相关情形有关的经验就与学习使用的陈述的虚假形式一致了。[1]

这说明，M– 实在论者相信存在以下情况，即我们可以以不可撤销的方式保证对过去或他人思想的断言。但是，这种说法是不合理的。假设我们可能在判断、感觉或理解上犯错误，那么我们如何能以不可撤销的方式保证对偶然陈述的断言呢？我们最好放弃 M– 实在论有关真值条件能够以可觉察的方式存在的观点，要么就对真值条件如何以可觉察的方式存在进行解释，同时不涉及我们以不可撤销的方式确信真值条件所归属的陈述。[2]

对后者的解释可能是根据以下事实构建的，即对于某些陈述类别（比如实际上可判定的数学陈述）来说，存在着某个流程，如果能正确遵循该流程，就可以确定该陈述正确。[3]但是通常在这些情况下我们并不能做到不可撤销地确信，并非因为我们无法接触用于推断真值的情形，而是因为一般来说我们无法确定实际上是否已经完美地执行了该流程，也就是说不存在感知上的、推理上的或其他类的错误。[4]

无论如何，在这种模式下，“存在可觉察的真值条件”的概念指的是存在判定真值条件归属于哪些陈述的流程。对于不存在可觉察的真值条件的陈述来说，很明显的一个例子是有关事态的无约束的一般量化命题。因为无论我们采用什么流程，总有可能对陈述的真值形成错误的看法。而且麻

1 同上。

2 同上，第 123—124 页。

3 同上，第 123 页。

4 同上，第 122—124 页。

烦的是，有关过去和他人思想的陈述也属于这一类。[1]

所以，M– 实在论者面临严重的问题。按照 M– 实在论者的观点，学习陈述的使用方法（陈述的真值条件一般超过我们识别真值条件是否存在的能力）需要我们在真值条件恰好能以可觉察的方式存在的情形识别该真值条件。但是，如果在这种情形中对于学习者来说并不存在不可撤销的保证，那么不仅我们不明白学习者掌握陈述的真值条件是什么意思，而且他必须从联系实在论式的映射跳转到无法觉察到的情形。

还有其他观点对以上论述进行强调。作为对显示挑战的回应，麦克道威尔认为，要求说话者实际能力之下的语言知识完全可以显示是没有道理的。他认为，说话者只在有机会的情况下显示其知识就足够了。但是他又认为，M– 实在论者（a）赋予说话者识别的能力，不过即便如此，他们可能也没有机会展示；同时（b）使得说话者理解何为真值条件以可觉察的方式存在。麦克道威尔对显示挑战的回应实际就是将（a）和（b）等同起来。但是赖特认为，麦克道尔的论述并不能证明二者等同。根据 M– 实在论者的观点，我们所能做的最多只是将（a）归属于说话者，而反实在论者通过提出显示挑战所希望达到的目标是证明（b）合理。[2] 换言之，从（a）到（b）之间的映射问题仍然没有解决。

M– 实在论者对习得挑战的回复也不尽如人意，仍然是借助真值条件以可觉察的方式存在这个概念。但是，学习者如何从可识别的真值条件跨越到无法觉察的情形，这个问题仍然没有解决。赖特提出以下例子：假设你是一名语言学习者。对于某个人皱眉、呻吟、流血而言，你可能遇到许多不同的情形。有人告诉你，每一种情形都表示该人处于疼痛之中。但是，现在又有人告诉你，另外一个作出完全不同的动作的人也处于或可能处于疼痛中。赖特问：“你会不会认为你对原来的例子的理解是错误的，还

1 同上，第 124—125 页。

2 同上，第 126—128 页。

是说明显不同的行为与［处在疼痛中］毫无关系？如果你确信后者，那么是否不得不认为处在［疼痛中］的概念范围很广，原来的例子并没有说明白？”[1]

以上讨论阐明了不少问题。但是我们仍然有理由认为，虽然我们的关注点仍然是意义和理解，但还有其他重要问题有待探讨。有人可能会问，实在论者和反实在论者争论的基本的问题是真理和语言理解，这种看法是否正确。我认为不正确，下一章讨论原因。这个问题会涉及几个不同的理论。

1 同上，第129—130页。

第九章 实在论，反实在论，唯心主义和相对主义

引 言

前述章节从客观的角度对各个哲学理论所涉及的辩题进行解释。对于导论性的书籍来说，这种做法是恰当的。在本章中，我暂时不用一贯中立的叙述方法，重点对之前章节中的部分与实在论相关的哲学辩论进行评价，因为实在论引起了许多至关重要的问题，是哲学逻辑甚至于哲学中的关键问题。本章中，我首先介绍普特南的观点，并就普特南和达米特的观点进行回应，说明二人的观点中最关键的既不是形而上学问题，也不是语义学问题，而是认识论问题。

普特南和实在论

普特南提出一个他称之为“形而上学的实在论”的观点。他否认“形而上学的实在论”，也否认其对立面（他称之为“实证主义/相对主义”）。首先，他给出了一个折中的方式，被认为“内在实在论”，但随后他放弃这种试图声明立场的做法，转而采取一种批评性的态度，从历史和现代的角度对其他人在辩论中所表达的态度进行回应。下面，我大体介绍一下普特南关于形而上学实在论的观点、他对该理论的主要论证以及他所倾向的观点。

在普特南看来，形而上学实在论的主要观点是世界由众多独立于心灵的对象构成。实际上，他将这种观点进一步强化，描述为世界由固定数量的独立于心灵的对象构成。普特南认为，认同这个观点的人同时也认为，只存在唯一一个对世界的正确且完整的描述，因为真在于描述与世界之间的符合关系。在达米特对实在论的描述的影响下，普特南将以上观点重述为，形而上学实在论是一系列有关真理的学说的集合，也就是说“真是符合关系，它表示独立性（独立于人们能做的或能够发现的事情）、二值以及唯一性（不可能存在多于一个关于实在的为真且完整的描述）”。

达米特描述实在论的其中一种方式涉及弗雷格的一个观点，即坚持将命题为真与某人可能拥有的认为该命题为真的理由明确区分开。所有认同该区分的人就是实在论者。而否认此观点的人就需要以不存在该区分为前提对真进行解释。普特南认同这种分析方式。根据他的术语，能够从实在论的角度对真进行区分的属性——“独立性”——在本质上是“彻底非认识论的”。认为真理是独立的就等同于说“世界可能是这样的：我们最有理由认为合理的理论可能不是真的……合理可接受性是一回事，是否为真又是另外一回事”。

普特南告诉我们，他自己一开始是形而上学实在论者，认为该理论“最能站得住脚的形式”是他称之为“科学唯物主义”的理论：

> 我相信，所有的事情都能通过理论进行解释、描述。当然，我们永远不会知道该理论的详细信息，甚至在该理论的一般性原则的问题上，我们总也会犯错误。但是，我相信，根据现有的科学知识，我们能够知道该理论的总体架构是什么样的。尤其是我认为最好的形而上学是物理学，或更准确地说最好的形而上学是实证主义者称之为“统一科学”的东西，就是以基础物理学定律的应用为基础并被其统一的科学。在当代的哲学家中，伯纳德·威廉姆斯认为，在当前的物理学中我们至少粗略地知道“关于世界的绝对概念”。

普特南之所以否定形而上学实在论是因为，该理论会导致“悖论和困惑”。他反对该理论的最主要的论证被称为“缸中之脑”论证。大意如下：考虑新的笛卡尔式的恶魔假设，我们可以假设我们的大脑被切除，放在营养液中，并接入电极向其输送日常生活中的经验，虽然我们所有的经验证据都表明这是不可能的。普特南论证的内容是，该假设不可能为真，因为它是自我反驳的。它之所以是自我反驳的，是因为如果某人是缸中之脑，那么他是无法说明或思考他是缸中之脑的；他之所以无法说明或思考这件事是因为他必须能够指称大脑和缸，但是作为缸中之脑，他既无法指称他自己的身份大脑，也无法指称他所处的缸，只能从某人处在缸中这个内部视角指称某人构造的大脑，并以相似的方式指称某人构造的缸。

换句话说，以上论证的意思是，如果某人是缸中之脑，那么他所拥有的词语“大脑”和“缸”都无法指称他的大脑或他所处的缸，只能指称别的事物，即某人缸中之脑经历这个想象世界中的大脑和缸。这个论证有两个前提:“神奇的”指称理论——如普特南所言——为假，以及我们无法指称事物，除非我们与该事物处于正确的因果关系中。神奇的指称理论指的是，词语（或者更广泛来说，表现形式）与其指称物存在固有关系，与其使用者无关，就好比“某些神秘的射线——称其为‘纯理性的射线’——将词语和思想－符号与其指称物联系起来”。但很显然，这种说法行不通，因为该理论认为“缸中之脑能够思考词语，比如‘我是个缸中之脑’，这种说法是不合理的。因为一旦他这样想，词语‘缸’就相当于（在纯理性的射线的帮助下）真实的外部世界中的缸，词语‘中’就相当于（在纯理性射线的帮助下）真实的空间包含关系”。指称不能以这种方式将表现形式与指称物联系起来。只有“在使用者的概念图式内”，符号才能真正被使用者使用，指称给定对象。

普特南认为，第二个前提本身足以对该假设进行反驳。因为如果我们只有与大脑和缸处于正确的因果关系中，也就是信息表达的因果关系中，才能指称真正的大脑和真正的缸。但我们与二者并未处于这种关系中，因此该假设不成立，因此它是自我反驳的。

上述论证通过说明形而上学实在论的核心存在一个无法解决的矛盾进而对其进行驳斥。实在论将真理视为“极端的非认识论的”，与我们所做的或所能知道的事情无关。因此，实在论者认为，我们可能都是缸中之脑，但我们本身并不知道。除非存在某类“纯理性的射线”，将词语与它们应该指称的事物联系起来，那么断言我们是缸中之脑是错误的。因为这样会产生矛盾的说法:“我们可能都是缸中之脑，但是任何对我们是缸中之脑的断言都是错误的。”

有关缸中之脑的假设及其表明的观点一直受到争议。有人认为，我们可能是缸中之脑这个观点是可以理解的。如果这种说法正确，那么至少从可理解性的问题上，他们其实所认同的就是形而上学实在论是可以理解的。有人论证，具有全部正常思想和能力的缸中之脑，能够区别出自身的心理状态和它所认为的外部世界。它将外部世界的经验与幻觉和其他非标准的情形区分开来，因此完全能够理解它可能是缸中之脑这个假设。另外一种对缸中之脑假设的批评为，有很多种方式能够对思想的状态进行描述，比如从它们能够获得的知识或能够思考的思想。根据假设，普特南举出的例子使得缸中之脑无法思考它们是缸中之脑。但是，如果我们将普特南的例子的条件进行更改，比如我们让电极随意传输缸外环境的信息，和正常的感觉－器官之间传输的外界环境信息一样，那么关于缸中之脑指称大脑和缸这件事情就不需要任何神秘之处了。因此，缸中之脑假设就无法理解。

以上论证无论有什么价值，如果论证是正确的话，它们主要是说明，普特南并未证明缸中之脑假设有任何前后不连贯的地方。因此，这些论证也就不能说明实在论对以极端的非认识论方式解释真理的认同有任何连贯性。以下讨论意在说明这是一项不可能完成的任务。但是，我们可以否认普特南将实在论视为“形而上学实在论”的做法。这假定或暗含着，实在论是有关“实在”的学说，也就是有关存在着什么的学说。这样一种学说可以称得上是“形而上学的”，但有关存在着什么的问题，正如以下的论证所述，并不是关键问题。实在论者及其反对者产生分歧的地方并不是存在着什么，而是我们如何从认识论的角度与存在的事物相联系。实在论者认为，存在的事物是以独立于心灵的方式，也就是以与知识和经验无关的方式与我们相联系。因此，实在论者的学说是关于我们所具有的知识范围及此类知识与“存在什么”之间的关系。而反实在论者认为，“存在什么”——与以上所说的存在的事物相同——从本质上来说以某种方式与关于存在的事物的知识相关（参考下文）。当然，我们的部分任务是理解另外一类依赖关系，也就是某些事物的存在是依赖于其他事物的（比如，椅子的存在有赖于组成椅子的基本粒子）。但是这种说法最终也会导致一个问题，即我们如何向我们自己展示整个世界（我们的理论问题），因此也就是认识论的问题。

以上观点错误地将实在论描述为一种形而上学的学说。另外，普特南的描述中另外一个无法令人满意的地方就是这种错误的描述所带来的结果。我们可以从最基本的层面上认同实在论者的学说，认为某个类别的实体独立于与之相关的思想或经验存在，同时拒绝认同普特南所谓的构成实在论的其他因素，或对其一无所知，即二值、存在固定总数的事物的观点、存在唯一一个对事物正确的描述以及真理即符合的观点。实在论者唯一需要认同的是，某个类别的实体独立于思想（或经验、语言等）存在。因此，对除了独立性之外，普特南论证其他部分或所有特征的不融贯性实际上是在做无用功。他承认，独立于心灵是最基本的承诺，他的描述中其他承诺都是依赖于基本承诺。因此，我们可以得出如下结论，因为其他承诺均属于附加承诺，认同独立性学说并不要求一并认同附加承诺。这些承诺只有在预先接受独立性学说的前提下才可以理解，而且也不是我们要讨论的主要问题。

以上说法排除了对普特南的另一个论证——“模型理论”——进行讨论的必要性。简单说来，该论证如下。我们的语言中有多种不同的模型，每一个模型都满足所有相关的“操作限制和理论限制”。如果从实在论的角度理解构成这些模型的实体，也就是将其视为独立于心灵和会话的实体，那么至于为什么其中一个被视为唯一正确的模型（普特南认为，这恰恰就是实在论的观点）这个问题就是“非常神秘的”。一个指称关系与一个模型相对应，因此“存在无数的可接受的指称关系”；那么为什么实在论倾向于一个模型而不是另一个呢？以上论证所针对的观点是，按照普特南对形而上学实在论者的假设，只有一个对世界的正确的描述。如上文所述，这个承诺依赖独立性学说，否认该学说就相当于否认依赖该学说的所有内容。除此之外，认同独立性学说的人是否愿意接受这个或其他任何附加承诺（无论这些承诺作为附属成分看起来是多么自然），这个问题是不清楚的。因为它们既不是由独立性学说产生的，也不是独立性学说所要求的。所以，“模型理论”论证只适用于认同承诺集合的形而上学实在论者。此处我们无须过多关注。

内在实在论，真理和批评

对于形而上学实在论来说，普特南首先反对的一个观点被称为“内在实在论”。从真理的概念的角度来说，内在实在论指的是，一个陈述为真，当且仅当一个有能力的说话者出于“充分合理的认识论上的理由”对该陈述作出“完全合理且正当”的使用。若说普特南认同内在实在论，他实际上是将真理、语言使用和合理可接受性的概念与“充分合理的认识论情形”联系起来，而且他始终认同这个观点。他拒绝接受的一点是，内在实在论承认证实主义，认为真理不可能是完全超越认识的范畴的。普特南认为这个特点与常识实在论是符合的。同时，他拒绝认同词语的使用方法是受到一定的运算法则限定的。而普特南所保留的观点，也就是区别内在实在论的观点，“认为世界将自己分成独立于我们的语言使用的‘对象’（或‘实体’）是没有任何意义的。是我们将‘世界’，也就是事件、事态以及我们所谈论的物理、社会体系等分成‘对象’‘属性’和关系，而且我们是通过不同的方式来做这件事。”一个简单的例子是，我们可以将房间里的东西视为家具或者基本粒子的集合，这取决于我们的兴趣和目标。这个观点导致的必然结果是，针对相同的事态，我们可能采取不同的本体论。这意味着，显然不一致的陈述对可能同时为真，“从陈述各自属于哪个本体论”的意义上为真（如此说来不一致只是从表面上来看的）。普特南将其称为“概念相对性”。

在近代的相关文章中，普特南不再过于关注声明立场，转而对导致形而上学实在论的承诺提出批评。根据普特南的观点，当前为形而上学实在论辩护的主要观点是“语义物理主义”，认为我们的思想符号是与它们在外部世界所指称的对象是物理地联系在一起的。该理论的主要组成部分是指称因果关系理论，其中“x 指称 y，当且仅当 x 通过恰当的‘因果关系’链与 y 联系在一起”。普特南拒绝认同该理论的主要原因在于，“恰当的”因果链只能通过“非还原的语义概念”予以说明，这实际上是在回避问题。另外，物理主义希望说明，语义事实是如何通过颠倒的流程（由生理学、计算科学或行为心理学开始）在物理事实之后发生，但是却必须“正向”（也就是由兴趣、观点和语言使用者的情形开始）考虑。简言之，物理主义者对形而上学实在论的辩护其实是试图省掉意向性，或从还原的角度对其进行解释（意向性是标准说法，但普特南却错误地将其视为思想和世界之间的关系）。普特南认为，一旦我们认清如何重新理解意向性，物理主义者的做法就是不可能的，或者说是不应该的。

重新理解意向性的其中一种方式是否认形而上学实在论的同时否认它毫无吸引力（普特南的观点）的对立观点，也就是某种形式的反实在论（也就是信念并不因为它与世界的关系而被证明合理的理论）。根据反实在论的某些形式，比如罗蒂（Rorty）的观点，表现形式这个概念就丧失了内容。因为按照罗蒂的说法，如果事物不独立于我们谈论它们的方式，那么我们怎么能说陈述是因为这些事物才为真呢？对此，普特南的回应是否认引起这种二分法的假设。对象“独立存在于”我们对对象进行的讨论这个观点运用了因果独立性和逻辑独立性两个概念。普特南认为，这可不是普通的概念。当我们正常使用“独立的”这个词语（“仅从我能理解的方式，”普特南说，显示出维特根斯坦在这个问题上的影响），天空的蓝独立于我们谈论的方式这种说法就不存在任何问题。因此，我们可以保留表现形式的概念，通过普特南的“概念相对主义”的概念来理解。表现形式指的是存在对相同事态的不同描述，也就是我们对相同的事态能够采用不同的本体论。根据这个概念，我们可以谈论指称对象，但并不是以某种形而上学优先的方式，因为我们有很多种方式可以这么做："我们可以认为词语和思想确定指称对象（当我们所谈论的'对象'和所使用的词语都清楚的时候），但所涉及的'指称'并没有某一个固定的意义。"这说明，否认形而上学实在论并不蕴含表现形式这个概念的崩塌，也不能宣传特定的局限（意思是被困于语言或思想中）的意义，这恰恰是内在实在论在某种程度上帮助构建的观点。

普特南认为，以上论述为我们提供了一种与形而上学无关的方式，思维是与世界有关的，语言体现世界，我们的信念是因为世界的样子才合理，因为这些信念发现了"体现""有正当理由的""思维""世界"等词语日常的、"卑微的"意义。他引用维特根斯坦的说法："如果词语'语言''经验''世界'等有某种使用方法，那肯定与'桌子''台灯'和'门'等词语的使用方法一样不起眼。"

在以上辩论中，如果说有什么是普特南、戴维森和罗蒂都认同的，就是他们都否认心灵－世界的区分，因为自笛卡尔之后这组区分已经发展出多种表现形式。心理现象与物理现象之间的关系问题已经远比其两种最初始的表现形式（传统的心灵－世界问题和现代认识论，也就是17世纪及以后的认识论角度理解的怀疑论问题）丰富得多。随着这个问题的不断深入及细化，关于这个问题的辩论也逐步开始关注真理、指称和表现形式以及意义和实在论。对此，部分哲学家（罗蒂认为包括杜威、海德格尔和维特根斯坦）采取的解决方式是否认这组区分（这种解决方式也受到了不同的人不同程度的认同），因为他们认为这组区分正是问题的根源：区分表现的、思考的、指称的、感觉的、经历的、谈论的心灵与之表现的、思考的或谈论的、指称的、经历的或感觉的事物。实在论——按照普特南的术语，叫作"形而上学实在论"——被视为对存在上述区分进行辩护。放弃这组区分至少不是普特南和戴维森的看法。罗蒂的观点不同——可能考虑选择形式较强的反实在论，也就是唯心主义这个形而上学的理论的必然结果。（注意此处我关注的以及下文论证的观点，将反实在论这个认识论学说与唯心主义这个形而上学学说区分开。）但是，正如维特根斯坦后期的研究，这些非反实在论的反实在主义者到底要表达什么，我们并不清楚。最终，他们认为，我们能够使用不存在哲学问题的、收缩意义上的“真理”和“指称”；“表现”“证明合理”等词具有普通的、“卑微的”用法，即便看起来存在哲学问题也是哲学家们有意为之；我们所拥有的概念没有问题（这是维特根斯坦的说法，得到了普特南的认同），与我们对这些概念一无所知时一样。

去掉所有遮掩事实的信息，以上观点基本是在说，因为思考思想（等）与世界之间的关系而引发的哲学问题是没有实质内容的。这样说的原因是，思考本身就会引起不少问题。这或许是不再继续考虑真理和表现形式等问题的动机，但并不能作为断言这些问题没有内容的理由。再来考虑维特根斯坦式的说法，即因为我们在日常语言中使用“表现”和“为真”等说法，所以它们在哲学上必定是没有问题的。这种说法是无法令人满意的。我建议我们应该更认真地对待这些问题，认清现在问题的关键是真理的潜在认识论、意义和形而上学，重新从另外一个角度来解决问题。

反实在论和形而上学

回想一下，麦克道威尔曾认为，如果我们接受从证实角度阐述的意义的观点，就需要采纳“一个新颖的、反实在的关于世界的概念：如果真理并非独立于我们发现真理的过程，那么我们必须按照我们自己创造的，或者至少根据我们探究过程中所反映出的世界对真实的世界进行描绘。因此，证实主义者对意义的真值条件的概念提出反对会产生极为深刻的形而上学的影响”。麦克道威尔观点的错误之处在于，关于世界的反实在论的概念应该是“新颖的”；因为他给出的两个选择一直以唯心论的形式为人所熟知，没有任何一个是新颖的。至于他认为的反实在论是一个会产生形而上学结果的学说是否正确，这一点是值得怀疑的。当然，这个观点完全是遵循前人的看法。达米特认为，“我所采用的方法的意义在于……说明意义理论是形而上学的基础”。我认为，这种观点完全是错误的。

说明原因之前，先引用一段标准的实在论观点。下文所引用的内容与上文引用的普特南的科学实在论观点不同，前者更接近于对常规语境的预设。最适合作为例子引用的是普拉茨的描述，因此下文全部引用。普拉茨说：

> 实在论体现了我们的语言所接触的或所联系的外部世界，其联系方式（至少）超过我们当前的理解。它展示了一个独立存在

的，在某种程度上难以约束的世界，如果用我们的语言进行描述的话，（至少）以我们当前的能力无法判定关于世界的描述是否为真。它体现了我们的语言和我们努力处理晦涩难懂的情形。或许，通过努力我们可以提高理解世界的能力，并了解我们对世界的描述是否正确。即便我们实现上述目标，也并不能说明我们塑造了世界，只能说明我们发现了一直以来世界上存在的东西。但是，现实总是超越我们的能力范围之外：我们可以不断努力，实现基本为真的有关现实的信念、基本为真的有关实体及实体的特征的信念。这些信念构成现实，与我们之间互相独立。但我们也就止于这些近似的信念，最终陷入无所知（我们并不以此为傲）的境地：因为通过语言来描述的世界总是会超过我们的认识能力。

我发现这种关于世界的认识是深刻的，让人无法不赞同，而且（非常）令人沮丧。

无疑，这种描述是我们常规认识世界的基础。实在论者对日常会话的承诺也可以以此说明。要解释说话者如何描述世界，与其说“杯子在桌子上”，不如认为说话者具有以下信念，即世界上存在某些对象，其存在和特征独立于说话者对其进行描述的语境。同理，我们认为，根据这些对象存在的方式，语言也具有其本来应有的意义（思想具有其本来应有的特征）。普特南所认为的“形而上学实在论”可以视为对以上承诺进行理论上的细化。

但是，回想一下，就能发现这种描述使我们相信的内容与我们掌握描述的方式、展示我们对描述的掌握的方式之间存在一条令人困惑的鸿沟。如果直接以语言进行类比的话，这就是“语言习得”挑战与“表现形式”挑战意欲表现的差别，正如普拉茨所言：“这种描述是实在论语义学所引起的，会受到（反实在论）的挑战。”第八章讨论的部分内容涉及反实在论的挑战，但主要与语言掌握有关，而且所接受的关于实在论辩论的核心问题应该予以否认。为了形成正确的描述，我们应该从头开始。

关于实在论的讨论之所以令人困惑是因为同时对给定实体域从两方面进行思考，或者更准确来说结合了两种思考方式。如上文所言，前者已经为人所熟知，以不同的形而上学承诺的形式出现，通常被表述为对某些实体概念的承诺，但很难对它进行准确表述。它指的是将给定域中的实体视为自主存在的实体，独立于使其存在或（从弱化的角度来说）维持其存在的其他事物。此类实体可能被视为具有亚里士多德所谓的“初始事物”的地位，或者至少可以被视为存在的那些事物（或者按照一元论者的看法，那个事物），且从“它们自身”的意义上来说，也只能这样理解。如果有什么可以称得上是“形而上学的实在”，那么这些事物就是了。我将其称为学说 A。哲学历史上曾多次试图对该学说进行澄清，因为毕竟问题的核心正是存在的形而上学。但我并不确定现在是否有现成的说明，因为对其进行澄清存在很多困难，如下所述：

对学说 A 的理解至少可分为两大类。诸如“自主存在”和“绝对且根本存在”等表达所暗含的完全是亚里士多德式的初始实体的概念。这是其他衍生存在的基础。它可以自我解释，而且从神学的角度来说，还是自我生成的。如果不进一步分类的话，我们并不清楚后者这个强化的概念与必然存在是否是一回事，但至少辨惑学专家是这样解释的。对待这个问题之所以要谨慎，是因为对问题“如果宇宙并不是偶发自我生成事物的必然原因，那么是否本来就不存在偶发自我生成的事物的概念？”持否定态度，并非因为问题本身的描述方式。因为这个问题无论对与否，如果在对宇宙的描述中否认存在自我生成事物的存在，该描述也不会出现自我矛盾的问题。如果所涉及的实体可以作为真正必然的存在，那么该问题的对立面就为真。但是，我们完全没有必要以这种本体论的方式去理解“自主存在”的概念。总可以采用一种认识论的方法，即某些事物以一种基础的或初级的方式存在，这是原初的事实，应被视为是初始的。如果将以这种方式理解的学说等同于形而上学实在论，那么原初的说法就必须被视为字面真理。（解释的自我满足性属于认识论概念，说明以上作为对认识独立性的解释的观点与下文所描述的该学说本身之间的密切关系。）

或者从弱化的角度来看，学说 A 的意思是，事物 X 是被引起的，作为真正的个体存在，该事物对其他事物的依赖只有在物理定律的角度来看才是必要的（比如，如果 X 是一只动物，那么就需要依赖食物），因此从形而上学的角度来看是偶然的。从这个角度来说，X 依赖于除其本身之外的外部事物可能是个事实，但问题的关键在于任何适当的外部事物都可以承担这个角色，因此 X 的依赖关系并不附加任何形而上学的内容。当然，也可以认为 X 依赖于一类或多个类别的事物，比如食物，但这并不能改变将 X 视为一个独立的存在具有描述充分性的事实。假设一枚卵石，如果不考虑其因果关系的历史（比如由冷却的岩浆形成），在哪种意义上可以将其理解为具有依赖关系的个体？按照这种说法，该学说意在说明，我们在本体论上无法将 X 还原为其材料或直接原因，且在本体论上 X 在整个事物体系中是可以定义的，通过特定的方式出现在世界中，或者作为其自身在世界中的独立可数的成员。从另外一个方面来看，学说 A 的内涵更为丰富，因为它在包含个体化、同一性和独特性等对我们而言已经非常熟悉的辩题的理论中也占据一席之地。实际上，我们应用最多的是单个实体的概念。以上两方面的联系在于，断言 X 的独立性意味着 X 不应被理解为本质或内在与其他事物相联系（如果这样理解，X 就必须 是这些事物的一部分，或需要与这些事物一同被个体化）。因此 X 是一个真正的个体。

关于学说 A 的两种理解方式如何相关其实是个矛盾的问题。我们可以认同其中一种理解的不同形式，同时并不蕴含另外一种理解的任何形式。主要原因在于，一个本体论可以选择一系列可以个体化的、持久的、因而可以重新识别的个体，其身份完全由个体本身与某个理论或观点之间的关系决定。通过这种方式对待个体非常便利，因为我们无须同时认同这些个体是根本性的。这与构成日常经历本体论的中型干货（medium-sized dry goods）是一个道理。我认为，没有人会认为赋予这些干货以基本个体的地位就能够说明它们完全是最终性存在的实体。这一方面能够说明物理学的工具论的一个新次序。假设体系中的基本个体在认识论上可能是基本的，但在本体论上并不是。在承认通过前者来理解后者存在困难的同时，某些哲学家，甚至是现在哲学家都认为，我们无法穿透掩盖前者的面纱，同时我们也会因为无法得知事物的真正面貌而备受责难。

然而，总是有积极乐观的形而上学主义者，希望通过第一种方式理解学说 A 的同时识别出什么是或者必须是基本的，然后说明学说 A 的第二种解释中的基本因素如何与之相联系。或许，最简单现成的方式是将后者逐渐还原为前者。比如，很多人认为大众心理学中的指称词语的所指对象是假的，而且通常是容易误导人的，因为在未来完美的科学中，指称词语可以区别出根本性的事物，比物理学层面的事物更为深刻，这也是当前的解释所希望达到的目的。（还有其他可选方案：莱布尼茨的一元论学说就是例子。只有认同物理学是形而上学理论的人才会认为，量子场或超弦中的波动具有本体论的地位。）

学说 A 所存在的一个严重问题在于，似乎没有确切的方式可以让我们理解“根本存在（ultimate existence）”或“自主存在”概念。如同以上论述所示，学说 A 模糊了将根本性的事物视为独立自存的、自因的、必要的、初始的、基本的或原初的事实等的说法，而非帮助我们阐明这些观点。形而上学主义者的论调是，因为存在某些事物，那么必然存在某些根本性的事物（“根本的”意义隐含在前述表达中）。他们之所以得出该结论是因为他们认为若说存在什么事物，就需要有“根据”。该“根据”本身不需要根据或者自成根据（对比宇宙哲学论证的方式，为了说明这个观点，采用因果关系和偶然性的概念）。但我们所说的根据仅限于隐喻的用法。

学说 A 的另外一个问题是，我们为基本的、自因的和根本的等概念赋予内容所付出的努力其实需要借助一个完全不同的概念，即认识论独立性。我简要讨论一下这个概念。我们借助认识论独立性的概念从间接提到“解释的”根本性方面可见一斑，至少经常用于替代纯粹的存在性解释。虽然解释的问题在真正的问题中占据逻辑地位，但是形而上学的一面仍然是一片空白。

学说 A 的第二种解释似乎是一种老生常谈，并无出人意料之处，即在某些事物必须在关于某个世界（某个域）体系中充当基本节点，可以引用，而且如果在上文提到的干货世界的情形中，还可以据此勾勒出该域的历史－地理轮廓。但是，根据我们对该世界的了解，这种本体论是由体系规划者及规划者的需求决定的。我们的日常生活中存在着有时候只能部分等量的体系及其各自所包含的词汇。比如，中型干货的概念体系，生物科学和物理科学提供的解释体系，人际解读的大众心理学体系，以及社会性解释的社会逻辑体系。这是一个大胆的学说，任何一个体系都包含（或者说在理想状态下包含）其他任何一个或所有体系的还原形式。或者，如果我们知道如何识别该体系的话，可以通过任何一个从本体论上为初始事物的完整描述对其他体系予以保留。当然，我们所具有的常识性信念是，干货世界将其自身施加于我们，而不是相反。我们的系统在独立存在的节点处对其起到塑造作用，这是必然的。但是我们需要时刻想着罗素的观点，“常识生成科学，科学又表明常识是错误的”，从而意识到从认识论需要的角度而言无论我们衍生出多少 A 类别的学说，最好不要恰恰就是那个。

这种评论导致了相对主义。对形而上学实在论表示质疑，认为它导致了相对主义，这种反应是正常的，实际上也是恰当的。毋庸置疑，相对主义不是件好事情。下面我将说明为何这样认为，更重要的是，我将说明对实在论的否定并不蕴含相对主义。这一点很重要，因为很多人认为反实在论主义与相对主义是一回事，就连很多反实在论者也这样认为，但其实这种观点是错误的。

但鉴于我们还未理清“独立性”的问题，因此也就无从知道实在论辩论中的真正问题是什么。所以，相对主义还是留待稍后讨论。

我认为“独立性”的第二个意义，即认识论独立性，是实在论辩论中的真正问题所在。如果有人认为某个域中的实体独立于任何思想、谈话、知识或与之相关的经验而存在，那么此人就使用了“独立性”的第二个意义。将该学说称为学说 B。学说 B 通常被表述为给定实体的“思想独立性”。假设有人错误地将实在论与唯心论对比，那么很明显他将思想独立性作为实在论的主要特征。但是，这种描述实在论的方式与从超出证据范围的真理的角度陈述立场是一致的。

若要理解学说 B 是实在论辩论中真正重要的问题这种说法，同时查明问题、列出问题，那么我们讨论的范围应进一步扩大。

反实在论和认识论

按照达米特的观点，实在论的辩论是关于语言、真理和逻辑的。在他看来，将实在论视为主要是关于存在什么的做法是错误的。我们应该将其视为在以下两个对立观点之间作出裁断：其一，理解一个语句就是掌握语句的真值条件，真与假都应被视为关于我们所说或所想的非强制的认识论属性；其二，理解一个语句就是掌握其断言条件。因此，尽管达米特认为学说 A 所关注的问题可以通过弄明白语义问题（可以说是自动地）加以解决，但他并不同意将学说 A 作为识别并陈述问题所在的方式。

为表明以上解决问题的方式与学说 A 一样忽视了关键要素，我用达米特的学说作为衬托，说明实在论是以超过证据范畴的真理概念为基础建立的意义理论。

如前面章节所述，达米特认为，认同二值原则是实在论的表现，而否认二值原则是反实在论的表现。这一观点后来得到修正。他又认为，接受二值原则并非实在论的充分条件，认同该原则的同时还需要接受某个语义学理论。该理论提出了某种权威方法，用于确定给定类别陈述的真值。然而，他仍然认为拒绝接受二值原则是反实在论的表现。

达米特的这一改变是因为当前出现了一些关于为何有必要重新思考实在论和二值原则之间的关系的观点，我们已经非常熟悉。这些观点表明，接受超过认识范畴的真理并不蕴含接受二值原则，因此无论出于任何其他原因放弃二值原则，超越认识范畴的真理这个概念仍然是成立的。简而言之，我们可以是实在论者，无论我们是否认为存在两个确定且穷尽的真值。达米特先前将实在论和二值联系起来是出于一种逆向关系，即二值蕴含超越认识范畴这个明显的事实。无论其正确与否，这一点至少看上去是合理的。但是，二值和超越认识范畴之间的可拆离性说明，某人关于真值和说话者判定真值的能力之间的关系的看法不一定是由此人对语义原则的选择决定的。达米特认为，这就提出了有关关系本质的问题，因为在他看来，对语义原则的选择决定了语句的真值和语言使用者识别真值的能力之间的关系。

按照达米特自己的说法，他的上述观点源自他认为两个完全不同的辩论——实在论者和唯名论者之间的辩论，以及实在论者和唯心论者之间的辩论——的形式相同。然后，他假定这两种辩论与其他某些辩论的形式也相同，比如关于将来和过去的实在的辩论、关于数学对象的辩论和关于价值观的辩论。他认为，这种共同的特征即为实在论者在所有的辩论中都认同二值原则。达米特认为，将这种认同作为实在论的标志比将实在论视为认同存在某类实体的学说“要更合理些”，因为某些类别的实在论，比如有关将来或伦理学的实在论，“似乎不能直接划分为关于实体域的学说”。据此，达米特得出结论，“在所有情形下，我们都可以将实在论的观点作为对某个类别中陈述的解释”。

达米特将这种解释描述为经典的二值语义学理论，该理论说明陈述的语义值由陈述组成部分的值和排列顺序决定。任何根据此语义学观点建立的意义理论在真理的问题上都是“客观的”，也就是说认同陈述为真和有资格认为其为真之间有巨大的差别。这就是说，语义学理论的合理性可以通过评估该理论所支持的意义理论的合理性进行验证。另外，达米特主张习得和表现形式“挑战”，并得到该论调的支持，因而意义的客观真值理论行不通。

以上推理的本质在于将经典的客观真理等同于实在论的关键。在我看来，这就是错误之处。现有的真理概念在很大程度上依赖于两个承诺，一个形而上学的承诺和一个认识论承诺。正是这两个承诺，尤其是认识论承诺，在达米特所描述的实在论中发挥作用。当我们认识到这一点时，就会发现达米特将完全不同的东西都视为“实在论”。因此，他的定义混淆了不同辩论所关注的问题，而不是阐明这些问题。

达米特声称，实在论者关于某类别的陈述的概念围绕着以下观点，即陈述的真值由独立于知识的事态决定。他说，“至少，实在论确定涉及的观点为，给定类别中的陈述与独立于我们关于该陈述的知识而存在的实在相关，由此实在使得该类别中的每个陈述确定为真或为假，而且独立于我们是否知道其真值或是否能够发现其真值”。达米特之所以对这个说法如此感兴趣是因为，抛开模糊性的问题不谈，以上承诺说明所提及的陈述有两个值，因为它们是由某个独立现实确定为真或为假，无须借助认知主体。这也就是为什么他将实在论描述为一个语义学理论：它是一个“语义学理论，（因为它是）关于当陈述为真时使得陈述为真的某类成分的学说”。他对表达“某类成分”的拆解是有启发作用的。达米特说，出于其他一些原因，该论点是语义学的论点：“如此看来，实在论的根本论点是，我们的确能够指称外部的对象（此类对象独立于我们关于该对象的知识），而且关于此类对象的陈述因为某个可观实在而为真或为假（此类陈述的构建也独立于我们的知识）”。

以上描述说明，真理的概念只能通过形而上学和认识论——尤其是认识论——论点来理解，这些论点决定了真理的内容。下面对二者进行简要阐述：第一，存在被确定描述的实在。第二，真值是陈述的属性，之所以具有真值是因为陈述与实在之间确定存在某种关系——通常来说可能是某类“符合”，且此类关系按照独立性的要求均为外在关系。由此得到第三点，实在和关于实在的陈述的真值独立于关于实在和陈述的知识。因此，语义学理论（真理和指称理论）预设了被确定描述的实在的存在（形而上学的论点），该实在独立于我们的知识，独立于我们获得此类知识的方法或能力，使得与此类知识有关的陈述为真或为假（认识论的论点）。（比较上文普特南提出的强化的关于“形而上学实在论”的描述。）

认识论的论点认为，我们关于实在的概念绝不会受到我们了解实在的能力的限制。更准确来说，该论点的意思是知识关系是外在的、偶然的且有限的。它认为，（a）知识的对象能够且很大程度上能够超越我们接触对象的能力，（b）关于此类实体或域的存在及其特征的评论，其意义不受我们认识能力的影响。（注意以上说法如何对普拉茨的观点进行总结。）按照反实在论的观点，正是因为（b）的不融贯性才导致了实在论的不融贯性，后面我们将谈到这一点。它使得实在论者认为（a）所表达的是，知识的对象独立于与对象相关的意识行为（或思想等）这种说法蕴含知识的对象独立于思想或知识。其实并不存在这种蕴含关系：这就是另外一个理论了。

对此，可以对反实在论者提出的主张，即认识论上的限制肯定是相关的，进行评估同时无须考虑这些限制的实际属性。我们只需说，这些限制要求无论有关会话对象的概念的必要因素是什么，只要在会话者能够理解的能力范围内就可以。因此，利用可以共享和交流的语言，在认识论上合作所产生的结果可被视为会话者享有的资源。假定个人的感知、推理和记忆能力有限——也就是可断定的事物是有限的，相当于对会话者群体合作能够掌控的资源施加了限制——那么上述要求就可谓是十分严格了。这一点能够识别出知识理论所存在的问题，即试图理解信念习得的过程并为其辩护，但有些信念的内容经常超出我们所拥有的实证根据。

实在主义认识论的观点是，我们可以认为自己拥有某些概念，无须提出，甚至根本无须具有这样认为的理由。如果从我们应用这些概念的表达的意义来说，这一点是很自然的，不仅是因为具体说明概念内容最容易驾驭的——通常也是唯一的——方式是审查我们自己所说的内容。但是，这个观点需要预先承认存在可以赋予真值（按照这种说法，也可以赋予意义）的事态，其存在和特征与我们关于事态的知识无关。因此，实在论者认为理解语言在认识论上来说是不受限制的。

根据达米特的看法，认同二值和真值独立于知识就等同于认为存在独立于知识的实在，赋予陈述以确定的真值。按照上述次序关系——达米特的阐述所表达的次序——真理及其在经典逻辑中的基础的学说就变成决定性因素。但是如上所述，这些承诺之间的依赖关系的逻辑次序与达米特所阐述的次序刚好相反。最基本的是承诺存在独立于知识的事态，因为如果没有这个让语义学论点进行预设的前提，那么语义学论点也就不存在：我们没有其他的方式描述真理这个概念。

如果我们遵从达米特的表述，即认同二值和真值独立于知识就等于认同存在独立于知识的实在，那么我们实际上是确定了这种认同所蕴含的内容。但不存在逆向的蕴含关系。有人认同我们所讨论的形而上学和认识论学说，也有人认同真理超越我们的认识范畴这个观点，这是很自然的，但却不是必然的。有人可能认同相同的形而上学和认识论学说但对真理的看法却不一样：比如，否认真理是实在赋予我们所断言的内容的属性；或者，否认二值。有人可能持有后一种观点，即便他认同真理独立于认识这种观点，因为真理是由独立于知识的实在所赋予的。与此同时，实在论这个哲学学说希望从我们关于实在本质的普遍信念中保留下来的内容正是形而上学和认识论论点所表达的内容，因此自然而然涉及真理的概念，但这并不是一种必然。鉴于此，我们很难拒绝以下观点，即真理的形而上学，尤其认识论方面是基础的。

有人可能不认同这个观点，其中一个原因是任何关于真理的充分的概念都必须依赖规定性的特征。特别是有人可能认为，符合论原则（第六章中描述过的关于“符合”的两个概念之一）在我们解释真理的过程中起到规定性的作用，使得我们需要对符合的关系项做出承诺。但是，如第六章所言，符合论中存在很多问题，因此一直以来有人建议为了满足我们对规定性真理概念的需要，我们应该将规定性视为真理的最小特征，指的是恰当描述的被关系项之间的符合关系，但至于何为关系项，并不作详细描述。

相应地，在对真理进行详细描述时就应该有一个独立分句，说明“事实”存在，自有其特征，并独立于我们对它的观察。我们需要有某种方式区别为真的信念和不为真的信念，这个独立分句恰好可以满足我们的要求。既然它在实际应用中如此重要，正如客观主义所强调的，一句言语不为真就无须再进一步审视它为何如此：我们并没有因为它为假或其他别的原因（比如因为无意义，或有第三种真值，或根本不具有真值）就不再问它是否不为真这个问题。毫无疑问，认为谬误是不为真的唯一一种方式这种看法是在语言的日常使用过程中自然而然形成的。对那些相信日常语言使用是神圣的人来说，以上观点可能会被其奉为格言。

但是，对真理本质进行规定恰恰是一种认识论需要（所有实践需要都属于这一类，尽管反之并不成立）。符合原则被视为一种策略性的认同，蕴含着进一步认同具有赋予真值功能的事态独立于与之有关的知识，因为仅依靠这种客观主义的态度就能够满足实践的需要，也就是彻底地分为“真”和“不为真”。当然，对实践的考虑使我们对信念和言语不为真的方式进行划分。但是，最开始，我们有关真理特征的看法是由形而上学和认识论方面的约束性影响决定的，也就是由构成我们认同存在独立于知识域的实体的内容决定的。这些内容的作用可以通过以下事实来证明：它们促生了反事实条件句所反对的直觉，这些直觉不仅不能确定真值，因为不存在“哪些根据”可以让它们为真或者为假（比如“如果上帝创造了某些人，那么他们就做了某些事”就是个例子），它们甚至不能为真或不为真。没有“什么根据”可以分配客观真值，说明在这种情形下不存在支持真值概念的、可以预先认同的内容。

以上观点说明，达米特的解释本身存在很大的矛盾，无须细查就可以发现。如上所述，他之所以将实在论描述为关于真理的学说而非关于本体（更不是认识论）的学说，是因为“某些类别的实在论，比如关于未来或关于伦理的实在论，似乎不能即刻就被划分为关于实体域的学说”。但是，他随即用本体论和认识论的术语对实在论进行明确描述：“至少，可以认为实在论包括以下说法，即给定类别中的陈述与独立于我们关于陈述的知识而存在的实在相关。”这两种说法之间存在不融贯性，必须放弃一个。而且要决定放弃哪一个也并不难。如果（构成达米特所谓的实在论的特征的）真理概念依赖于我们预先认同独立于知识的实在，而且如果如同上文所引述的内容所言，“实在论的基本论点……是我们的确成功指称外在对象，即独立于我们关于该对象的知识而存在的对象”，那么对于那些无法立即从实体的角度进行分类的“实在论”——比如数学“实在论”和伦理学“实在论”来说，我们只能说，按照达米特自己的推理，这些根本算不上实在论。关于这些理论的争论又是另外一种：它们提出了关于什么样的真理概念适用的问题。对于这个问题来说，真理概念不可能包括对独立于知识的实体的考量。由此，在这些争论中涉及的真理的概念是否是客观主义的，就不太确定了。当我们发现意义理论依赖于以真理概念为核心的语义学理论，那么就相当于已经认同形而上学和认识论理论了。

无论“实在论”还能表示什么，至少能够表示关于实体域的论点。虽然这是一个重要的结论，但并不出人意料。即便是在传统的关于宇宙和外部世界的辩论中，这也是一个非常常见的特征。但是，正如我们所言，如果伦理、数学和对其他时间的讨论——尤其是关于将来的讨论——并非实体域，那么有关真理概念和适用于真理概念的知识的辩论并不是实在论-反实在论的辩论。如此说来，在伦理学上，该辩论是认知主义者和反对认知主义者的哲学家之间的辩论；在数学上，该辩论是对什么使数学陈述为真持不同见解的人之间的辩论。我们还认识到，在上述任何一种辩论中，我们都不一定要谈到实体存在的问题（其他的例子可能还有“道德属性”和“结构”）。按照达米特本人的说法，这肯定是有误导性的。如果认识论论点和柏拉图式论点分别取决于存在于某些类别中的“道德属性”或“数学结构”等说法，那么就一定会产生以下问题，即假设这些说法的意义均取自于无隐喻内容的情形（时空世界的情形），那么我们该如何去掉它们的隐喻特征。因为我们无法回答这个问题，所以达米特将目光转移到真理的问题上。但是，如上所述，这种做法将太多内容归拢于一个标签之下。解决问题的方法并不是找到另找一个将所有争论都归于实在论争论的、从真理的角度论述的原因，而是认识到这些辩论都属于完全不同的种类。因此，我们尽力将对有关实在论的讨论限制在以下情形，即独立于知识而存在的实体或实体域的非隐喻方面（即时空的情形），而且对于出现在其他不同的域中的辩论，使用更为准确的命名方式。

关于实在论的本质，最需要说明的一点是，最能区分实在论的是认识论论点，即我们做出本体论承诺的域或实体独立存在于关于域或实体的知识。我们需要注意到的很重要的一点是，在没有认识论独立性说法的情况下作出的存在承诺不是实在论。因为没有人会认为，如果 X 的存在只能通过发现 X 的过程中所涉及的内容来判断，那么 X 就是不真实的。很显然，反实在论形而上学是存在实体的形而上学。它与实在论形而上学的区别在于，与实在论不同，反实在论如果没有支持性的认识论观点可以生成反实在论的依据，那么就无法理解形而上学的说法。如果断言某事物存在，是因为该事物证实或支持该断言，或使该断言有意义。简言之，该事物被视为该断言的证据，掌握该事物构成了该断言的部分意义。由此，反实在论将存在的事物与从认识论角度接触这些事物之间的关系视为内在关系——如此说来，在对反实在论进行粗浅的描述时应该能够得出存在的事物“依赖”于（或许是从原因上依赖）对此类事物的认知这个结论，但事实并非如此。这是由于错误理解贝克莱的观点导致的结果。贝克莱否认物质实体的存在，这一点被理解为否认外部世界的存在。由此，实在论者和反实在论者之间争论的焦点与认识论论点有关，即存在的事物的确或者说能够独立于与之相关的任何思想、讨论、知识或经验。为了进一步阐明观点，实在论者必须证明上述说法是可以理解的。而反实在论的观点是该说法是无法理解的。我们可以借助上一章讨论过的反对语义学实在论的观点（但仅限于直接类比），以及反对实在论者的认识论论点。

如果认识到实在论的争论主要是认识论方面的，这对我们有帮助吗？如果答案是有，那么我们必须首先强调指出，日常会话毫无疑问在本质上是实在的。我们认为，我们所指称的实体独立于我们对实体的认知而存在，还认为事态也是如此。由此，我们进一步认为，事态使我们关于事态的断言为真或为假。其实，在日常思想和讨论层次上，也就是“一阶”层次上的实在论是相当混乱的：我们从字面上将某个意义与虚构话语中的意义进行比较，将前者视为当我们谈论某事物的时候存在我们所谈论的事物。上述观点有多种体现方式，其中之一是如果我们认为说话者不具有关于实体存在的信念（独立于实体，且构成说话者会话的取值域），那么我们关于一阶语言实践的解释就会变得不合逻辑。

问题在于，这些实在论的承诺是一种认同，在一阶实践中是基本的。现在，我们或许可以从一阶层面将实在论变为一种图式，我将其命名为“超验主义”；二阶论点为，实在论从字面来看为真。之所以选择“超验”的说法是为了反映实在论者有关真理概念的超越知识范畴的特征。按照上述说法，反超验主义指的是，认为实在论从字面来看为真这种说法是错误的，因为从实在论观点本身来看，无论什么都无法确立其为真或为假。这种情况是由于实在论说法所涉及的内容已经超出了对其进行证实的可能性。反超验主义者认为，实在论是我们在一阶层面的语言实践所进行的最基本的假设。因此，它虽不为真，但我们假定它为真。由此，以上观点之间的争论属于关于正确理解语言实践和对语言实践的逻辑及形而上学预设的二阶矛盾。如果二阶层面上的评论暴露出语言实践的错误之处，那么就需要对一阶实践进行修改。上述二阶论点构成了关于一阶实践的错误理论，比如说麦基有关伦理学的看法。但是，这也要视情况而定，因为上述结果可能是对一阶实践进行二阶层面的解释导致的。

起初，超验主义者和反超验主义者的观点之间的差别似乎非常小。但是，二者对一系列问题的影响，包括我们对真理和知识的理解，则非常大。按照超验主义者的观点，说话者和说话者所表达的内容之间的关系是外在的，因此将真理视为通过独立于知识的情形赋予言语的属性，这至少是很自然的。那么，我们关于知识的概念也具有该属性，无论我们对世界的了解对世界本身有什么样的影响（如果有的话），这些影响只是偶然的。了解关于世界的事情是一个发现的过程，严格受到我们内在认识能力的限制。［从这个意义上来说，引用克里斯平·赖特（Crispin Wright）的术语，实在论是“朴素的”。］综合来看，以上关于真理和知识的论点蕴含着认同真值和分配真值的根据之间有明显的区别。这个认识论上的承诺有时被达米特视为弗雷格观点的基础——也正如此处的论证所言——也是超验主义的关键。对于反超验主义者而言，这组区别只存在于一阶层面，属于认识策略的问题。

因此，无论怎么样，二阶层面的问题核心在于一阶层面的形而上学的承诺是否可以如超验主义所言被视为字面上为真（为假），或如反超验主义所言，因为具有不可还原的策略性特征构成了我们对会话的假设（我们认为这些假设为真，可作为有效组织经验的框架）。这个辩论主要是关于认识论的限制在我们理解思想中的作用，而不是关于我们的语言实践应该采取什么逻辑原则，也不是关于一阶事物图式（或者是解释、甚至有可能控制事物的科学图式）中存在着什么。从这个意义上来说，这场辩论并未改变任何事情，因此如果反超验主义是正确的，就无须对逻辑实践、语言学实践或形而上学进行任何修改。这是反超验主义与修正的反实在论之间的巨大差别，得到了达米特、坦南特和其他哲学家的支持。

在结束讨论何为实在论－反实在论辩论——或超验主义－反超验主义辩论的核心问题之前，我们需要注意以下几点：

此前我们已经知道，当前的正统说法认为辩论主要与意义有关。即便这种说法正确，即该辩论最好还是从认识论的角度来理解，且只适用于关于实体存在的问题已经解决或被认为理所当然的情形，但从没有证据表明语义学的问题与之无关。事实远非如此。因此，无论对认识论的限制起到什么作用，一旦我们做出判定，就会影响到我们对意义理论的看法，这又会告诉我们该如何理解真理、指称和有效推理的本质。

达米特很明确表示反对这种方法。“自上而下彻底的抨击批判首先试图解决的是形而上学的问题，然后通过这种解决方法为有争议的语句推演出正确的意义模型和恰当的真理概念，由此推演出我们应该认同的控制着这些语句的逻辑。”达米特认为，这种方式的缺点在于，我们无法解决形而上学的争论是因为虽然经历过几个世纪的争论，我们仍然无法明确给出形而上学争论的内容，也无法消除形而上学术语的隐喻特征。因此，我们应该自下而上，从为有争议的陈述建立正确的意义模型开始，“忽略最开始的形而上学问题”。一旦建立了正确的意义模型，形而上学的问题也就自然而然得到了解决，因为形而上学不过是适合某个特定的意义模型的“对实在论的描绘”。

以上回应的意思是，首先，只要我们认为形而上学的问题是伴随着伦理学、数学、将来或其他类似的问题而出现的，那么这些问题就可以用隐喻或形象化的术语进行描述。有人倾向于认同达米特的观点，认为在上述情形中没有实际的内容，这正是学说 A 所面临的问题。但是，如上所述，这也恰恰是认为关于上述情况的辩论不属于实在论辩论的原因：它们不能用超验主义的承诺，也就是认同存在独立于知识的实体，进行评估。唯一可以按照非隐喻意义来理解的是空间 - 时间的情形。

无论在什么情况下，自上而下的策略都不能从分析形而上学的问题开始，非隐喻的情况也不可以：自上而下的策略应该从分析认识论问题开始，也就是认识论的限制对于形而上学说法的可理解性以及总体上的会话来说是否是必需的。一旦解决了上述问题，那么根据事实，就已经为意义模型选定了基础。在达米特对真理概念（他将其视为实在论的来源）的描述中，这些都是隐含的。此处的重点是坚持认为真理的概念依赖于认识论的考量，促使我们重新分配关注重点。

关于反实在论的辩论有两个错误。反实在论要么被视为或被认为隐含着唯心主义，要么被视为或隐含着相对主义。下面一节说明以上两个观点都不正确。

反实在论和唯心主义

反实在论不是唯心主义。前者是认识论学说，后者是形而上学学说。二者之间不存在蕴含关系。

唯心主义是有关实在本质的形而上学学说（或此类学说的集合）。它认为，宇宙是精神的。从历史上来说，反对唯心主义的最主要学说是唯物主义，认为宇宙是物质的（由物质组成的。严格来说，唯物主义不应与物理主义混淆。后者声称，宇宙由可以用物理学描述的事物组成。可以用物理学描述的事物与物质不仅范围不同，还很有可能蕴含着非物质这种东西。）

反实在论不是形而上学学说，而是认识论学说。它否认思想及其对象、感知及其目标、经历及其取值域（这些都是相关但不相同的关系）之间的关系是外在的或偶然的关系。唯心主义有实在论的形式（比如，参考斯普里格），而且从理论上来说没有理由不存在反实在论形式的唯物主义或物理主义，后者似乎更合理一些。（量子论的哥本哈根解释就是一个例子。）

思想及其对象（等）的关系是内在的这种说法并不是说思想的对象从因果关系的角度依赖于关于对象所存在的思想（或者更概括地说是经验或科学）。这是某些形式的唯心主义（比如贝克莱的）阐述问题的方式。毫无疑问，这就是唯心主义与反实在论混淆的原因。如果没有更多阐述（可能更具有多样性），顶多只能说，任何关于其中一个被关系者的完整描述都无法不提及另外一个被关系者。这是反实在论的核心。

这种说法是什么意思，弄明白这一点很重要。实在论认为，对任何一个被关系者的描述都没有实质性地涉及指称另外一个被关系者，从这个意义上说，思想及其对象之间的关系是偶然的或外在的。这是由独立性学说构成的实在论的实质。这种承诺前后存在不融贯性，第八章的大部分内容及本章开头给出了原因。这种不融贯性还可以通过关系的常用方法直接说明。稍加思考就能够发现，这种认为思想及其对象之间的关系是外在的说法是错误的，至少从对象到思想这个方向上来看是如此，因为任何对有关事物的思想的内容的解释，尤其是关于事物的思想的个体化，都必定涉及对与思想有关的事物的指称。至少这一点可以支持广义的内容的概念。因此，实在论呈现给我们的是一种奇怪的混合关系，从思想到事物这个方向是外在的，从事物到思想这个方向是内在的。反实在论者很容易就能够说明，关于事物的思想（感知，理论）总是且无可避免地存在于对与思想有关的事物的详尽解释中，因此关于事物的条件也是如此。贝克莱所谓的“树形论证”，意思是我们不能设想某个未想象到的事物，意在说明的就是上述基本观点。量子论的哥本哈根解释对这种观点做出了最好的陈述，其中对量子现象的描述视为本质上涉及对观察者和观察条件的指称。以上观点并不说明该现象是由对其的观察引起的。反实在论也不认同此观点。然而，稍加思考就可发现，如果思想和事物之间的关系是内在的这种说法是正确的，那么我们需要重新思考真理、客观性、模态和知识。

我们通常认为实在论和唯心主义之间的对立，就如同在同一块领地上的不同竞争对手。但如上所述，这种观点是错误的，而且是非常严重的错误。可这个错误却相当常见。

反实在论和相对主义

部分反实在论者的批评者和支持者都认为反实在论的观点暗含着相对主义。此观点备受争论。如果我们关于世界的概念从本质上来说受到我们如何形成这些概念的限制，那么为什么不同的人（概念群体，甚至是个体）会形成不同的甚至是无法比较的概念，就没有理由。另外，我们还可以换另外一种方式来表达以上观点，即如果反实在论是否认常见的、独立于关于其的思想而存在的实在，进而限制对思考实在的方式进行限制，那么可能有多种思考方式。

但是，理智地说，相对主义是一种非常不健全的观点。它是怀疑论的极端形式，认为存在多种真理、多种知识，或许彼此之间是直接竞争关系，但即便如此，我们仍然无法在这些种类之间做出判定。而且对于相对主义给真值辩论带来的问题，我们已经非常熟悉。（有人认为提出这些问题是恰当的。）此处我不再长篇大论地叙述相对主义的劣势，只说明相对主义的观点不管怎么说都是错误的。为此，下面我会说明相对主义和反实在论之间并不像我们所理解的那样存在蕴含关系。

我们需要区分道德或文化相对主义与认知相对主义。前者指的是不同文化或相同文化的不同历史阶段之间在宗教、社会、道德价值观和实践方面的差异，可将其称为一个文化概念图式的“上层建筑”。认知相对主义与“基础结构”有关，也就是与世界相关的基本信念，比如存在独立于感知、可以重复地被辨识且可单个区分的对象或事件，占据时间和空间，从因果关系的角度来说相互影响，且有不同的属性。

从表面来看，文化相对主义存在一些哲学问题，因为我们能够认识到，其他文化或我们自己文化的不同阶段与我们现在的文化在某些方面不同，预设了我们有能力了解其他文化，并认识到不同文化之间的区别。这说明，我们自己的文化与其他文化之间必须存在足够的共同之处，使我们能够了解其他文化。为了说明这些观点，我们最好采纳戴维森的描述，将概念图式视为一种语言或可以互相翻译的语言集合，且文化（图式）之间的互相理解通过翻译实现。

但是，这个观点遭到了相对主义的支持者的反对。他们认为，可理解性从表面来看具有误导性。我们无法进入不常见的图式，只是以我们现有的图式对其进行解释。我们顶多也就能做到这样，因为在不确定的层面上，我们是无法进行翻译的。相对主义者所谓的无法翻译指的并不是说所有语言都无法翻译成另外一种语言，这从经验上来说是个错误的论题。他们的意思是，如果超越了语句的刺激 - 意义层次，我们就无法建立同义关系，这是一个哲学论题（奎因的术语），也是母语说话者表示同意或不同意语句的模式。因此，尽管我们可能能够按照正确的同意 - 不同意模式使用某种外语中的一个词语，但我们可能永远不能确定哪种翻译完整涵盖了该词语的意义，因为该词语的刺激条件不足以准确说明它的结构。比如“gavagai”的意思可能是“rabbit（兔子）”或者是“兔子的时间阶段”等，我们无法降低其不确定性。

奎因关于翻译不确定性的论题以及其相关的变体，如费耶阿本德的意义分歧观，都是观察的理论负载性的问题。如果所有会话都是理论性的，那么就不存在阿基米德支点，使得一个图式的使用者能够以中立的方式与不常见的图式进行对比。如果翻译的问题无法解决，那么我们就可得出相对主义为真的结论；奎因的观点，即语言的差异说明了本体论的差异，就得到了证实。由此，理论负载性的问题及其对翻译的影响就需要进一步探究。

理论负载性论题指的是理论术语与观察术语之间不存在差异。实证主义者对是否存在理论上中立的经验描述这个问题的辩论导致的结果是，根本不存在理论上中立的经验描述，因为观察这个概念本身就是理论性的。因此，对于以下两个问题：是否存在中立的观察语言，可以用于翻译不同的理论语言并进行比较，是否某些理论陈述的集合（比如关于物理对象的陈述）可以被还原为观察陈述（比如关于感觉材料的陈述），我们根本没有答案。因为上述翻译要求存在同义性的形式标准才可以进行。奎因否认这种看法，他认为不存在同义性的形式标准，因为此类标准只能通过指称我们关于世界中事物的知识建立，而标准中所用的术语是应用于知识的，因此无法独立于我们关于世界的理论。由此，因为同义关系本身受到理论的影响，那么借助同义关系进行还原会使得还原机制失效。

因此，认为不存在观察术语－理论术语这组区分有赖于否认同义性。在此基础上，某种自然语言 L_1 中一个表达的意义可以在另外一种自然语言 L_2 中进行说明这种说法也要予以否认。由于语言＝概念图式，无法进行翻译就等同于极端相对主义。费耶阿本德进一步声称，因为在一个体系内，所有的概念都是理论性的，理论的变化就构成了概念的变化，由此导致意义的变化。比如，在费耶阿本德看来，探究更精确的温度校准方法实际上导致了“温度”意义的改变。

以上相对主义的主张似乎是意义理论下的反实在论的一种自然推论结果。费耶阿本德的温度计就是一个例子。如果一个词语的意义由其断言的条件来确定，那么很显然，断言条件的变化（例如对温度进行更精确的校准）导致了意义的变化。更广泛来说，正如奎因的论证所述，如果我们永远也无法确定地掌握除了我们自己的语言之外的语言表达的断言条件，只能模糊地掌握这些表达的意义，那么相对主义就是正确的，且每种语言都自有其概念图式。以上论证并不能说明道德或文化相对主义不存在哲学问题。如果相对主义的论证是正确的，那么我们就无法在我们所处的历史阶段真正接触到其他文化或我们文化的其他阶段。

要反驳这些观点，我们可以首先提出以下问题：虽然我们与外来的语言或概念图式相互隔绝，但我们能够识别这种语言或概念图式，这种现象该如何解释？当然，为了将某种外来语言作为一种语言来看待，我们需要某种可以接触到它的方式。此处意在表达的是，对于我们来说，任何东西都不能算作一种语言，除非我们将其视为语言；此外，无论我们自身与另外一种语言的说话者之间在视角或观点方面存在什么样的差异，为了能够被我们识别，这些差异必须在共同的信念和假设的背景下出现，才能达到足够的互相可理解性。如果以上论证正确，就说明相对主义是错误的，以上论证可以作为依据。因为它有赖于戴维森的观点，即语言的标准就是可以翻译为我们自己的语言。另外（以下远远超越了戴维森的观点），可翻译性必须优于不确定性。以下论证是对相对主义的反驳。

概括地说，语言是一个概念图式。如果按照这种方式认识语言，我们必须能够认识到，某些信念尤其是经验信念影响着说话者对语言的使用。将图式视为“组织”我们的经验得以取值的世界，或如果我们愿意，也可以将图式理解为“组织”经验本身，这种想法会让我们获益良多。如果一个图式组织世界或经验，那么所涉及的本体论就是多元主义的。由此，语言必须包含个体化的机制（由此，个体的概念）和表示断言的机制（由此，属性的概念），像我们的语言一样，否则就无法指出我们的语言和其他语言中的谓词不存在共同延展性。那么，至少判断语言的部分标准是，如果某个东西是语言，那么它就包括个体化机制和述谓结构机制。其他语言的可翻译性其实就依赖于以上标准。因为如果我们无法认识到（举个最简单的例子）同意或不同意相对的是这或那是某事物 X 或那个 X 是或者不是某事物 F 这种说法，那么我们根本就无法识别同意和不同意的模式。会话模型的基础是在最简单的交流情形中指出、同意或否认类似的说法。会话模型的基本思想是，X 能够从其他的感知域中被凸显出来，而且关于 X 能够表达某些内容，也就是可以赋予 X 某些属性。很显然，完全无法翻译的会话只有一种情形，即我们无法将声音或符号串识别为上文所说的个体化和断言性的说法，而（根据上文所述的理由）这方面的失败使得我们无法继续探询同意或不同意的模式。

值得注意的一点是，为何认同以上观点比（为方便起见）所谓的奎因－戴维森方式更进一步。对于一系列语句，也就是位于语言网边缘“陈述语句”来说，意义可以通过“纯粹的实指”来掌握。关于质量的词语是很好的例子。“水”可以通过条件或归纳以实指的方式学习。但是对于有多个指称的词语比如“rabbit（兔子）”来说，如果不掌握支配这些词语个体化原则，就无法掌握词语。而且这些词语不能用实指的方式来掌握，所以就会出现不确定性的问题。因为如果我们不能分辨一个指称从何处停止，另外一个指称从何处开始，比如对于“gavagai”这个词语来说，这个词语的意思是兔子，不可分离的兔子各部分还是兔子的部分，那么借助于指称这个概念无助于解释我们对“gavagai”这个词语的意义到底掌握了多少。因此，我们只能止步于不确定的“刺激－意义”模式。按照奎因的观点，这种情形可以纳入翻译手册。（对于奎因来说，恰当的指称只能由限定变量完成。为了规避指称含混性的问题，也就是为了确保能够成功指称，必须将指称限定在标准编制的语言中的限定变量和该变量在选定的会话域中的值之间的关系。）但是，这种做法行不通。因为“gavagai”所有的刺激条件都告诉我们，只有当前的刺激包括一只兔子时，“gavagai”才是可以断言的，而且当兔子出现在刺激语境中时使用“gavagai”，本族语者从不会不同意这种做法。但是，这对于了解“gavagai”的断言条件来说还是太有限了，我们无法对该词语进行翻译。因为正如一系列不同情形所示，“gavagai”的意思可能是“出产白肉的生物”，所以它也可能指的是鸡。除非翻译者有办法同时分辨出该词语在本族语中对应的是什么，什么样的事物不是 gavagai，否则他就无法翻译这个词语。对于一个说话者来说，本族语中的语句的复杂性在于使用语句时所附带的影响。尤其是在翻译语句时，比如“This is not red（这不是红色的）”，要知道该语句隐含着某个特定的闭合域中的选项，与“这是（其他的颜色）”具有同等的效力，但与“This is liquid（这是液体的）”或“This tastes pleasant（这个尝起来味道很好）”不同。除非翻译者知道通过对某个“gavagai”的情形表示否定之后还剩下什么选择，否则这个表达就是含混的。但是，知道这种否定的效力就相当于了解了 gavagai 的个体化原则。因此，了解否定之后剩下什么选择，根据事实翻译者就可以知道一个 gavagai 从何处终止，其他事物（某个非 gavagai 的事物）从何处开始，同理就知道一个 gavagai 从何处终止，另一个 gavagai 从何处开始。由此，要进行任何一项翻译，翻译者都必须知道相关词语的指称。而且此处所说的指称并不神秘：一个词语的指称即是使用该词语（如果是个单数词语）辨别出来的或区别出来的对象，或者该词语（如果是个泛称）所集合的对象。

如果认为指称在各种语言之间必须清楚易懂使得翻译成为可能，那么至少很多简单谓词的外延，或者各种不同语言中此类谓词外延的重叠部分都是确定的。因此指称可理解性使得我们能够直接计算满足一个谓词的对象，使得 L_2 的说话者能够正确应用 L_1 中的谓词。另外，对于 L_1 和 L_2 中部分成对的表达来说，这种配对具有语义学特征，类似于我们对语言内部同义性的前理论式的理解。考虑表达“La plume est rouge”和“The pen is red（笔是红色的）”。很显然，如果不同语言中的语句之间建立上述关系，那么建立关系的方式肯定要比奎因的刺激－同义性模式所认同的方式更丰富、更具确定性。这是理所当然的事情，因为指称的明晰性和不同语言之间谓词外延的可理解性共同生成了类似于上文的成对的表达。

以上观点与语言内部和语言之间的语句同义性有关，仅限于某个给定类别的完整语句，比如表达感知判断的语句。我们可以回想一下，在“两个教条”一节，奎因抨击了分析－综合区分以及还原论，依据是二者紧密联系且互相支持，有赖于从语义学观点中区别出事实观点，并考虑它们对给定陈述真值条件的影响。如果以上观点可以实现，还原就会成为一种可行的方式，我们可以展示真值条件的事实成分，独立于（通过真值条件为真或为假的）语句的纯语义学特征。我们可以将分析陈述视为真值完全且仅依赖语义学观点的一个退化的类别。奎因的抨击实际上是对实证主义者的证实主义观点的抨击，以“可分辨性论点”为基础。按照实证主义者的观点，陈述同义性是因为某个陈述的意义就是对其进行验证的方法。任何两个确认或否认的经验条件完全相同的陈述都具有同义性。这要求特定的感觉事件与个体陈述应该能证明是同一的，感觉陈述可以证实或证伪所涉及的陈述。这就是还原论，也是奎因所否认的观点。他的整体或“有机”证实主义恰恰被“分子”证实主义所驳斥。

但是，奎因所遵从的整体论到底会产生哪些结果，尤其是在观察陈述的不确定性层面问题上，我们并不清楚。按照奎因的观点，观察陈述的刺激意义被理解为通过给定刺激形成的同意和不同意的有序对，控制着此类语句从 L_1 到 L_2 的翻译过程。但是，在不同意的情况下所剩余的选择范围必须是确定的 —— 如上所述 —— 否则不确定性的程度会阻碍所有的翻译过程。因此，奎因有关刺激 - 意义的模式行不通，而翻译者必须知晓不同意的情形所产生的效力这一附加的要求恰好是对确定性的要求。

由此产生两个结果：其一，它蕴含着 L_2 中不确定的语句会以达米特描述的方式在 L_1 中反映出其不确定性，也就是说，如果 L_1 中的某个语句在 L_2 中有多种相互竞争的翻译方法，这可能是因为 L_1 中的说话者本身赋予了 L_1 语句多个相互竞争的解释，这种语句的模糊性或不确定性的特征将反应在 L_2 中。其二，它蕴含着如果 L_2 的说话者能够翻译 L_1 中的模糊语句，那么该语句的可断言性条件对他来说是可知的，也就是说 L_1 中至少有些语句，L_2 的说话者能够识别出其可断言性条件与其在 L_2 中的翻译相同，因此该语句与其在 L_2 中的翻译是陈述同义性关系。

陈述同义性的概念有赖于以下事实，即如果翻译者要进行任何翻译，那么他就必须能够利用指称确定性和谓词的外延。因此，如果他知道 L_1 中的一个词语 a 指称的是 L_2 中的词语 b 所指称的东西，谓词 F 引入了 L_2 中的一种特定属性 G，那么 L_1 中的语句 Fa 与 L_2 中的语句 Gb 就具有同一性。我们应当记住，对于大多数一般词语来说，理解（知道如何使用）一个语句涉及知道所有（a）哪些词语与感知环境的哪些特征相关，（b）如何识别这些特征，以及（c）在什么情况下（a）或（b）是错误的，尤其是（b）。了解上述三点（至少是隐含地知道）就相当于理解了该语句。如果在其他的语言中作出断言，必须了解的内容似乎是（a）项下的额外信息，比如，“plume”的指称与“pen（笔）”相同，“voiture（车辆）”的指称与“motor-car（汽车）”相同，等等。但是，实际问题比这要复杂得多，因为知道（a）事实上相当于知道了（a）—（c），掌握一个词语就预设了掌握上述三个条件。因为理解 L_1 中的一个语句与理解 L_2 中的某个语句相同，即了解（应用于感知环境中的某些特征的）词语的额外信息（或者说只是知道更多的词语）就相当于知道事物是怎么样的才能合理地使用词语。这就强化了否定情形产生的选择闭合性的要求。因为如果我们不知道否定一个语句后还剩下哪些选择，那么我们就无法掌握一个语句的意义，这是上述条件的必然推论。在否定的情形下，我们所知道的就是这样使用某个词语是不恰当的，不是为什么不恰当或怎么不恰当，这违背了掌握该词语的条件。

但是，这并不等于说为了使某个语句可以被断言，感知证据必须可以用于确认或否认该语句，虽然这些证据在语句正确使用的情形下都是可以使用的。说话者一定要知道的是什么样的情形能够确保该语句的合理使用。但理解语句的条件并不要求每个被理解的语句都存在一个使说话者在实际使用语句时得到授权的情形。

此处可能会出现一个问题：很显然在与选择闭合性相关的情况下，理解一个语句涉及理解其他语句，或更广泛来说至少要理解部分对应语言。这似乎要求翻译者了解 L_1 中的其他语句，然后才能理解该语言中的某个语句是什么意思。其实并非如此。只要他是个翻译者，且了解 L_2，那么 L_1 中的语句就能够被置于 L_2 中相关主题的语境中。这从另外一个角度说明，对于一种语言来说，要被识别为一种语言，就必须能够被理解为也就是被翻译为更为熟悉的惯用语言。

以上论证说明，相对主义是错误的，因为如果语言=图式，且任何语言如果按照这种方式来理解都可以翻译为我们自己的语言，那么其实就只存在一个概念图式。这就是戴维森论证的根本观点。对该观点稍加改动，我们就可以声称，翻译至少对于某些类别的表达来说应该是确定的，这强化了其他图式的概念（可还原的文化意义上的图式除外）是不合逻辑的观点。

以上所有论证都无法解释思想及其对象（和集合中的其他关系）之间是什么关系，更不蕴含只有从实在论的角度来看待这些关系才与对相对主义的否定是一致的观点。仅凭以上原因，就可得知反实在论和相对主义之间不存在相互蕴含关系。但是，我们需要提出一个更有力的观点。要说以上讨论的两个理论中的哪一个与相对主义更一致，那应该是实在论，因为通过实在论可以得出以下观点，即存在我们不知道或许也不可能知道（或思考等）的事物，因此可能存在某些图式或经验类别，我们不可能理解它们是什么样的。这与实在论是完全一致的。而反实在论在语义学的伪装下表达的是以上可能性完全没有意义的观点。

参考文献

Alston, W. P. 'Meaning and Use' . *Philosophical Quarterly*, 1963.

Aristotle, *Analytica Posteriora, De Interpretatione*, *Categories, Metaphysics*. Oxford: Clarendon Press, 1928.

Armstrong, D.M. 'Meaning and Communication' . *Philosophical Review*, 1971.

——. *Universals and Scientific Realism* (2 vols). Cambridge: Cambridge University Press, 1978.

Aune, B. 'Statements and Propositions' . *Nous*, 1967.

——. 'On an Analytic-Synthetic Distinction' . *American Philosophical Quarterly*, 1972.

——. *Metaphysics: The Elements*. Oxford: Basil Blackwell, 1985.

Austin, J. L. *Sense and Sensibilia*.Oxford: Clarendon Press, 1962.

——. 'Performative-Constative' in Caton 1963.

——. 'Truth'in Pitcher 1964.

——. 'The Meaning of a Word' in Feigl et al. 1972.

——. *How To Do Things w Words* (2nd edn).Oxford: Clarendon Press, 1975.

Ayer, A. J. *Language, Truth and Logic* (2nd edn). London: Gollancz, 1946.

——. *Philosophical Essays*. London: Macmillan, 1954.

——. (ed.) *Logical Positivism*. London: Macmillan, 1959.

——. *The Concept of a Person*. London, 1963.

Bach, K. *Thought and Reference*. Oxford: Clarendon Press, 1987.

Beaney, M. *Frege: Making Sense*. London: Duckworth, 1996.

Bertolet, R. ‘The Semantic Significance of Donnellan’ s Distinction’ . *Philosophi-cal Studies*, 1980.

Biro, J. and Kotatko, P. *Frege: Sense and Reference*. Dordrecht: Kluwer, 1995.

Black, M. ‘The Semantic Definition of Truth’ . *Analysis*, 1948.

Blackburn, S.(ed.) *Meaning, Reference, Necessity*: *New Studies in Semantics*.

Cambridge: *Cambridge* University Press, 1973.

——. ‘Truth, Realism and the Regulation of Theory’ in French et al. 1980.

——. *Spreading the Word*.Oxford:Clarendon Press. 1984.

Blanshard, B. *The Nature of Thought*. London. 1939.

Bloomfield, L. *Language*. London. 1935.

Boorse, C. ‘The Origins of the Indeterminacy Thesis’ . *Journal of Philosoohey*, 1975.

Bradley, F.H. Essays *on Truth and Reality*. Oxford, 1914.

Bradley, R.and Schwartz, N. *Possible Worlds*. Oxford: Basil Blackwell. 1979.

Bridgman, P.W. *The Logic of Modern Physics* New York. 1960.

Burge, T. ‘Reference and Proper Names’ *Journal of Philosophy,* 70, 1973.

——. ‘Truth and Singular Terms’ . *Nous*, 1974.

——. ‘Belief De Re’ . *Journal of Philosophy*, 1977.

Butler, R. J. (ed.) *Analytical Philosophy*.Oxford: Basil Blackwell. 1965.

Carnap,R. *Introduction to Semantics and the Formalization of Logic*. Cambridge, Mass.: Harvard University Press, 1942.

——. *The Unity of Science*. London, 1934.

——. *Meaning and Necessity*. Chicago: lUniversity of Chicago Press 1947.

——. *The Logical Structure of the World.* London: Routledge and Kegan Paul, 1967.

Carruthers, P. ‘Frege’ s Regress’ . *Proceedings of the Aristotelian Society*, 1981.

Cartwright, R. L. ‘Some Remarks on Essentialism’ . *Journal of Philosophy*, 1968.

Caton, C. E. (ed.) *Philosophy and Ordinary Language*. Urbana: University of Illinois Press, 1963.

Chisholm, R.(ed.) *Realism and the Background of Phenomenology*.Glencoe, Ill.: Free Press, 1960.

Chomsky, N. *Cartesian Linguistics*. New York: Harper and Row, 1966.

Church, A. ‘Propositions’ . *Encyclopaedia Britannica*, 14th edition Chicago, 1958.

Churchland P. *Matter and Consciousness* (revised edn).Cambridge, Mass.: Harvard University Press, 1988.

Clark, P. and Hale, B. *Reading Putnam*. Oxford: Basil Blackwell, 1994.

Copi, I. M. and Gould, J. A. *Readings in Logic*. New York, 1964.

Craig, E. J. ‘The Problem of Necessary Truth’ in Blackburn 1975.

Currie, G. *Frege: An Introduction to his Philosopby*. Brighton: Harvester Press, 1982.

Dancy, J. and Sosa, E. A *Companion to Epistemology*. Oxford: Basil Blackwell, 1992.

Davidson，D. ‘On the Very Idea of a Conceptual Scheme’ . *Proceedings of the A merican Philosophical Society*, 1974.

——. *Essays on Actions and Events*. Oxford: Clarendon Press. 1980.

——. *Inquiries into Truth and Interpretation*. Oxford: Clarendon Press, 1984.

——. ‘The Myth of the Subjective’ in Kraus 1989.

——. The Folly of Trying to Define Truth’ . *The Journal of Philosophy*, 93, 1996.

—— and Harman, G. (eds) *Semantics of Natural Language*. Dordrecht: D. Reidel, 1972.

—— and Harman, G. (eds) *The Logic of Grammar*. Encino, Calif.: Dickinson, 1975.

—— and Hintikka, J. (eds) *Words and Objections: Essays on the Work of W. V. Quine*. Dordrecht: D. Reidel, 1969.

Davies, M. *Meaning, Quantification, Necessity*. London, 1981.

Davies S. (ed.) *Pragmatics: A Reader*. Oxford:Oxford University Press, 1991.

Descartes, R. *Meditations*.

Devitt, M. *Realism and Truth*. Oxford: Basil Blackwell, 1984.

— and Sterelney, K. *Language and Reality*. Oxford: Basil Blackwell, 1987.

Dewey, J. *Experience and Nature*. London: Dover, 1958.

Donnellan, K. 'Reference and Definite Descriptions' . *Philosophical Review*, 1966, reprinted in *Schwartz* 1977.

—. 'Proper Names and Identifying Descriptions' in Davidson and Harman 1972.

—. 'Speaking of Nothing' . *Philosophical Review*, 1974.

—. Kripke and Shoemaker on Natural Kind Terms' in Ginet and Shoemaker 1983.

Dummett, M. A. E. *Frege: Philosophy of Language*. London: Duckworth, 1973 (2nd edn 1981).

—. What is a Theory of Meaning (I)?' in Guttenplan 1975.

—. 'What is a Theory of Meaning (II)?' in Evans and McDowell 1976.

—. *Elements of Intuitionism*. Oxford: Clarendon Press, 1977.

—. *Truth and Other Enigmas*. London: Duckworth, 1978.

—. 'What Does the Appeal to Use Do for the Theory of Meaning?' in Margalit 1979.

—. 'Common Sense and Metaphysics' in Macdonald 1979.

—. *The Interpretation of Frege' s Philosophy*. London: Duckworth, 1982.

—. 'Realism' . *Synthese*, 52, 1982.

—. *The Seas of Language*. Oxford: Clarendon Press, 1993.

Edgington, D. 'Meaning, Bivalence and Realism' . *Proceedings of the Aristotelian Society*, 1980.

Enc, B. 'Necessary Properties and Linnaean Essentialism' . *Canadian Journal of Philosopby*, 1975.

Engel, P. *The Norm of Truth*. London: Harvester Press, 1991.

Erwin, E. et al. 'The Historical Theory of Reference' . *Australasian Journal of Philosopby*, 1976.

Ewing A. C. *Idealism: A Critical Survey*. London, 1934.

Evans, G. *The Varieties of Reference*. Oxford: Clarendon Press, 1982.

——. *Collected Papers*. Oxford: Clarendon Press, 1985.

—— and McDowell, J. *Truth and Meaning*. Oxford: Clarendon Press, 1976.

Feigl, H. et al. *Readings in Philosophical Analysis*. New York: Appleton-Century-Crofts, 1949.

——. *New Readings in Philosophical Analvsis*. New York: Appleton-Centurv-Crofts, 1972.

Feyerabend, P. *Against Method*. London, 1975.

Field, H. 'Tarski' s Theory of Truth' . *Journal of Philosophy*, 69: 13, 1972.

Fodor, J. A. and Lepore, E. *Holism:A Shopper' s Guide*. Oxford:Basil Blackwell, 1992.

Forbes, G. *The Metaphysics of Modality*. Oxford. 1985.

Foster, J. A. 'Meaning, Truth, Theory' in Evans and McDowell 1976.

Frege. G. *Translations from the Philosobhical Writings of Gottlob Frege*. Black. M. and Geach, P. (eds) Oxford: Basil Blackwell, 1960.

Frege, G. 'The Thought' in Strawson 1967.

——. 'Sense and Reference' in Black and Geach 1960.

French,P.et al.(eds) *Contemporary Perspectives in the Philosophy of Language*. Midwest Studies in Philosophy.Minneapolis:University of Minnesota Press, 1977.

—— (eds) *Studies in Epistemology*. Minneapolis: University of Minnesota Press, 1980.

—— (eds) *Realism and Antirealism.* Midwest Studies in Philosophy XII, Minneapolis: Minnesota University Press, 1988.

—— (eds) *Contemporary Perspectives in the Philosophy of Language II*. Midwest

Studies in Philosophy XIV, Minneapolis: University of Minnesota Press, 1989.

Fricker, E. 'Semantic Structure and Speaker' s Understanding' . *Proceedingsof the Aristotelian Society*, 1982.

Geach, P. *Reference and Generality*. Ithaca: Cornell University Press, 1962.

George, A. (ed.) *Reflections on Chomsky*. Blackwell, 1989.

Ginet, C. and Shoemaker, S. (eds) *Knowledge and Mind:Philosophical Essays*. Oxford:Oxford University Press, 1983.

Grayling, A. C. 'Internal Structure and Essence' . *Analysis*, 1982.

——. *The Refutation of Scepticism*. London: Duckworth, 1985.

——. *Wittgenstein*. Oxford:Oxford University Press, 1988.

——. 'Mind, Meaning and Method' in *Wittgenstein: Centenary Essays*. Cam-

bridge: Cambridge University Press, 1990.

——. *Philosophy: A Guide Through the Subject*. Oxford:Oxford University Press, 1995.

——. 'Perfect Speaker Theory' in Hill and Kotatko, 1995.

——. *Russell*. Oxford: Oxford University Press, 1996.

Grice, H. P. 'Meaning' . *Philosophical Review*, 1957.

——. 'Utterer' s Meaning, Sentence Meaning and Word Meaning' . *Foundations of Language*, 1968.

——. *Studies in the Ways of Words*. Cambridge, Mass.: Harvard University Press, 1989.

—— and Strawson, P. F. 'In Defense of a Dogma' . *Philosophical Review*, 1956.

Grover, D. L. 'Propositional Quantifiers' . *Journal of Philosophical Logic*, 1973.

——. et al. 'A Prosentential Theory of Truth' . *Philosophical Studies*, 1973.

——. *A Prosentential Theory of Truth*. Princeton: Princeton University Press 1992.

Gunderson, K. (ed.) *Language, Mind and Knowledge*. Minneapolis: University of Minnesota Press, 1975.

Guttenplan, S. *Mind and Language*. Oxford: Clarendon Press, 1975.

Haack, S. *Philosophy of Logics*. Cambridge 1975.

——. 'Is It True What They Say About Tarski?' *Philosophy*, 1976.

——. 'The Pragmatist Theory of Truth' . *British Journal for the Philosophy of Science*, 1976.

——. 'Lewis' s Ontological Slum' . *Review of Metaphysics*, 1977.

Hacking, I. *Why Does Language Matter to Philosophy*? Cambridge, 1975.

Hanfling, O. (ed.) *Essential Readings in Logical Positivism*. Oxford: Basil Blackwell, 1981.

Hare, R. M. *The Language of Morals*. Oxford: Clarendon Press, 1952.

Harman, G. 'Three Levels of Meaning' . *Journal of Philosophy*, 1968.

——. *Thought*. Princeton: Princeton University Press, 1973.

——. 'Moral Relativism Defended' . *Philosophical Review*, 1975.

Harnish, R. M. (ed.) *Basic Topics in the Philosophy of Language*. London:Harvester Press, 1994.

Harrison, B. *Introduction to The Philosophy of Language*. London, 1979.

Hartshorne, C. *Collected Papers. Cambridge*, Mass.: Harvard University Press, 1930-58.

Hempel, G. C. 'On the Logical Positivists' Theory of Truth' . Analysis, 1935.

Hill, J. and Kotatko, P. *Karlovy Vary Studiesin Reference and Meaning*. Prague: Philosophia Publications, 1995.

Honderich, T. and Burnyeat, M. *Philosopby As It Is*. London: Penguin, 1979.

Hook, S. (ed.) *Language and Philosopby: A Symposium*. New York: New York University Press, 1969.

Horwich, P. 'Three Forms of Realism' . *Synthese*, 1982.

——. *Truth*. Oxford: Basil Blackwell, 1990.

Hughes, G. and Cresswell. M. *An Introduction to Modal Logic*. London 1968.

Hume, D. *A Treatise of Human Nature* (ed. Selby-Bigge). Oxford: Clarendon Press 1978.

——. *An Enquiry Concerning Human Understanding* (ed. Selby-Bigge). Ox-

ford: Clarendon Press, 1975.

James,W. 'The Will to Believe' in *Selected Papers in Philosophy*. London 1917.

——. *Pragmatism*. New York, 1970.

Joachim, H. H. Logical Studies. Oxford, 1948.

Johnson, P. 'Origin and Necessity'. *Philosophical Studies*, 1977.

Kant, I. *Critique of Pure Reason* (trans. Norman Kemp Smith). London. 1933.

Katz, J. *The Philosophy of Language*. New York: Harper and Row, 1966.

Kenny, A. *Wittgenstein*. London: Allen Lane, 1973.

——. *Frege*. London: Penguin, 1995.

Kirkham, R. L. *Theories of Truth*. Cambridge, Mass.: MIT Press, 1992.

Kitch, P. 'Apriority and Necessity'. *Australasian Journal of Philosophry*, 1980.

Klemke, E. D. (ed.) *Essays on Frege*. Urbana: University of Illinois Press, 1968.

—— (ed.) *Essays on Russell.* Urbana: Univereity of Illinois Press 1971.

Kornblith, H. 'Referring to Artefacts'. *Philosophical Review*, 1980.

Kraus M. (ed.) *Relativism: Interpretation and Confrontation*. Notre Dame, 1989.

Kripke, S. 'Identity and Necessity' in Munitz 1971 and Schwartz 1977.

——. 'Speaker' s Reference and Semantic Reference' in French et al. 1977.

——. *Naming and Necessity*. Oxford: Basil Blackwell, 1980.

——. *Wittgenstein on Rules and Private Language*. Oxford: Basil Blackwell, 1982.

Kroon, F. W. 'The Problem of "Jonah": How *Not* To Argue For the Causal Theory of Reference'. *Philosophical Studies*, 1982.

Kung, G. *Ontology and the Logistik Analysis of Language*. Dordrecht: D.Reidel, 1967.

Lehrer, K. and Lehrer, A. *Theory of Meaning*. Englewood Cliffs: Prentice-Hall, 1970.

Leibniz, G. *The Monadology* (trans. Latta). Oxford: Oxford University Press, 1898.

——. *New Essays Concerning Human Understanding* (trans. Loughley). Chicago: Chicago University Press, 1916.

——. *Philosophical Writings* (ed. Parkinson). London: J. M. Dent, 1973.

Leonardi, P. and Santambrogio, M. (eds) *On Quine*. Cambridge: Cambridge University Press, 1995.

Lepore, E. *Truth and Interpretation*. Oxford: Basil Blackwell, 1986.

Lewis, C. I. and Langford,C. *Symbolic Logic* (2nd edn). New York:Century, 1951.

Lewis, D. *Counterfactuals*. Harvard: Harvard University Press, 1975.

——. 'Languages and Language' in Gunderson 1975.

——. *Philosophical Papers*. Oxford: Clarendon Press, 1983.

——. *On the Plurality of Worlds*. Oxford: Basil Blackwell, 1986.

Lewy, C. *Meaning and Modality*. Cambridge: Cambridge University Press, 1976.

Linsky, L. *Reference and Modality*. Oxford: Oxford University Press, 1971.

Lipton, M. R. 'Review of Orenstein'. *Philosophical Review*, 1980.

Loar, B. 'The Semantics of Singular Terms'. *Philosophical Studies*, 1976.

——. 'Two Theories of Meaning' in Evans and McDowell 1976.

——. 'Ramsay' s Theory of Belief and Truth' in Mellor 1980.

——. *Mind and Meaning*. Cambridge: Cambridge University Press, 1981.

Locke,J.Essay Concerning Human Understanding (ed. Nidditch).Oxford:Oxford University Press.

Loux, M. J. (ed.) *The Possible and the Actual*. Ithaca: Cornell University Press, 1979.

Lovibond, S.and Williams, S. G. *Identity, Truth and Value:Essays for David Wiggins*.

Aristotelian Society Monographs, 1996.

Luntley, M. *Language, Logic and Experience*. London: Duckworth, 1988.

Lycan, W. G. 'The Trouble with Possible Worlds' in Loux 1979.

Macdonald, G. (ed.) *Perception and Identity*. London: Macmillan, 1979.

—— and Wright, C. (eds) *Fact, Science and Morality*. Oxford: Basil Blackwell, 1986.

Mackie, J. L. *Truth, Probability and Paradox.* Oxford: Clarendon Press, 1973.

——. *Ethics*. London, 1977.

Malcolm, N. *Wittgenstein: A Memoir*. Oxford:Oxford University Press, 1958.

Margalit, A. (ed.) *Meaning and Use.* Dordrecht: D. Reidel, 1979.

Martin, R. L. *Recent Essays on Truth and the Liar Paradox*. Oxford: Clarendon Press, 1984.

Mates, B. 'Analytic Sentences' . *Philosophical Review*, 1951.

——. *The Philosophy of Leibniz.* Oxford: Clarendon Press, 1986.

McCulloch, G. *The Game of the Name.* Oxford: Clarendon Press, 1989.

McDowell, J. 'Truth-Conditions, Bivalence, and Verificationism' in Evans and McDowell 1976.

——. 'On the Sense and Reference of a Proper Name' . *Mind*, 1977.

——. 'On the Reality of the Past' in Pettit and Hookway 1978.

——. 'Physicalism and Denotation in Field on Tarski' . in Platts 1980.

——. *Mind and World*. Cambridge, Mass.: Harvard University Press, 1996.

McFetridge, I. G. *Logical Necessity*. Aristotelian Society Monographs, 1990.

McGinn, C. 'On the Necessity of Origin' . *Journal of Philosophy*, 1976.

——. 'An A Priori Argument for Realism' . *Journal of Philosophy*, 1979.

——. 'Truth and Use' in Platts 1980.

——. 'Can We Solve the Mind-Body Problem?' *Mind*, 98, 1989; reprinted in *The Problem of Consciousness* (Oxford: Oxford University Press, 1991).

Meinong, A. 'The Theory of Objects' in Chisholm 1960.

Mellor, D. H. 'Natural Kinds' . *British Journal for the Philosophy of Science* 1977.

——. (ed.) *Prospects for Pragmatism*. Cambridge: Cambridge University Press, 1980.

Mill, J. S. *A System of Logic*. London: Longmans, 1979.

Millikan, R. *Language, Thought and Other Biological Categories: New Foundations for Realism.* Cambridge, Mass., 1984.

Mondadori,F.and Morton,A. 'Modal Realism:The Poisoned Pawn' in Loux 1979.

Moore, G.E. 'Professor James' 'Pragmatism' . *Proceedings of the Aristotelian Society*, 1908.

——. 'Is Existence Never a Predicate?' *Proceedings of the Aristotelian Society*, supp. vol., 1936.

——. *Some Main Problems of Philosophy*. London: Allen and Unwin, 1953.

Morris, C. *Signs, Language and Behaviour*. New Jersey, 1946.

Munitz,M.K.(ed.) *Identity and Individuation.* New York:New York University Press, 1971.

——. (ed.) *Existence and Logic*. New York: New York University Press, 1974.

——. (ed.) *Logic and Ontology*. New York: New York University Press, 1975.

Nagel, T.The *View from Nowhere*. Oxford: Oxford University Press, 1986.

Neale, S. *Descriptions*. Cambridge, Mass., 1990.

Nerlich, G. 'Presupposition and Classical Logical Relations' . *Analysis*, 1967.

——. 'Presupposition and Entailment' . *American Philosophical Quarterly*, 1969.

Neurath, O. 'Protocol Sentences' (trans. M. Schlick) in Ayer 1959.

Orenstein, A. 'On Explicating Existence in Terms of Quantification' in Munitz 1975.

——. *Existence and the Particular Quantifier*. Philadelphia, 1978.

Ortony, A.(ed.) *Metaphor and Thought*. Cambridge: Cambridge UniversityPress, 1979.

Osgood, C. *Method and Theory in Experimental Psychology*. New York, 1953.

Passmore, J. *Philosophical Reasoning*. London: Duckworth, 1961.

——. *A Hundred Years of Philosophy*. London: Duckworth, 1966.

——. *Recent Philosophers*. London: Duckworth, 1985.

Peacocke, C. A. B. 'Proper Names, Reference and Rigid Designation' in Blackburn 1973.

—— (ed.) *Understanding and Sense* (2 vols). Brookfield: Dartmouth, 1993.

Pears, D.F. 'Is Existence a Predicate?' in Strawson 1967.

——. *The False Prison* (2 vols). Oxford: Clarendon Press, 1989.

Peirce, C. S. 'How To Make Our Ideas Clear' in Hartshorne 1930-58.

Pettit, P. and Hookway, C. (eds), *Action and Interpretation*. Cambridge, 1978.

—— and McDowell, J. (eds) *Subject, Thought and Context.* Oxford, 1986.

Pitcher, G.(ed.) *Truth*. New Jersey, 1964.

——. (ed.) *Wittgenstein: Critical Essays.* London, 1966.

Plantinga, A. 'World and Essence'. *Philosophical Review*, 1970.

——. The Nature of Necessity. Oxford: Clarendon Press, 1971.

——. 'Actualism and Possible Worlds' in Loux 1979.

Plato, *Republic, Phaedrus.* Oxford: Clarendon Press.

Platts, M. *The Ways of Meaning*. London: Routledge and Kegan Paul, 1979.

——. *Reference, Truth and Reality*. London: Routledge and Kegan Paul, 1980.

Popper, K. *Conjectures and Refiutations*. London: Routledge and Kegan Paul. 1960.

——. *The Logic of Scientific Discopery* (3rd edn). London: Hutchinson, 1972.

——. *Objective Knowledge*. London, 1973.

Prawitz, D. 'Meaning and Proof' . *Theoria*, 1977.

Prior, A. N. *The Objects of Thought*. Oxford: Clarendon Press, 1971.

Putnam, H. *Mind, Language and Reality*. Cambridge: Cambridge University Press. 1975.

——. 'Meaning and Reference' in Schwartz 1977.

——. *Meaning and the Moral Sciences*. London: Routledge and Kegan Paul, 1978.

——. *Reason, Truth and History*. Cambridge: Cambridge University Press, 1981.

——. *Representation and Reality*. Cambridge, Mass.: MIT Press, 1988.

——. 'Model Theory and the Factuality of Semantics' in George 1989.

——. *Renewing Philosophy*. Cambridge, Mass.: Harvard University Press, 1992.

——. 'Reply to David Anderson' . *Philosophical Topics*, 20, 1992.

——. *Words and Life*. Cambridge, Mass.: Harvard University Press, 1994.

——. 'Simon Blackburn on Internal Realism' in Clark and Hale 1994.

Quine, W. V. O. *From A Logical Point of View*. Cambridge, Mass.: Harvard University Press, 1953.

——. 'Two Dogmas of Empiricism' in 1953.

——. *Word and Object*. Cambridge, Mass.: MIT Press, 1960.

——. *Ontological Relativity and Other Essays*. New York, 1961.

——. *The Ways of Paradox*. New York: Random House, 1966.

——. 'Epistemology Naturalized' in 1969.

——. *Philosophy of Logic*. Englewood Cliffs: Prentice-Hall, 1970.

——. 'Ontology and Ideology' in Feigl et al. 1972.

——. *The Roots of Reference*. La Salle, Illinois: Open Court, 1974.

——. 'Designation and Existence' in Feigl et al. 1979.

——. *Quiddities*. Cambridge, Mass., 1987.

——. *The Pursuit of Truth*. Cambridge, Mass., 1990.

Quinton, A. M. 'The A Priori and the Analytic'. *Proceedings of the Aristotelian Society*, 1964; reprinted in Strawson 1967.

Ramsay, F. P. 'Facts and Propositions'. *Proceedings of the Aristotelian Society*, supp. vol., 1927.

——. *The Foundations of Mathematics*. London: Kegan Paul, Trench, Trubner, 1931.

Rasmussen S. and Ravnkilde J. 'Realism and Logic'. *Synthese*, 52, 1982.

Read, S. *Thinking About Logic*. Oxford:Oxford University Press, 1994.

Rescher, N. (ed.) *The Logic of Decision and Action*. Pittsburgh, 1968.

——.(ed.) *Studies in Logical Theory*.Oxford: Basil Blackwell, 1968.

——. *The Coherence Theoyy of Truth*. Oxford, 1973.

——. 'The Ontology of the Possible' in Loux 1979.

Richards, T. 'The Worlds of David Lewis'. *Australasian Journal of Philosophy*, 1975.

Rorty, R. *Philosopby and the Mirror of Nature*. Oxford: Basil Blackwell, 1979.

——. 'Putnam on Truth'. *Philosopby and Phenomenological Research*, 52, 1992.

Rosenberg, J. F. and Travis. C. (eds) *Readings in the Philosophy of Language.* Englewood Cliffs: Prentice-Hall, 1971.

Rundle, B. *Wittgenstein and Contemporary Philosophy of Language*. Oxford: Basil Blackwell, 1990.

Russell, B. *The Principles of Mathematics*. London:Allen and Unwin, 1903.

——. 'James' Conception of Truth' in *Philosophical Essays*, London, 1910.

——. *The Problems of Philosophy*. Oxford: Oxford University Press, 1912.

——. *Our Knowledge of the External World*. London: Allen and Unwin, 1914.

——. *Mysticism and Logic*. London: Allen and Unwin, 1917.

——. 'Knowledge by Acquaintance and Knowledge by Description' in 1917.

——*Introduction to Mathematical Philosoply*. London: Allen and Unwin, 1919.

——. *The Analysis of Mind*. London: Allen and Unwin, 1921.

——. *An Inquiry into Meaning and Truth*. London: Allen and Unwin, 1940.

——. *Logic and Knowledge* (ed. Marsh). London: Allen and Unwin, 1956.

——. 'On Denoting' in 1956.

——. 'The Philosophy of Logical Atomism' in 1956.

—— *My Philosophical Development*. London: Allen and Unwin, 1959.

—— and Whitehead, A. *Principa Mathematica*. Cambridge: Cambridge University Press, 1910-12.

Ryle, G. *Dilemmas*. Cambridge: Cambridge University Press, 1960.

——. 'The Theory of Meaning' in Caton 1963.

——. *On Thinking*. Oxford: Basil Blackwell, 1979.

Sacks, M. *The World We Found*. London: Duckworth, 1989.

Sainsbury, R. M. *Russell*. London, 1979.

——. *Logical Forms*. Oxford: Basil Blackwell, 1991.

——. 'Philosophical Logic' in Grayling 1995.

Scheffler,I. *Science and Subiectivity*.New York, 1967.

Schiffer, S. *Meaning*. Oxford:Oxford University Press, 1972.

Schlick, M. 'Meaning and Verification' in Feigl et al. 1949.

——. 'The Foundations of Knowledge' in Ayer 1959.

Schwartz, S. P. *Naming Necessity and Natural Kinds*. Ithaca: Cornell University Press, 1977.

Searle, J. R. *Speech Acts*. Cambridge: Cambridge University Press, 1969.

——.(ed.) *The Philosophy of Language*. Oxford: Oxford University Press, 1971.

——. ‘Metaphor’ in Ortony 1979.

Slote, M. *Metapbysics and Essence*. Oxford, 1974.

Sluga, H. *Gottlob Frege*. London: Routledge and Kegan Paul, 1980.

Sommers, F. *The Logic of Natural Language*. Oxford: Clarendon Press, 1982.

Sosa, E. *Causation and Conditionals*. Oxford: Oxford University Press, 1975.

Sperber, D. and Wilson, D. ‘Loose Talk’ . *Proceedings of the Aristotelian Society*, 86, 1986.

Sprigge, T. L. S. ‘Internal and External Properties’ . *Mind*, 1962.

——. *The Vindication of Absolute Idealism*. Edinburgh, 1983.

Stalnaker,R. C. ‘A Theory of Conditionals’ in Rescher 1968.

——. ‘Possible Worlds’ in Loux 1979.

Stich, S. P. ‘What Every Speaker Knows’ . *Philosophical Review*, 1971.

——. ‘Davidson’ s Semantic Programme’ . *Canadian Journal of Philosophy*, 1978.

Straaten, Z. van (ed.) *Philosophical Subjects*. Oxford: Clarendon Press, 1980.

Strawson, P. F. *Introduction to Logical Theory*. London: Methuen 1952.

——. ‘Review of the *Philosophical Investigations*’ . *Mind*, 1954, reprinted inPitcher 1966.

——. *Individuals*. London: Methuen, 1959.

——. ‘Truth’ in Pitcher 1964.

——. *The Bounds of Sense*. London: Methuen. 1966.

——. (ed.) *Philosophical Logic*. Oxford: Oxford University Press, 1967.

——. *Logico-Linguistic Papers*. London: Methuen. 1971.

——. ‘On Referring’ in 1971.

——. ‘Intention and Convention in Speech Acts’ in 1971.

——. ‘Meaning and Truth’ in 1971.

——. ‘A Reply to Mr Sellars’ in Feigl et al. 1972.

——. *Freedom and Resentment*. London: Methuen, 1974.

——. ‘Scruton and Wright on Anti-Realism’ . *Proceedings of the Aristotelian Society*, 1976.

Swinburne, R. G. ‘Analyticity, Necessity and Apriority’ . *Mind*, 1975.

Tarski, A. ‘The Se mantic Conception of Truth’ in Feigl et al. 1949.

——. *Logic, Semantics, Metamathematics*. Oxford: Clarendon Press, 1956.

——. ‘The Concept of Truth in a Formalised Language’ in 1956.

Taylor,B. ‘On the Need for a Meaning Theory in a Theory of Meaning’ . *Mind*, 1982.

——. *Michael Dummett.* Dordrecht: M. Nijhoff, 1987.

Tennant, N. *Anti-Realism and Logic*. Oxford: Clarendon Press, 1987.

Thomson,J. ‘Is Existence a Predicate?’ in Strawson 1967.

——. ‘Truth-Bearers and the Trouble About Propositions’ . *Journal of Philosophy*, 1969.

Unger, P. The Causal Theory of Reference’ . *Philosophical Studies*. 1983.

Waismann, F. ‘Verifiability’ . *Proceedings of the Aristotelian Society*, 1945.

Walker. R. C. S., *The Coherence Theory of Truth*: *Realism, Anti-Realism. Idealism*. London, 1989.

Wallace, J. ‘On the Frame of Reference’ . *Synthese*, 22, 1970.

——. ‘Positive, Comparative, Superlative’ . *Journal of Philosophy*, 69, 1972.

Warnock G. ‘A Problem about Truth’ in Pitcher 1964.

——. (ed.) *The Philosophy of Perception*. Oxford: Oxford University Press, 1967.

Wettstein, H. ‘Demonstrative Reference and Definite Descriptions’ . *Philosophical Studies*, 1981.

White, A. R. *Truth*. London, 1970.

Wiggins, D. *Sameness and Substance*. Oxford, 1980.

Wilkes, K. *Physicalism*. London, 1978.

Williams, C. J. F. *What Is Truth*? Cambridge: Cambridge University Press, 1976.

Williams, M. J. 'Do We (Epistemologists) Need a Theory ofTruth?' *Philosophical Topics*, 1986.

Winch, P. *The Idea of a Social Science*. London: Routledge and Kegan Paul, 1958.

Wittgenstein, L. *Philosophical Investigations*. Oxford: Basil Blackwell, 1953.

——. *Remarks on the Foundations of Mathematics*. Oxford: Basil Blackwell, 1956.

——. *Tractatus Logico-Philosophicus*. London: Routledge and Kegan Paul, 1961.

——. *Blue and Brown Books*. Oxford: Basil Blackwell, 1964.

——. *On Certainty*. Oxford: Basil Blackwell, 1969.

Wolfram, S. *Philosophical Logic: An Introduction*. London: Routledge andKegan Paul, 1989.

Woodfield, A. (ed.) *Thought and Object*. Oxford:Clarendon Press, 1982.

Wright, C. 'Strawson on Anti-realism' . *Synthese*, 1978.

——. *Wittgenstein on the Foundations of Mathematics*. London: Duckworth, 1980.

——. 'Realism, Truth-Value Links, Other Minds and the Past' . *Ratio*, 22, 1980.

——. (ed.) *Frege: Tradition and Influence.* Oxford: Basil Blackwell, 1984.

——. *Realism, Meaning and Truth*. Oxford: Basil Blackwell, 1987.

——. 'On Putnam' s Proof That We Are Not Brains in a Vat' in Clark and Hale 1994.

Zemach, E. 'Putnam' s Theory of the Reference of Substance Terms' . *Journal of Philosophy*, 1976.

Ziff, P. 'On H. P. Grice' s Account of Meaning' .Analysis, 1967.